石油化工加热炉设计手册

张海燕　张红波　许永伟　于会峰　编著

中国石化出版社

内 容 提 要

本书主要介绍了石油化工加热炉的结构参数、设计方法、工艺计算及炉管系统计算、钢结构、炉衬相关计算方法，叙述了结构设计、炉衬设计和空气预热系统的设计，介绍了加热炉主要配件的选用要求，给出了辅助燃烧室、酸性气焚烧炉、尾气焚烧炉和余热锅炉等4个单体加热炉的设计方法，并综述了安全环保对加热炉的要求及设计时应遵守的规定。

本书可供从事石油化工加热炉设计的技术人员学习，也可供高等院校相关专业的师生参考。

图书在版编目(CIP)数据

石油化工加热炉设计手册/张海燕等编著．—北京：中国石化出版社，2023.8
ISBN 978－7－5114－7146－8

Ⅰ.①石…　Ⅱ.①张…　Ⅲ.①石油化工设备－加热炉－手册　Ⅳ.①TE963－62

中国国家版本馆 CIP 数据核字(2023)第 147738 号

中国石化出版社出版发行

地址：北京市东城区安定门外大街 58 号
邮编：100011　电话：(010)57512500
发行部电话：(010)57512575
http://www.sinopec-press.com
E-mail：press@sinopec.com
北京科信印刷有限公司印刷
全国各地新华书店经销

*

787 毫米×1092 毫米 16 开本 18 印张 450 千字
2023 年 8 月第 1 版　2023 年 8 月第 1 次印刷
定价：98.00 元

前　言

1986 年，中国石油化工总公司石油化工规划院组织编写了经典著作《炼油厂设备加热炉设计手册》，其中的《炼油厂加热炉设计》多年来广泛应用于工程设计单位的加热炉设计，是工程设计单位的加热炉设计导则，是工业炉专业设计人员的必备手册。

随着科学技术的发展，石油化工技术也有了很大的变化——加工原料和产品趋向多元化；装置规模越来越大，已从几十万吨/年增加到数千万吨/年；节能降耗和环保的要求越来越严，加热炉热效率由原来的80%左右提高到现在的95%以上；加热炉自动控制的要求越来越高；加热炉的制造方式也有了很大变化；等等。同时，新技术、新材料层出不穷，加热炉工艺计算、结构计算、强度计算的方法和软件不断更新和优化，带来加热炉的设计、制造、施工和验收标准随之增加和日渐完善。因此，应广大工程设计人员的要求，我们组织相关专家，编写了《石油化工加热炉设计手册》。本书是2013年修订出版的《石油化工设备设计手册》姊妹篇，至此，《炼油厂设备加热炉设计手册》得以全面修订出版，共同构成了石油化工设备和石油化工加热炉设计领域完整的知识体系。

本次编写是在原来手册的基础上，由加热炉各个方面的专家结合多年的工程设计实践经验，在总结国内外多年来加热炉设计的新标准、新材料、新结构等基础上完成的。本书内容涵盖了石油化工管式加热炉的工艺计算、钢结构和炉衬结构设计、炉管系统、辅助燃烧室、硫黄回收焚烧炉、余热锅炉、空气预热系统、加热炉控制、炉用关键配件、安全环保等设计内容，并重点描述了加热炉设计方面的内容。考虑到当前计算软件的普遍性，工艺计算基本上是以概念和图表的方式给设计人员一个工程设计思路和方法，并用先进的计算软件对原版手册上的一些经验公式进行了验算、筛选和更正。钢结构部分使其结构设计和方法更具体更实用；炉管系统、炉衬及耐火材料结合了多年来材料的变化，与时俱进；空气预热系统、加热炉控制系统、酸性气焚烧炉、尾气焚烧炉、余热锅炉、关键配件和安全环境保护要求等基本为全新内容。

本书编写人员张海燕、张红波、许永伟、闫广豪、于会峰，审稿人员杨利然和孙毅，他们都是工作在一线的工程设计人员，设计经验丰富，但是由于工作任务繁忙，难免有遗漏、失误之处，恳切希望广大读者予以指正。

目 录

第1章　概　述

石油化工使用的工艺加热炉通常是管式加热炉，一般为火焰加热炉，简称管式炉。在炉内，燃料燃烧放出的热量传递给管内流动的工艺介质，介质多为易燃易爆气体或液体。加热方式为直接受火，燃料为燃料油和燃料气。管式加热炉在一个生产周期内连续操作。

管式炉炉管与炉体外的管道相连，但炉管直接受火焰和/或高温烟气辐射，炉管金属壁温远高于炉外的管道，而且炉管外壁受到烟气腐蚀和冲蚀，比外部管道使用条件要苛刻得多。出于安全方面的考虑，针对锅炉和压力管道，国家都有相应的法规和规定进行要求，如 TSG G0001《锅炉安全技术监察规程》、TSG D0001《压力管道安全技术监察规程——工业管道》。TSG 21《固定式压力容器安全技术监察规程》不涉及暴露于火焰的容器。

炼油装置用火焰加热炉，作为一种特殊的设备，国内外主要权威标准有：GB/T 51175《炼油装置火焰加热炉工程技术规范》、SH/T 3036《一般炼油装置用火焰加热炉》和 ISO 13705（API 560）Fired heaters for general refinery service。

国际上知名的工艺包专利商和工程公司都有自己的企业标准，企业标准大都是在国际通用标准的基础上进行修改补充。另外还有大量的针对加热炉各部位和部件的材料、制造、安装和验收的国家、行业和企业标准。例如，对于炉管材料有美国材料实验协会标准、中国国家标准和企业标准。

1.1　加热炉的结构及分类

石油化工装置管式炉一般由辐射段、对流段、烟道、风道系统组成。也可以说由炉管系统、钢结构、炉衬、燃烧器等部件组成。加热炉本体典型结构见图 1.1－1。

加热炉的类型很多，可根据结构外形、辐射盘管形式和燃烧器的布置方式来划分，也可根据加热炉的功能作用来划分。

按结构外形分类，有圆筒炉、箱式炉等。按辐射盘管形式分类，有立管式、水平管式、螺旋管式和 U 形管式等。

按照燃烧器的布置方式分类，有底烧、顶烧和侧烧。按照加热炉的功能来分，有常压炉、减压炉、加氢反应炉、重整加热炉等。

图 1.1－2 为加热炉典型炉型，图 1.1－3 为侧烧正 U 形箱式重整加热炉。

此外，加热炉还有供风和烟气排放系统，见图 1.1－4。

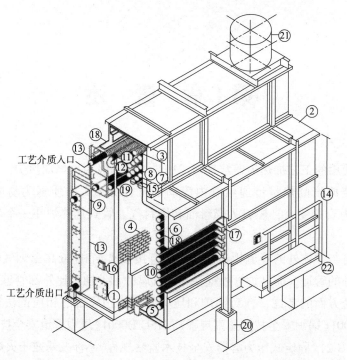

工艺介质入口

工艺介质出口

1. 人孔门；2. 炉顶；3. 尾部烟道；4. 桥墙；5. 燃烧器；6. 壳体；7. 对流段；8. 折流体；
9. 转油线；10. 炉管；11. 扩面管；12. 回弯头；13. 弯头箱；14. 辐射段；15. 遮蔽段；
16. 看火门；17. 管架；18. 耐火衬里；19. 管板；20. 柱墩；21. 烟囱；22. 平台

图 1.1 −1　加热炉本体典型结构

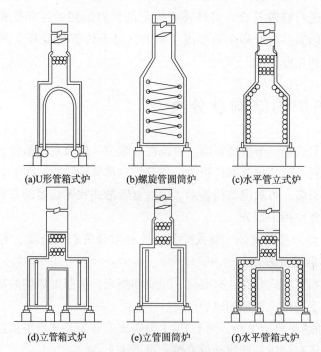

(a)U形管箱式炉　　　(b)螺旋管圆筒炉　　　(c)水平管立式炉

(d)立管箱式炉　　　(e)立管圆筒炉　　　(f)水平管箱式炉

图 1.1 −2　加热炉典型炉型

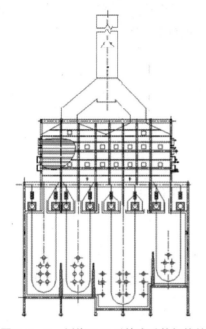

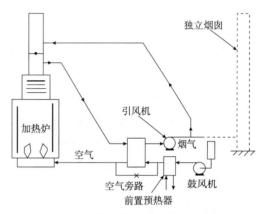

图 1.1－3　侧烧正 U 形箱式重整加热炉　　图 1.1－4　加热炉典型供风和烟气排放系统

1.2　设计目标

一个好的加热炉设计应满足以下要求：

a)工艺过程要求；

b)技术先进、可靠、平稳、长周期运行；

c)投资小、占地面积少、回报率高，即性价比高；

d)安全、环保；

e)热效率高、节能，即运行持续投入少；

f)操作、维修方便。

1.3　设计应考虑的因素

为达到设计目标，满足设计要求，加热炉设计应考虑工艺条件、环境条件、燃料性质和安全环保要求等。

(1)工艺条件

介质出入口温度、出入口压力、压降、物性、是否含有腐蚀性介质、工艺过程所需附加热负荷等；

预期条件：油品性质的变化，如硫、酸含量的变化，操作弹性要求等。

(2)环境条件

a)大气压力——烟囱高度、风机规格的选择等与其有关；

b)环境温度——烟囱高度、风机规格、烟气中腐蚀性气体(通常有二氧化硫 SO_2)露点温度、钢结构材料和保温材料的选择等与其有关；

c）湿度——燃烧空气量、炉体防锈油漆、风机等配件的选用与其有关；

d）抗震设防烈度——用于结构设计；

e）场地土条件——用于结构设计；

f）基本风压——用于结构设计；

g）装置所处位置——如城市、郊区，烟气排放环保要求、炉体结构高度设计等与其相关。

（3）燃料性质

a）加热炉燃烧用燃料种类，燃料气、燃料油或油–气联合；

b）燃料组成，燃料中是否含有硫（S）、钒（V）、钠（Na）和其他重金属；

c）通入加热炉燃烧的其他低压、低热值废气等。

（4）职业健康、安全和环保（HSE）

a）环评报告及地方上所要求遵循的环保标准，如烟气排放标准、排放监测因子种类、监测方式等；

b）对噪声水平的特别要求；

c）对平台梯子设置的特别要求；

d）有关安全、消防的特别要求等。

（5）其他特殊要求

a）业主对自动控制水平的要求；

b）加热炉场地布置条件；

c）烧气时是否用吹灰器，对吹灰器型式的要求；

d）是否要求火焰监测、是否要求工业电视；

e）对平台梯子的要求，例如平台板是采用花纹钢板、格栅板，或是二者组合，防护栏杆是否经过热浸锌处理等；

f）在强制通风意外中断，应急自然通风期间要求的加热炉负荷；

g）加热炉工厂化预制深度要求等。

1.4　主要工艺参数

（1）热负荷

单位时间内管内介质所获得热能量的能力称为加热炉的热负荷，单位为 MW 或 kW。加热炉的热负荷等于所有被加热的介质，包括气体、液体、水蒸气等通过加热炉所吸收的热能量之和，又称为有效热负荷。

（2）炉膛烟气温度

指烟气离开辐射段进入对流段前的烟气温度，一般在辐射段顶部或对流段底部测量。这个位置的确定，其意义在于此前的辐射段，火焰和热烟气以辐射传热为主，伴有少量的对流传热，此后的对流段，则以烟气对流传热为主。炉膛烟气温度是衡量和控制加热炉操作的一个关键参数，是加热炉炉衬、管架设计的基本参数。炉膛烟气温度高，辐射段传热强度大，但温度过高，管内加热油品容易结焦，容易烧坏炉管、炉衬和管架等。不同装置的加热炉，不同的炉型，其炉膛烟气温度相差较大，常规范围为 600~850℃。

炉膛烟气温度是加热炉操作的一个主要控制参数。操作人员在制定工艺操作卡片时，炉膛烟气温度控制值应根据加热炉的操作温度和操作弹性来确定。

（3）体积热强度

体积热强度是指单位时间单位炉膛体积所具有的热能量，以单位时间燃料燃烧的总发热量除以炉膛体积计。炉膛大小对燃料燃烧的稳定性有影响，如果炉膛体积过小，则燃烧空间不足，火焰容易舔到炉管和管架上，不利于长周期安全运行，因此炉膛体积热强度不允许太高，烧油时一般控制在 125kW/m³ 以下，烧气时控制在 165kW/m³ 以下。

（4）表面热强度

表面热强度是指单位时间内、单位炉管外表面积所传递的热能量。炉管辐射表面热强度常指辐射段所有炉管热强度的平均值，也称平均热强度。

除非特别说明，平均热强度通常定义为管心距为两倍、单排管受单面辐射单面反射时的外表面热强度。加热炉规划时，一般根据经验数据选取。

由于辐射段内炉管受热是不一样的，不同的炉管以及同一根炉管上的不同位置，其局部热强度是不相同的。局部热强度过高，会造成局部超温，管内油品容易过热结焦。提高炉管平均热强度，控制局部最高热强度不超过规定值是加热炉设计和操作的目标。

（5）过剩空气量

为了保证燃料燃烧完全，实际进入炉内的空气量略高于理论空气量，多出的那部分空气量为过剩空气，实际进入的空气与理论空气量之比为过剩空气系数 α，用百分数表示。过剩空气量对应于烟气中富裕的氧含量，通常通过位于辐射段顶部的氧化锆检测烟气中氧含量的参数，推断过剩空气量的大小。

（6）炉顶负压

不论是自然通风还是强制通风的加热炉，为保证安全操作，炉膛始终保持负压操作。炉膛内从炉底到炉顶，每个高度的负压值不同，通常以炉顶负压作为衡量和控制基准。炉顶负压的检测点在辐射段顶部或对流段下部。炉顶负压常规控制值为 -30~-20Pa，负压太大将吸入太多空气，烟气量大，带走热量多，另外还可能造成火焰发飘，燃烧不稳定。负压太小或出现正压时可能引起炉膛烟气外漏，造成安全隐患。

（7）管内介质流速

管内介质流速是影响传热速率的关键性参数。管内介质的流速低，则炉管内壁边界层厚，传热系数小，传热效果差，管壁温度高，介质在管内的停留时间长，介质易结焦。管内介质流速高时，传热效果好，但管内压力降随之增大，增加能耗。应该在经济合理的范围内尽量提高管内介质流速。

（8）热效率

加热炉热效率是指总吸热量占总输入热量的比例，总输入热量为燃料燃烧产生的热量加上空气、燃料和雾化介质的显热。热效率的值总小于1，或称小于100%。燃料效率是指总吸热量占燃料燃烧产生的总热量，以低发热量为基准，不包含燃料、空气和雾化介质的显热。

1.5 炉型选择

炉型选择主要考虑以下几方面的因素：

a) 应满足工艺操作要求和设备长周期安全运行的需要。

b) 应结合场地条件及便于空气预热系统的配置。

c) 应考虑经济性，应综合考虑一次性投资（即短期投入）、运行和维护费用（即长期投入）。

d) 被加热介质重度大、易结焦，管内为汽液两相的，宜选用水平管立式炉。

e) 合金炉管价格昂贵，为提高炉管利用率，或工艺需要缩短流程长度以减少压降、减少油品在管内的停留时间，避免油品结焦，宜采用单排管双面辐射的炉型，如焦化炉、沥青炉、减压炉等。

f) 如被加热介质为气相，流量大且要求压降小时，宜采用 U 形或倒 U 形盘管结构的箱式炉，如重整进料加热炉。

g) 对于常规管式炉，可按加热热负荷选择炉型，设计负荷小于 1MW 时，宜采用纯辐射圆筒炉；设计负荷为 1～30MW 时，应优先选用辐射－对流型圆筒炉；设计负荷大于 30MW 时，通过对比选用圆筒炉、共用一个对流段的双圆筒炉、箱式炉或其他炉型。

第2章 工艺计算

2.1 符号说明

A_c——对流管外表面积(光管外表面积),m^2;

A_{cP}——当量平面,m^2;

A_i——单位长度炉管外表面积,m^2;

$°API$——液体燃料的比重指数;

A_R——辐射段炉管外表面积,m^2;

A_{si}——钉头区域内部流通面积,m^2;

A_{so}——钉头区域外部流通面积,m^2;

A_W——对流段耐火墙面积,m^2;

a_b——每米管长钉头外的光管部分外表面积,m^2;

a_c——每米管长钉头管或翅片管所占流通面积,m^2;

a_f——每米翅片管的翅片外表面积,m^2;

a_o——每米管长的光管外表面积,m^2/m;

a_s——每米管长的钉头部分外表面积,m^2/m;

a_x——钉头的断面积,m^2;

Air_{H_2O}——空气中含水量,kgH_2O/kg 空气;

B——燃料用量,kg/h;

b——对流段净宽,m;

C——液体燃料中的碳的质量分数;

$c(c')$——流体在平均温度(管壁温度)下的比热容,$J/(kg \cdot K)$ 或 $kJ/(kg \cdot \text{℃})$;

CH_4——干烟气中甲烷的体积分数;

C_mH_n——气体燃料中碳氢化合物的体积分数;

CHR——燃料碳氢比;

CO——气体燃料中的一氧化碳的体积分数;

C_{pa}——空气比热容,$kJ/(kg \cdot \text{℃})$,查表2.3.6-3;

C_{pf}——燃料比热容,$kJ/(kg \cdot \text{℃})$ 或 $kJ/(Nm^3 \cdot \text{℃})$;

C'_{pf}——燃料气的比热容，kJ/（Nm^3·℃）；

C_{pi}——排烟温度与15℃平均温度下烟气中各组分的比热容，kJ/（Nm^3·℃），见表2.3.6-5；

C_{ti}——烟气进对流段的比热容，kJ/（kg 燃料·℃）；

C_{to}——烟气出对流段的比热容，kJ/（kg 燃料·℃）；

D_{si}——烟囱直径，m；

D_v——容积水力直径，m；

D'——节圆直径，m；

d——炉管外径，m；

$d_{15.6}$——燃料在15.6℃的相对密度；

d_c——对流炉管外径，m；

d_e——钉头管当量直径，m；

d_i——炉管内径，m；

d_p——管子与管子之间的间隙，m；

d_s——钉头直径或翅片厚度，m；

d'_p——钉头与钉头之间的间隙，m；

d''_p——两邻管钉头端部之间的间隙，m；

d'''_p——纵向钉头或翅片间距，mm；

e——介质的汽化率（质量分数），%；

e_{cp}——汽化段平均汽化率（质量分数），%；

F——交换因数；

F——炉膛内壁表面积，m^2；

F_{RC}——耐火砖墙到炉管表面的交换因数；

F_f——每米长摩擦表面积，m^2/m；

f——穆迪摩擦系数；

f_m——混相摩擦系数；

f'——烟气摩擦系数；

$\sum F$——炉膛总内表面积，m^2；

G_F——管内流体的质量流速，kg/（m^2·s）；

G_i——单位燃料的烟气中各组分的质量，kg/kg 燃料；

G_g——烟气质量流速，kg/（m^2·s）；

G_{gs}——烟气在钉头区域外部的质量流速，kg/（m^2·s）；

G_{CO_2}、G_{SO_2}、G_{O_2}、G_{N_2}——单位质量燃料的烟气中相应组分 CO_2、SO_2、O_2 和 N_2 的质量，kg/kg 燃料；

G_{H_2O}——燃料燃烧生成水的质量，kg H_2O/kg 燃料；

G_{H_2ORH}——烟气中的总水量，kg H_2O/kg 燃料；

G'_{H_2O}——烟气中不包括过剩空气的含水量，kg H_2O/kg 燃料；

G_s——管内水蒸气质量流速，kg/($m^2 \cdot s$)；

g——重力加速度，m/s^2；

H——燃料中氢的质量分数；

H_2——干烟气中氢气组分的体积分数，由烟气分析测得；

H_2——气体燃料中氢气的体积分数；

H_2O——气体燃料中水蒸气的体积分数；

H_2S——气体燃料中的硫化氢的体积分数；

H'_3——初步假定的烟囱高度，m；

H_c——对流段高度，m；

H_H——弯头或急弯弯管高度，m；

h——炉子入口、出口的几何高度差（即液体高度），cm；

h'——钉头高度或翅片高度，m；

h_{fo}——环形翅片管外膜传热系数，W/($m^2 \cdot ℃$)；

h_i——内膜传热系数，W/($m^2 \cdot ℃$)；

h_{il}——液相的内膜传热系数，W/($m^2 \cdot K$)；

h_{iv}——气相的内膜传热系数，W/($m^2 \cdot K$)；

h_{ip}——双相流体传热系数，W/($m^2 \cdot K$)；

h_i^*——包括结垢热阻在内的光管内膜传热系数，W/($m^2 \cdot ℃$)；

h_o^*——包括结垢热阻在内的光管外膜传热系数，W/($m^2 \cdot ℃$)；

h_{oc}——光管部分管外对流传热系数，W/($m^2 \cdot ℃$)；

h_{or}——烟气辐射传热系数，W/($m^2 \cdot ℃$)；

h_{ow}——炉墙辐射传热系数，W/($m^2 \cdot ℃$)；

h_{oc}^*——钉头管的光管外膜传热系数，W/($m^2 \cdot ℃$)；

h_{Rc}——辐射段的对流传热系数，W/($m^2 \cdot ℃$)；

h_{so}——钉头管外膜传热系数，W/($m^2 \cdot ℃$)；

h_s——钉头表面传热系数，W/($m^2 \cdot ℃$)；

h_s^*——包括结垢热阻在内的钉头表面传热系数，W/($m^2 \cdot ℃$)；

ΔH_1——烟气通过对流段产生的净阻力，Pa；

ΔH_{1b}——烟气通过交错排列光管管排阻力，Pa；

ΔH_{1s}——烟气通过钉头管管排阻力，Pa；

ΔH_{1f}——烟气通过翅片管管排阻力，Pa；

$\Delta H'_1$——对流段烟气所产生的抽力，mmH_2O；

$\Delta H_2 \sim \Delta H_4$——烟气通过各部分的局部阻力，Pa；

ΔH_5——烟气在烟囱中的摩擦损失，Pa；

ΔH_6——烟气在烟囱出口处的动能损失，Pa；

ΔH_D——烟囱的抽力，Pa；

ΔH_p——燃烧器调风器阻力，Pa；

ΔH_s——烟囱需克服的总阻力，Pa；

I_a——空气入炉温度下的热焓，kJ/kg，由图2.3.6-1查得；

I_{cp}^m——介质出炉处混相平均热焓，kJ/kg；

I_e——介质开始汽化时热焓，kJ/kg；

I_i——介质进辐射段处热焓，kJ/kg；

I_i——i组分的热焓，kJ/kg；

I_i——排烟温度下烟气中各组分的热焓，kJ/kg，由图2.3.6-2查得；

I_{i1}——被加热介质在进加热炉状态下的热焓，kJ/kg；

I_{i2}——被加热介质在出加热炉状态下的热焓，kJ/kg；

I_{il}——在出炉状态下介质液相部分的热焓，kJ/kg；

I_{iv}——在出炉状态下介质气相部分的热焓，kJ/kg；

I_L——液相的热焓，kcal/kg；

I_L^o——介质出炉处液相热焓，kJ/kg；

I_{Jo}、I_{Ji}——J介质出、入对流段的热焓，kJ/kg；

I_m——混合物的热焓，kJ/kg；

I_s——雾化蒸汽入炉时热焓，kJ/kg 蒸汽，由表2.3.6-4查得；

I_{s15}——雾化蒸汽在15℃时热焓，为2530kJ/kg 蒸汽；

I_V——气相的热焓，kcal/kg；

I_v^o——介质出炉处气相热焓，kJ/kg；

K_c——对流管总传热系数，W/(m²·℃)；

K_s——钉头管总传热系数，W/(m²·℃)；

K_{UOP}——油品的UOP特性因数；

L——实际空气量，kg/kg 燃料；

L——烟气平均辐射长度，m；

L——炉管直段长度，m；

L_c——对流管有效长度，m；

L_e——炉管有效长度，m；

L_e——炉管当量长度，m；

L_e——辐射段炉管单程总当量长度，m；

L'——烟气通过对流管管排的长度，m；

L_m——汽化段炉管当量长度，m；

l——炉管长度，m；

l_i——每根炉管长度，m；

l_d——每个弯头的当量长度，m；

$L_{H_2O}^0$——理论湿空气量中的含水量，kg H_2O/kg 燃料；

$L_{H_2O}^{\alpha-1}$——过剩空气量中的含水量，kg H_2O/kg 燃料；

L_o——燃料的理论空气量或理论干空气量，kg/kg 燃料；

L_{O_2}——1kg 燃料所需用氧量，kg/kg 燃料；

$L_{O_2}^o$——1kg 燃料所需理论用氧量，kg/kg 燃料；

L_{oi}——液体组分中各元素的理论空气量，kg/kg；

L_{oRH}——考虑湿度的理论空气量，kg 空气/kg 燃料；

L_s——钉头周边长，m；

$L_{\alpha-1}$——1kg 燃料的过剩空气量，kg 空气/kg 燃料；

M_g——烟气的摩尔质量，kg/kmol；

M_{air}——空气的分子量；

M_{N_2}、M_{SO_2}、M_{CO_2}、M_{H_2O}——烟气中的 N_2、SO_2、CO_2 和水的分子量；

M_v——介质平均汽化率时气相分子量；

m——碳氢化合物中碳原子数；

N——燃料中氮的质量分数；

N——管程数；

N_2——实际进入炉内空气中的氮含量，Nm^3/kg 燃料；

N_2^0——理论燃烧需要空气量中的氮含量，Nm^3/kg 燃料；

$N_2^{\alpha-1}$——与过剩空气对应的过量氮，Nm^3/kg 燃料；

N_c——光管管排数；

N_s——每一圈的钉头数；

n——碳氢化合物中氢原子数；

n——干烟气中游离碳浓度，mg/Nm^3 干烟气；

n——辐射管根数；

n_w——每排炉管根数；

O——液体燃料中的氧的质量分数；

O_2——气体燃料中氧气的体积分数；

O_2——烟气分析中的氧含量(体积分数)，%；

p——介质的压力，kgf/cm^2(a)；

p——计算截面的压力，MPa(a)；

p_1——流体入炉压力，MPa；

p_2——流体出炉压力，MPa；

p_a——当地地面处绝对大气压，kPa；

p_0——标准压力，为 101.13kPa；

p_v——汽化段汽化部分平均压力，kPa；

p_{vap}——环境温度下水的饱和蒸气压，kPa；

Δp_e——汽化段压力降，MPa；

Δp_L——纯加热段或单液相流体压力降，MPa；

RH——环境空气的相对湿度；

Q——加热炉热负荷，kW；

Q_1——排烟热损失，或出炉烟气带出热量，kJ/kg 燃料；

Q_{1p}——烟气出辐射段带出热量，kJ/kg 燃料；

Q_2——炉壁散热损失，kJ/kg 燃料或 kJ/Nm³ 燃料；

Q_3——燃料的不完全燃烧损失热量，kJ/kg 燃料；

Q_a——空气入炉显热，kJ/kg 燃料；

Q_c——对流段热负荷，kW；

Q_c'——烟气放有效热，kW；

Q_{cJ}——J 介质在对流段热负荷，kW；

Q_e——单位燃料有效利用热量，kJ/kg 燃料；

Q_{er}——单位燃料在辐射段的有效利用热量，W/kg 或 W/Nm³；

Q_f——燃料入炉显热，kJ/kg 燃料或 kJ/Nm³ 燃料；

$Q_H(Q_H')$——燃料的高发热量，kJ/kg(kJ/Nm³)；

Q_i——各被加热介质通过加热炉所吸收的热量，kW；

Q_{in}——总输入热量，kJ/kg 燃料；

$Q_L(Q_L')$——燃料的低发热量，kJ/kg(kJ/Nm³)；

Q_R——辐射段吸热量或热负荷，kW；

Q_{Rr}——辐射段炉管通过辐射传热吸收的热量，W；

Q_{Rc}——辐射段炉管通过对流传热吸收的热量，W；

Q_s——雾化蒸汽入炉显热，kJ/kg 燃料油；

q_{fi}——燃料中各组分的焓值，kJ/kg，查表 2.3.6－1；

q_{Ji}——烟气入 J 介质排管时的热焓，kJ/kg 燃料；

q_{Jo}——烟气出 J 介质排管时对流段的热焓，kJ/kg 燃料；

q_{LC}——对流段热损失，kJ/kg 燃料；

q_{LCJ}——烟气在 J 介质排管段的热损失，kJ/kg 燃料；

q_R——辐射管表面平均热强度，kW/m²；

q_{tp}——烟气入对流段的热焓，kJ/kg 燃料；

q_{ts}——烟气出对流段的热焓，kJ/kg 燃料；

Re——雷诺数；

S——液体燃料中的硫的质量分数；

S——辐射炉管管心距，m；

S_c——对流段炉管管心距，m；

S_{min}——烟气流通最小截面积，m^2；

T_a——大气温度，K；

T_a——空气入炉温度，℃；

T_d——热效率计算基准温度，15℃；

T_f——燃料入炉温度，℃；

T_g——辐射段烟气平均温度，K；

T_m——雾化蒸汽入炉温度，℃；

T_{mc}——对流段中烟气平均温度，K；

T_s——排烟温度，℃；

$T(t)$——流体的平均温度，K（℃）；

$T_w(t_w)$——管外壁平均温度，K（℃）；

T_w——辐射炉管外壁平均温度，K；

T_{wc}——该段炉管平均管壁温度，K；

t——介质的温度，℃；

t_f——燃料油的平均温度，℃；

t_i——烟气入口温度，℃；

t_m——管内介质平均温度，℃；

t_o——烟气出口温度，℃；

t_s——排烟温度，℃；

t_v——汽化段汽化部平均温度，℃；

t_{wmax}——最高管壁温度，℃；

Δt——烟气和介质逆流时对数平均温差，℃；

$\Delta t'$——烟气和介质顺流时对数平均温差，℃；

Δt——管外壁同管内介质间的温差，℃；

Δt_{ci}——管内焦层或垢层温差，℃；

Δt_{co}——管外垢层温差，℃；

Δt_f——管内介质膜温差，℃；

Δt_m——管壁温差，℃；

U_m——介质混相线速度，m/s；

u——介质线速度，m/s；

V——实际空气量，Nm^3/kg 燃料；

V——干烟气体积，Nm^3/kg 燃料；

V——炉膛空间体积，m^3；

V_f——每米长的净自由体积，m^3/m；

V_i——单位燃料的烟气中各组分的体积，Nm^3/kg 燃料；

V_o——燃料的理论空气量，Nm^3/Nm^3 燃料；

V_{oi}——气体组分中各组分的理论空气量，Nm^3/Nm^3；

V_g、V_{CO_2}、V_{SO_2}、V_{H_2O}、V_{O_2}、V_{N_2}——烟气总体积及各组分体积，Nm^3/kg 燃料；

W——燃料中水分的质量分数；

W_F——管内介质流量，kg/h；

W_{FJ}——J 介质在对流段的流量，kg/h；

W_g——烟气流量，kg/h；

W_i——被加热介质流量，kg/h；

W_s——雾化蒸汽用量，kg/kg 燃料；

w——流体流速，m/s；

X_i——燃料中各元素或各组分的质量分数；

X_i——介质或燃料中 i 组分的质量分数；

X_l——双相流体中液相质量分数；

X_{O_2}——液体组分中氧气的质量分数；

X_v——双相流体中气相质量分数；

X_w——1kg 燃料燃烧生成水的质量，kg；

Y_i——燃料组分中各组分的体积分数；

Y_{O_2}——气体燃料组分中氧气的体积分数；

y——翅片厚度，m；

α——管排有效吸收因数；

α_r——单排管直接单面辐射的有效吸收因数；

α_D——单排管由墙反射的有效吸收因数；

α——过剩空气系数；

α——炉管在最高管壁温度下的线膨胀系数，$1/℃$；

αA_{cP}——当量冷平面，m^2；

ρ——管内流体密度，kg/m^3；

γ——水蒸气的汽化潜热，kJ/kg；

ρ_m——汽化段平均条件下混相密度，kg/m^3；

ρ_v——汽化段平均条件下气相密度，kg/m^3；

ρ_L——汽化段平均条件下液相密度，kg/m^3；

ρ_g——烟气在对流段的平均密度，kg/m^3；

ρ_g——烟气中在烟囱出口处的密度，kg/m^3；

ρ_m——混相重度，kg/m^3；

ρ_a——环境温度下空气密度，kg/m^3；

δ——炉管平均厚度，m；

δ_b——管壁厚度，m；

δ_{ci}、δ_{co}——管内、管外垢层厚度，m；

δ_f——条形翅片厚度，m；

ε_f——炉管表面辐射率或炉管的黑度；

ε_g——烟气辐射率或烟气的黑度；

ε_i——管内焦层或垢层热阻，$m^2 \cdot \text{℃}/W$；

ε_0——管外垢层热阻，$m^2 \cdot \text{℃}/W$；

ε_s——炉膛有效辐射率，即当吸热面是黑体时，吸热面对烟气的总交换因数；

η——热效率，%；

η_H——毛热效率，%；

η_f——燃料效率，%；

λ_b——管壁金属的导热系数，$W/(m \cdot \text{℃})$；

$\lambda(\lambda')$——流体在平均温度（管壁温度）下的导热系数，$W/(m \cdot K)$；

λ——炉管金属材料导热系数，$W/(m \cdot \text{℃})$，可由表 2.5.3 - 2 查得；

λ_f——平均烟气温度下，翅片材料的导热系数，参见表 2.5.3 - 2；

λ_s——钉头材质导热系数，$W/(m \cdot \text{℃})$；

$\mu(\mu')$——流体在平均温度（管壁温度）下的动力黏度，$Pa \cdot s$；

μ——动力黏度（绝对黏度），$kg \cdot s/m^2$（$1kg \cdot s/m^2 = 9.8Pa \cdot s$）；

μ_g——烟气的黏度，cP；

μ_L——气化段平均条件下液相黏度，$kg \cdot s/m^2$；

μ_m——混相黏度，$kg \cdot s/m^2$；

μ_v——气化段平均条件下气相黏度，$kg \cdot s/m^2$；

ν_c——临界流速，m/s；

ν——运动黏度（相对黏度），m^2/s；

ρ_m——计算截面的气液混合密度，kg/m^3；

τ_1——介质入对流段温度，℃；

τ_i——介质入口温度，℃；

τ_o——介质出口温度，℃；

τ_2——介质出辐射段温度，℃；

τ_1'——介质进辐射段温度，℃；

φ——每个弯头的当量长度与管内径之比，即 $\varphi = I_d/d_i$，φ 值见表 2.7.2；

ψ——管排数的校正系数；

Ω_f——翅片效率；

Ω_s——钉头效率。

2.2 基础数据

2.2.1 工艺条件

加热炉设计时应按工艺过程对加热炉的工艺要求进行工艺计算，其工艺过程要求的主要参数见表2.2.1。

表2.2.1 工艺要求及燃料条件

工厂：				
装置：				
加热炉编号或名称：				
需要数量				
设计负荷/MW				
工艺过程要求				
项目	符号	数值		
操作工况				
炉段				
吸热量/MW	Q_i			
介质名称				
流率/(kg/h)	W_i			
压力降，允许值(清洁/结垢)/kPa	Δp			
辐射段平均热强度，允许/(W/m²)	q_R			
辐射段最高热强度，允许/(W/m²)				
最高内膜温度，计算/℃	T_{fmax}			
结垢热阻/(m²·K/W)	ε_i			
允许焦层厚度/mm				
入口条件：				
温度/℃				
压力(表)/kPa				
液相流率/(kg/s)				
气相流率/(kg/s)				
液相相对密度(15℃)				
气相分子量				
气相密度/(kg/m³)				
黏度(液相/气相)/mPa·s				
比热容(液相/气相)/[kJ/(kg·K)]				
热导率(液相/气相)/[W/(m·K)]				

续表

项目	符号	数值		
出口条件:				
温度/℃				
压力(表)/kPa				
液相流率/(kg/s)				
气相流率/(kg/s)				
液相相对密度(15℃)				
气相分子量				
气相密度/(kg/m³)				
黏度(液相/气相)/mPa·s				
比热容(液相/气相)/[kJ/(kg·K)]				
热导率(液相/气相)/[W/(m·K)]				

附注和特殊要求:

蒸馏数据或进料组成:

短期操作条件:

备注:

燃料性质:

燃料气	符号	数值
低热值/(kJ/m³)	Q_L	
高热值/(kJ/m³)	Q_H	
燃烧器进口压力(表)/kPa		
燃烧器进口温度/℃		
分子量		
组分	摩尔分数/%	

燃料油	符号	数值
低热值/(kJ/kg)	h_L	
高热值/(kJ/kg)	h_H	
燃烧器进口压力（表）/kPa		
燃烧器进口温度/℃		
在_____℃黏度/(mPa·s)		
在_____℃黏度/(mPa·s)		
雾化蒸汽温度/(℃)		
雾化蒸汽压力（表）/Pa		
组分	质量分数/%	
灰分		
水分		
钒/(mg/kg)		
钠/(mg/kg)		
硫/(mg/kg)		
固定氮/(mg/kg)		

备注：

2.2.2　热负荷计算

加热炉的热负荷等于所有被加热的气体、液体、水蒸气等介质通过加热炉所吸收的热量之和：

$$Q = \sum_{i=1}^{n} Q_i \qquad (2.2.2-1)$$

式中　Q——加热炉热负荷，kW；

　　　Q_i——各被加热介质通过加热炉所吸收的热量，kW。

通过加热炉无相变化的介质吸热量：

$$Q_i = W_i(I_{i2} - I_{i1})/3600 \qquad (2.2.2-2)$$

式中　W_i——被加热介质流量，kg/h；

　　　I_{i1}、I_{i2}——被加热介质在进、出加热炉状态下的热焓，kJ/kg。

通过加热炉的液体介质有汽化时的吸热量：

$$Q_i = W_i[eI_{iv} + (1-e)I_{i1} - I_{i1}]/3600 \qquad (2.2.2-3)$$

式中　e——液体通过加热炉的汽化率（质量分数），%；

　　　I_{il}——在出炉状态下介质液相部分的热焓，kJ/kg；

　　　I_{iv}——在出炉状态下介质气相部分的热焓，kJ/kg。

通过加热炉有汽化的油品，求出汽化后气、液两部分的质量分数，再分别查得其热焓。

混合物的热焓可按加和法计算：

$$I_m = \sum_{i=1}^{n} X_i I_i \qquad (2.2.2-4)$$

式中　I_m——混合物的热焓，kJ/kg；

　　　I_i——i 组分的热焓，kJ/kg；

　　　X_i——i 组分的质量分数。

每种介质出、入炉时热焓的基准温度应相同。

石油馏分热焓可按 API 的石油馏分纳尔逊焓图拟合的计算式进行计算，已知温度、压力、油品的特性因数和比重指数即可求得石油馏分焓值。式（2.2.2-5）为焓图拟合式，拟合式中未计算反应热：

$$Z = \sum_{i=0}^{2} \sum_{j=0} A_{ij} X^i Y^j (i+j < 2) \qquad (2.2.2-5)$$

X、Y、Z、A_{ij} 的意义见下表：

Z	X	Y	A_{00}	A_{01}	$A_{02} \times 10^2$	A_{10}	$A_{11} \times 10^2$	$A_{20} \times 10^3$
H_L^*	t	°API	3.8192	0.2483	-0.2706	0.3718	0.1972	0.4754
$H_V^\#$	t	°API	78.12202	0.3927	-0.1654	0.3059	0.0996	0.4630
$H_V^=$	t	K_{UOP}	24.2206	-20.5617	158.5700	0.8623	-7.5500	0.0672
G_{V1}	$H_V^\#$	K_{UOP}	-1557.4370	408.4433	-1906.3200	4.6660	34.8260	0.1010
G_{V2}	G_{V1}	°API	512.0600	-8.6401	3.0160	-0.2497	1.8720	0.5582
H_V^-	G_{V2}	p	24.4700	-0.3327	0.0128	-0.1578	0.1762	0.2387

$$I_L = H_L^* \times (0.0533 \times K_{UOP} + 0.3604) \qquad (2.2.2-6)$$

$$H_V^* = H_V^\# - H_V^= \qquad (2.2.2-7)$$

$$I_V = H_V^* - H_V^- \qquad (2.2.2-8)$$

式中　I_L——液相的热焓，kcal/kg；

　　　I_V——气相的热焓，kcal/kg；

　　　p——介质的压力，$kgf/cm^2(a)$；

　　　t——介质的温度，℃；

　　　K_{UOP}——油品的 UOP 特性因数。

加热炉的热负荷有时还包括装置加工原料性质及流量的预期变化，装置换热网格的计算误差，对于管内介质有裂解和缩合反应的焦化炉，还应包括反应热。对于管内有反应的制氢转化炉等，还包括催化剂的活性变化等引起的反应热量变化等。所以工程设计中工艺过程需要的热负荷大都高于由焓值计算出的数值，工业炉设计时应以工艺专业委托数据为准。

2.3 燃烧过程计算

2.3.1 燃料的发热量

（1）定义

燃料的发热量是指单位质量或单位体积的燃料完全燃烧时释放的总热量。燃料的发热量取决于燃料的成分，按照燃烧产物中水蒸气所处的相态（液态还是气态）不同，有高、低发热量之分。

以15℃为基准，单位燃料燃烧释放的总热量为高发热量 Q_H，此时燃烧生成的水蒸气完全冷凝，其值可由测量得到。高发热量减去单位燃料中水蒸气的凝结热为低发热量 Q_L，此时水蒸气保持液态。目前多数情况下，实际排入烟囱时烟气中的水分并没有冷凝下来，而是以水蒸气状态排出，所以在通常计算中采用低发热量。

在高发热量和低发热量之间存在下列式关系：

$$Q_L = Q_H - \gamma G_{H_2O}$$
$$= Q_H - 2465 G_{H_2O} \qquad (2.3.1-1)$$

对于液体燃料

$$Q_L = Q_H - 222H - 25W \qquad (2.3.1-2)$$

对于气体燃料

$$Q'_L = Q'_H - 19.7 \times (H_2 + 1/2 \sum nC_m H_n + H_2O) \qquad (2.3.1-3)$$

式中　　$Q_L(Q'_L)$——燃料的低发热量，kJ/kg（kJ/Nm³）；

$Q_H(Q'_H)$——燃料的高发热量，kJ/kg（kJ/Nm³）；

γ——水蒸气的汽化潜热，kJ/kg，可由饱和蒸汽的气相焓与液相焓的差值求得，常压下取 $\gamma = 2465$ kJ/kg；

G_{H_2O}——每千克燃料燃烧生成水的质量，kg；

H、W——分别为燃料中氢和水分的质量分数；

H_2、$C_m H_n$ 及 H_2O——气体燃料中氢气、碳氢化合物及水蒸气的体积分数。

（2）液体燃料的发热量

可按液体燃料的比重指数、相对密度或元素组成计算其低发热量。

a）已知燃料的比重指数（°API）

根据比重指数（°API），由图2.3.1-1查取燃

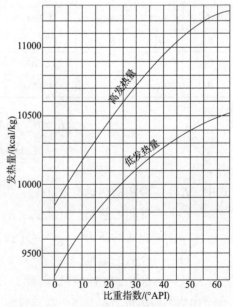

注：1kcal = 4.187kJ。

图2.3.1-1　液体燃料的发热量与比重指数的关系（无水）

料的发热量。

b) 已知燃料的相对密度 $d_{15.6}$

对不含水、硫、灰分的液体燃料可按下式计算其低发热量 Q_L，kJ/kg。

$$Q_L = 42245 - 8790d_{15.6}^2 + 3160d_{15.6} \qquad (2.3.1-4)$$

式中　$d_{15.6}$——燃料在 15.6℃ 的相对密度。

常规燃料的低发热量也可由图 2.3.1-2 和图 2.3.1-3 查得。

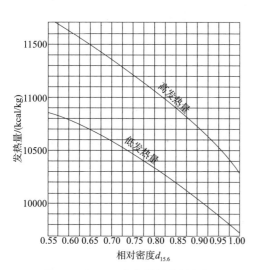

图 2.3.1-2　液体燃料发热量与
相对密度的关系(无水)

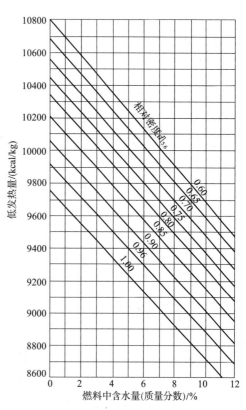

图 2.3.1-3　液体燃料低发热量与
含水量的关系

c) 已知燃料的元素组成

按下列公式估算燃料的高、低发热量：

$$Q_H = 340C + 1255H + 110(S - O) \qquad (2.3.1-5)$$

$$Q_L = 340C + 1033H + 110(S - O) - 25W \qquad (2.3.1-6)$$

式中　C、H、O、S、W——液体燃料中的碳、氢、氧、硫和水分的质量分数。

炼油厂常用的燃料油大都是炼厂内自产的重质油，如减压渣油、常压重油、裂化残油及其他装置的残渣油等。表 2.3.1-1 列出了炼油厂常用燃料油的性质。

表2.3.1-1 常用燃料油性质

燃料油名称	元素组成（质量分数）/%					密度 ρ_{20}/(kg/m³)	黏度/(×10⁻⁶ m²/s)		残炭（质量分数）/%	闪点/℃	凝固点/℃	沸程/℃	高热值 Q_H/(MJ/kg)	低热值 Q_L/(MJ/kg)	理论空气量（a=1）		理论燃烧温度（a=1）/℃
	C	H	S	O	N		80℃	100℃							L_v/(kg/kg油)	V_o/(Nm³/kg油)	
大庆原油减压渣油	86.5	12.56	0.17		0.37	930	281.51	129.69		339	33		45.13	42.29**(42.19)	14412	11147	2018
山东原油减压渣油	86.82*	11.16*	1.32		0.7	989.5	6065	1647	16.7		48.5		43.60	41.08	14012	10837	2021
大港原油减压渣油	86.69	12.7	0.29	0.07		949.6	429.8	159.1	10.4	>300	41	>500	45.38	42.50	14489	11205	2017
江汉原油减压渣油	85.74*	11.24*	3.0			983.8		741.7	15.02			>557	43.52	40.98	13989	10819	2018
玉门原油减压渣油	88.17*	11.58*	0.25			961	777	265	11.72	301	32		44.48	41.86	14269	11036	2022
克拉玛依原油减压渣油	88.21*	11.58	0.21			916.5				322	20	>500	44.48	41.86	14261	11030	2023
大庆原油常压重油	87.57*	12.26*	0.17*			961.2	58.4	29.2		257	38	>374	45.11	42.34	14431	11161	2020
山东原油常压重油	85.78	11.72	1.32*			965.6	779.6	286.9	11.36			>350	43.95	41.30	14086	10894	2018
大港原油常压重油	87.91*	11.91	0.18			920.2	47.1	23.93	5.3	233	38	>350	44.79	42.14	14421	11153	2017
江汉原油常压重油	84.83*	12.17*	3*			921.8	15.71		4.54		43	>354	44.38	41.63	14206	10987	2015
玉门原油常压重油	88.03*	11.76*	0.21			949	101.55	46.63		220	27	>350	44.64	41.99	14312	11069	2021
克拉玛依原油常压重油	87.57*	12.29*	0.14			914.3	102.55	39.88		208	-1	>350	45.15	42.37	14441	11169	2020

注：* 为计算值或估算值。

** 括号内为试验值，括号外为计算值。

（3）气体燃料的低发热量

气体燃料可按下列公式计算其氏发热量。

$$Q_{\mathrm{L}} = \sum Q_{\mathrm{L}i} X_i \qquad (2.3.1-7)$$

或

$$Q_{\mathrm{L}}' = \sum Q_{\mathrm{L}i}' Y_i \qquad (2.3.1-8)$$

式中　$Q_{\mathrm{L}}(Q_{\mathrm{L}}')$——气体燃料的低发热量，kJ/kg（kJ/Nm³）；

$\quad\quad Q_{\mathrm{L}i}(Q_{\mathrm{L}i}')$——气体燃料中各组分的低发热量，kJ/kg（kJ/Nm³）；

$\quad\quad X_i$——燃料中各组分的质量分数；

$\quad\quad Y_i$——燃料中各组分的体积分数。

单一气体组分的低发热量见表2.3.1-2[3]。

国内炼油厂常用燃料气的性质见表2.3.1-3[3]。

表2.3.1-2　单一气体组分的低发热量

名称	分子式	密度	低发热量		理论空气量	
		kg/Nm³	MJ/Nm³	MJ/kg	Nm³/Nm³	kg/kg
一氧化碳	CO	1.2501	12.64	10.11	2.38	2.46
硫化氢	H_2S	1.5392	23.38	15.19	7.14	6.00
氢	H_2	0.0898	10.74	119.64	2.38	34.27
甲烷	CH_4	0.7162	35.71	49.86	9.52	17.19
乙烷	C_2H_6	1.3423	63.58	47.37	16.66	16.05
乙烯	C_2H_4	1.2523	59.47	47.49	14.28	14.74
乙炔	C_2H_2	1.1623	56.45	48.57	11.90	13.24
丙烷	C_3H_8	1.9685	91.03	46.24	23.80	15.63
丙烯	C_3H_6	1.8785	86.41	46.00	22.42	15.43
丁烷	C_4H_{10}	2.5946	118.41	45.64	30.94	15.42
丁烯	C_4H_8	2.5046	113.71	45.40	28.56	14.74
戊烷	C_5H_{12}	3.2208	145.78	45.26	38.08	15.29
戊烯	C_5H_{10}	3.1308	138.37	44.20	35.70	14.75

表 2.3.1-3　国内炼油厂常用燃料气的性质

名称		H₂S	CO₂	H₂	N₂+O₂	组成 CH₄	C₂H₆	C₂H₄	C₃H₈	C₃H₆	C₄H₁₀	C₄H₈	C₅H₁₂
炼厂气	体积分数/%	4.20	0.64	9.50	13.30	28.01	11.09	2.12	9.65	9.46	4.39	7.25	0.39
	质量分数/%	4.9	0.9	0.7	12.7	15.4	11.4	2.0	14.6	13.6	8.8	14.0	1.0
催化气A（干气）	体积分数/%	6.3		32.0	21.9	16.7	6.8	4.0	1.6	6.0	1.4	2.3	1.0
	质量分数/%	12.9		3.0	28.6	12.5	9.5	5.2	3.3	11.8	3.8	6.0	3.4
催化气B（干气）	体积分数/%	7.2		6.6	27.2	26.4	26.0		0.5	4.7	0.6	0.8	
	质量分数/%	12.2		0.5	29.4	16.3	30.1		0.9	7.6	1.3	1.7	
焦化气（干气）	体积分数/%	4.91	0.45	10.10	25.08	27.39	14.82	2.55	7.78	4.28	1.54	1.10	
	质量分数/%	6.6	0.8	0.8	27.5	17.2	17.5	2.8	13.5	7.4	3.5	2.4	
催化重整副产气	体积分数/%			34.9		2.0	10.0		45.6		6.9		0.6
	质量分数/%			2.5		1.1	10.5		70.4		14.0		1.5
催化气态烃	体积分数/%						0.6		18.3	48.1	14.7	17.7	0.6
	质量分数/%						0.4		17.0	42.7	18.0	21	0.9

续表

名称	密度 ρ_0/(kg/Nm³)	对空气的相对密度 S	平均分子量 M	气体常数 R/(kgf·m/kg·K)	绝热指数 K	容积比热容 c_v[见注3]/(kJ/Nm³·K)	最大火焰传播速度时可燃气体在空气中的含量/%	最大火焰传播速度 U/(m/s)	高发热量 Q_H/(MJ/Nm³)	低发热量 Q_L/(MJ/Nm³)	理论空气量($a=1$) L_v/(kg空气/kg瓦斯)	理论空气量($a=1$) V_0/(Nm³空气/kg瓦斯)	理论燃烧温度($a=1$) t_{max}/℃
炼厂气	1.304	0.9941	28.790	29.45	1.30	2.156 / 2.374	6.6	0.92	55.881	50.464	13.225	13.338	2090
催化气 A（干气）	1.242	0.9610	27.821	30.48	1.27	1.712 / 1.830	10.1	1.28	31.309	28.638	7.550	7.252	2120
催化气 B（干气）	1.159	0.8960	25.962	32.66	1.37	1.750 / 1.897	7.8	0.87	36.032	32.804	9.582	8.589	2040
焦化气（干气）	1.139	0.8810	19.734	42.97	1.26	1.817 / 1.968	7.8	0.80	40.537	35.730	10.940	9.630	2020
催化重整副产气	1.276	0.9870	28.582	29.67	1.14	2.416 / 2.709	6.8	1.07	67.219	61.374	16.120	15.900	2125
催化气态烃	2.188	1.6920	49.010	17.30	1.13	3.379 / 3.856	4.1	0.82	108.183	100.441	14.816	25.070	2240

注: 1. 各种燃料气的组成分别取自我国某些炼油厂的全厂或各装置的标定实测数据。其余性能参数均为计算值。
2. 计算理论燃烧温度时取过剩空气系数 $a=1$，环境温度 $t_0=20℃$。
3. 容积比热容有两个数据，横线上方为气体温度等于 0℃ 时的值，横线下方为气体温度等于 100℃ 时的值。

2.3.2 理论空气量

根据化学反应计算出的燃料完全燃烧时需要的空气量叫作理论空气量。

(1)液体燃料

液体燃料中一般包含碳、氢、氮、硫、氧五种元素，可根据燃料的元素组成计算理论空气量。

碳燃烧时，其化学平衡式为：

$$C + O_2 \longrightarrow CO_2$$
$$12kg + 32kg \quad 44kg$$

因此每 1kg 碳完全燃烧需氧 $32/12 = 8/3kg$。

同理，1kg 硫完全燃烧需 1kg 氧；1kg 氢完全燃烧需 8kg 氧，因此 1kg 燃料所需理论用氧量为：

$$L_{O_2}^\circ = \frac{\frac{8}{3}C + 8H + S - O}{100} \qquad (2.3.2-1)$$

假定空气中氮气与氧气的质量比为 76.8 : 23.2，则理论空气量为：

$$L_o = L_{O_2}^\circ / 0.232 = (8/3C + 8H + S - O)/23.2$$

化简后：

$$L_o = 0.115C + 0.345H + 0.0431S - 0.0431O \qquad (2.3.2-2)$$

或

$$L_o = \sum (L_{oi}X_i) - 4.31X_{O_2} \qquad (2.3.2-3)$$

式中　　　$L_{O_2}^\circ$——1kg 燃料所需理论用氧量，kg/kg 燃料；

　　　　　L_o——燃料燃烧需要的理论空气量，kg/kg 燃料；

C、H、S、O——燃料中的碳、氢、硫、氧的质量分数；

　　　　　L_{oi}——液体组分中各元素的理论空气量，kg/kg；

　　　X_i、X_{O_2}——液体组分中各元素及氧气的质量分数。

(2)气体燃料

对于气体燃料，其成分用干燥的气体中各种成分的体积分数表示，各种可燃气体所需氧的体积可用化学平衡式求出：

$$C_mH_n + \left(m + \frac{n}{4}\right)O_2 = mCO_2 + \frac{n}{2}H_2O \qquad (2.3.2-4)$$

假定空气中氮气与氧气的体积比为 79 : 21，因此气体燃料的理论空气量为：

$$V_o = \frac{1}{21}\left[0.5H_2 + 0.5CO + \sum(m + n/4)C_mH_n + 1.5H_2S - O_2\right] \qquad (2.3.2-5)$$

也可根据燃料中各元素燃烧所需理论空气量计算：

$$V_o = \sum(V_{oi} \cdot Y_i) - 4.76Y_{O_2} \qquad (2.3.2-6)$$

式中
V_o——燃料的理论空气量，Nm^3/Nm^3 燃料；

V_{oi}——气体组分中各组分的理论空气量，Nm^3/Nm^3；

Y_i、Y_{O_2}——气体组分中各组分及氧气的体积分数；

H_2、CO、H_2S、O_2、C_mH_n——燃料中的氢气、一氧化碳、硫化氢、氧气和烃类组分的体积分数；

m——碳氢化合物中碳原子数；

n——碳氢化合物中氢原子数。

（3）理论湿空气量

如果考虑相对湿度 RH，应对以上计算的理论空气量进行修正。根据相对湿度 RH，计算湿空气中含水量，然后计算出燃料燃烧需要的理论湿空气量。

$$\begin{aligned}
\mathrm{Air}_{H_2O} &= \frac{p_{vap}}{标准大气压} \times \frac{RH}{100} \times \frac{M_{H_2O}}{M_{air}} \\
&= \frac{p_{vap}}{101.33} \times \frac{RH}{100} \times \frac{18}{29} \qquad (2.3.2-7)\\
&= 6.13 \times 10^{-5} \times p_{vap} \times RH
\end{aligned}$$

$$L_{oRH} = \frac{L_o}{1 - \mathrm{Air}_{H_2O}} \qquad (2.3.2-8)$$

式中　Air_{H_2O}——空气中含水量，kgH_2O/kg 空气；

L_o——理论空气量（干），kg 空气/kg 燃料；

p_{vap}——环境温度下水的饱和蒸气压，kPa；

RH——环境空气的相对湿度；

M_{H_2O}——水的分子量；

M_{air}——空气的分子量；

L_{oRH}——考虑湿度的理论空气量，kg 空气/kg 燃料。

理论空气量中含水量：

$$L_{H_2O}^o = L_{oRH} - L_o \qquad (2.3.2-9)$$

式中　$L_{H_2O}^o$——理论湿空气量中的含水量，$kg\ H_2O/kg$ 燃料；

L_o——理论空气量（干），kg 空气/kg 燃料。

（4）理论空气量的估算

在缺少燃料组成时，可根据燃料的低发热量近似估算理论空气量，按每 10000kJ 发热量需理论空气量 3.4kg 干空气计算，即

$$L_o = 3.4 \times \frac{Q_L}{10000} \qquad (2.3.2-10)$$

式中　L_o——燃料的理论空气量，kg/kg 燃料；

Q_L——燃料的低发热量，kJ/kg。

2.3.3 过剩空气

为了保证燃料燃烧完全，实际进入炉内的空气量高于理论空气量，高出的那部分空气量为过剩空气，实际进入的空气量与理论空气量之比用百分数表示为过剩空气系数 α。

$$\alpha = \frac{L}{L_o} = \frac{V}{V_o} \tag{2.3.3}$$

式中　α——过剩空气系数；

$\quad L$——实际空气量，kg/kg 燃料；

$\quad L_o$——理论空气量，kg/kg 燃料；

$\quad V_o$——理论空气量，Nm^3/Nm^3 燃料；

$\quad V$——实际空气量，Nm^3/Nm^3 燃料。

加热炉需要的过剩空气量是由燃烧器的数量、空气分布均匀程度、加热炉漏风量、所用燃料、燃烧方式、燃烧器性能以及工艺过程对加热炉的要求等决定的。

常规外混式气体燃烧器的典型过剩空气量见表 2.3.3-1，预混式气体燃烧器的典型过剩空气量见表 2.3.3-2。

表 2.3.3-1　外混式气体燃烧器典型过剩空气量

	单个燃烧器系统	多个燃烧器系统
自然通风	10% ~ 15%	15% ~ 20%
强制通风	5% ~ 10%	10% ~ 15%

表 2.3.3-2　预混式气体燃烧器典型过剩空气量

单个燃烧器系统	多个燃烧器系统
5% ~ 10%	10% ~ 20%

2.3.4 烟气量和烟气组成

燃料完全燃烧生成的烟气中有 CO_2、SO_2、水蒸气、氧气及氮气，还有一小部分氮氧化物（NO_x）。燃烧不完全时，烟气中还有 CO、H_2、CH_4 及游离碳等。

烟气中的碳的量应等于燃料中的碳量，烟气中的水蒸气应等于助燃空气带来的水蒸气、燃料中水分蒸发成的水蒸气及燃料中氢燃烧所生成水蒸气之和，同样，氧、氮等也有同样的平衡。可根据燃料组成、过剩空气系数及所用雾化蒸汽量计算完全燃烧后的烟气量及其组成。

(1)燃料油产生的烟气

烟气中各组分的重量按下列公式计算：

$$G_{CO_2} = 0.03667C \tag{2.3.4-1}$$

$$G_{SO_2} = 0.02S \tag{2.3.4-2}$$

$$G_{H_2O} = 0.09H + W_s + 0.01W \tag{2.3.4-3}$$

$$G_{O_2} = 0.232(\alpha - 1)L_o \qquad (2.3.4-4)$$

$$G_{N_2} = 0.768\alpha L_o + 0.01N \qquad (2.3.4-5)$$

燃烧产物烟气总质量：

$$G_g = G_{CO_2} + G_{SO_2} + G_{H_2O} + G_{O_2} + G_{N_2} = \alpha L_o + 1 + W_s \qquad (2.3.4-6)$$

烟气中各组分的体积按下列公式计算：

$$V_{CO_2} = 0.0187C \qquad (2.3.4-7)$$

$$V_{SO_2} = 0.007S \qquad (2.3.4-8)$$

$$V_{H_2O} = 0.112H + 1.24W_s + 0.0124W \qquad (2.3.4-9)$$

$$V_{O_2} = 0.21(\alpha - 1)V_o \qquad (2.3.4-10)$$

$$V_{N_2} = 0.79\alpha V_o + 0.008N \qquad (2.3.4-11)$$

燃烧产物烟气总体积：

$$V_g = V_{CO_2} + V_{SO_2} + V_{H_2O} + V_{O_2} + V_{N_2} \qquad (2.3.4-12)$$

式中　G_g 及 G_{CO_2}、G_{SO_2}、G_{H_2O}、G_{O_2}、G_{N_2}——烟气总质量及各组分质量，kg/kg 燃料；

$\qquad\qquad W_s$——雾化蒸汽用量，kg/kg 燃料；

$\qquad$ C、H、S、W、N——燃料中碳、氢、硫、水、氮的质量分数；

$\qquad V_g$、V_{CO_2}、V_{SO_2}、V_{H_2O}、V_{O_2}、V_{N_2}——烟气总体积及各组分体积，Nm^3/kg 燃料；

$\qquad\qquad \alpha$——过剩空气系数；

$\qquad\qquad L_o$——理论空气量，kg/kg 燃料。

(2)燃料气产生的烟气

燃料气燃烧的烟气中各组分的体积按下列公式计算：

$$V_{CO_2} = 0.01\left[CO_2 + CO + \sum m(C_mH_n)\right] \qquad (2.3.4-13)$$

$$V_{SO_2} = 0.01H_2S \qquad (2.3.4-14)$$

$$V_{H_2O} = 0.01\left[H_2 + H_2O + H_2S + \sum \frac{n}{2}(C_mH_n)\right] \qquad (2.3.4-15)$$

$$V_{O_2} = 0.21(\alpha - 1)V_o \qquad (2.3.4-16)$$

$$V_{N_2} = 0.01(N_2 + 79\alpha V_o) \qquad (2.3.4-17)$$

烟气总体积：

$$V_g = V_{CO_2} + V_{SO_2} + V_{H_2O} + V_{O_2} + V_{N_2} \qquad (2.3.4-18)$$

式中　V_{CO_2}、V_{SO_2}、V_{H_2O}、V_{O_2}、V_{N_2} 及 V_g——烟气中各组分体积及总体积，Nm^3/Nm^3 燃料。

2.3.5　根据烟气成分推算过剩空气

(1)干基取样

在燃料燃烧过程中，N_2 是不参与燃烧的，因燃料中氮含量很小，可忽略，按照空气中 N_2 与 O_2 的体积比为 79∶21，根据式(2.3.3)，得：

$$\alpha = \frac{0.79V}{0.79V_0} = \frac{N_2}{N_2^o} = \frac{N_2}{N_2 - N_2^{\alpha-1}} \qquad (2.3.5-1)$$

式中　N_2——实际进入炉内空气中的氮含量，Nm^3/kg 燃料；

N_2^o——理论燃烧需要空气量中的氮含量，Nm^3/kg 燃料；

$N_2^{\alpha-1}$——与过剩空气对应的过量氮，Nm^3/kg 燃料。

燃料燃烧后干烟气的成分主要为 CO_2、SO_2、O_2、N_2。在燃烧不完全时，还会有未燃尽的 CO、CH_4 及 H_2 等。

在烟气组成中存在以下关系：

$$CO_2 + SO_2 + O_2 + N_2 + CO + CH_4 + H_2 = 100$$

$$N_2 = 100 - (CO_2 + SO_2 + O_2 + CO + CH_4 + H_2) = 100 - (RO_2 + O_2 + CO + CH_4 + H_2)$$

式中　RO_2——干烟气中 CO_2 与 SO_2 的体积分数。

CO 和 H_2 完全燃烧还需要体积为 $0.5 \times (CO + H_2)$ 的氧，CH_4 完全燃烧还需要体积为 $2 \times CH_4$ 的氧，因此过量氧为 $O_2 - 0.5(CO + H_2) - 2CH_4$，故与过量氧对应的过量氮 $N_2^{\alpha-1} = 79/21 \times [O_2 - 0.5(CO + H_2) - 2CH_4]$，则：

$$\alpha = \frac{N_2}{N_2 - 79/21 \times [O_2 - 0.5(CO + H_2) - 2CH_4]}$$

把 N_2 代入经整理后得：

$$\alpha = \frac{21}{21 - 79 \times \dfrac{O_2 - 0.5(CO + H_2) - 2CH_4}{100 - (RO_2 + O_2 + CO + CH_4 + H_2)}} \qquad (2.3.5-2)$$

当燃料完全燃烧时，则为：

$$\alpha = \frac{21}{21 - 79 \times \dfrac{O_2}{100 - (RO_2 + O_2)}} \qquad (2.3.5-3)$$

对于常规燃料，$79 \times \dfrac{1}{100 - (RO_2 + O_2)} \approx 1$，故式(2.3.5-3)可简化为：

$$\alpha = \frac{21}{21 - O_2} \qquad (2.3.5-4)$$

或

$$O_2 = \frac{21(\alpha - 1)}{\alpha} \qquad (2.3.5-5)$$

式中　α——过剩空气系数；

O_2——干基烟气分析中的氧含量(体积分数)，%。

（2）湿基取样

如果是湿基取样，烟气中的水分包含燃料燃烧产生的水量 G_{H_2O}、雾化蒸汽 W_s、理论湿空气中的水分 $L_{H_2O}^o$ 和过剩空气中的水分 $L_{H_2O}^{\alpha-1}$。

可根据烟气中的湿基分析结果，计算过剩空气量：

每千克燃料的过剩空气量：

$$L_{\alpha-1} = \frac{M_{air} \times O_2\%(湿) \times \left(\dfrac{G_{N_2}}{M_{N_2}} + \dfrac{G_{SO_2}}{M_{SO_2}} + \dfrac{G_{CO_2}}{M_{CO_2}} + \dfrac{G'_{H_2O}}{M_{H_2O}} \right)}{空气中氧含量 - O_2\%(湿)\left(\dfrac{M_{air}}{M_{H_2O}} \times \dfrac{L_{H_2O}^o}{L_o} + 1 \right)}$$

$$= \frac{29 \times O_2 \% (\text{湿}) \times \left(\dfrac{G_{N_2}}{28} + \dfrac{G_{SO_2}}{64} + \dfrac{G_{CO_2}}{44} + \dfrac{G'_{H_2O}}{18} \right)}{21 - O_2 \% (\text{湿}) \left(\dfrac{29}{18} \times \dfrac{L^o_{H_2O}}{L_o} + 1 \right)} \qquad (2.3.5-6)$$

烟气中不包括过剩空气的含水量:

$$G'_{H_2O} = G_{H_2O} + W_s + L^o_{H_2O} \qquad (2.3.5-7)$$

过剩空气系数:

$$\alpha = 1 + \frac{L_{\alpha-1}}{L_{oRH}} \qquad (2.3.5-8)$$

过剩空气中的含水量:

$$L^{\alpha-1}_{H_2O} = \frac{L_{\alpha-1}}{L_o} \times L^o_{H_2O} \qquad (2.3.5-9)$$

烟气中的总水量:

$$G_{H_2OR} = G'_{H_2O} + L^{\alpha-1}_{H_2O} \qquad (2.3.5-10)$$

式中　　　　　　　　$L_{\alpha-1}$——每千克燃料的过剩空气量,kg 空气/kg 燃料;

O_2——烟气分析中氧含量(湿基);

M_{air}、M_{N_2}、M_{SO_2}、M_{CO_2}、M_{H_2O}——空气、N_2、SO_2、CO_2 和水的分子量;

G_{N_2}、G_{SO_2}、G_{CO_2}——烟气中各组分的质量,kg/kg 燃料;

G_{H_2O}——燃料燃烧产生的水量,kg H_2O/kg 燃料;

G'_{H_2O}——烟气中不包括过剩空气的含水量,kg H_2O/kg 燃料;

L_{oRH}——考虑湿度的理论空气量,kg 空气/kg 燃料;

L_o——理论干空气量,kg 空气/kg 燃料;

$L^o_{H_2O}$——理论湿空气量中的含水量,kg H_2O/kg 燃料,见式(2.3.2-9);

α——过剩空气系数;

$L^{\alpha-1}_{H_2O}$——过剩空气中的含水量,kg H_2O/kg 燃料;

G_{H_2OR}——烟气中的总水量,kg H_2O/kg 燃料;

W_s——雾化蒸汽,kg H_2O/kg 燃料。

2.3.6　燃料、空气、烟气的热物性

(1)燃料入炉显热 Q_f

a)由燃料比热容按式(2.3.6-1)计算燃料入炉显热:

$$Q_f = C_{pf} \cdot (T_f - T_d) \qquad (2.3.6-1)$$

式中　Q_f——燃料入炉显热,kJ/kg 燃料或 kJ/Nm³ 燃料;

C_{pf}——燃料比热容,kJ/(kg·℃)或 kJ/(Nm³·℃);

T_d——热效率计算基准温度,15℃;

T_f——燃料入炉温度,℃。

燃料油的比热容可用式(2.3.6-2)估算:

$$C_{pf} = 1.74 + 0.0025 t_f \qquad (2.3.6-2)$$

式中　t_f——燃料油的平均温度，℃；

　　　C_{pf}——燃料油比热容，kJ/(kg·℃)。

燃料气的比热容可用式(2.3.6-3)估算：

$$C'_{pf} = 0.042 \times [0.31(CO + H_2 + O_2 + N_2) + 0.38(CH_4 + CO_2 + H_2S + H_2O) + 0.5\sum C_mH_n]$$

$$(2.3.6-3)$$

式中　CO、H_2、O_2、N_2、CH_4、CO_2、H_2S、H_2O、C_mH_n——燃料气中各组分的体积分数；

　　　　　　　　　　　　　　　　　　　C'_{pf}——燃料气的比热容，kJ/(Nm³·℃)。

　　b)由焓值计算燃料显热

　　对于气体燃料：

$$Q_f = \sum q_{fi}X_i \qquad (2.3.6-4)$$

式中　q_{fi}——燃料中各组分的焓值，kJ/kg，查表2.3.6-1；

　　　X_i——燃料中各元素或各组分的质量分数。

表2.3.6-1　氢及纯烃理想气体在不同温度下的焓　　　　　　　　kJ/kg

气体	温度/℃							
	0	20	50	100	150	200	250	300
氢气(H_2)	-226.3	63.8	498.1	1220.8	1942.9	2665.3	3388.4	4112.8
甲烷(CH_4)	-35.9	10.3	82.2	208.4	342.6	484.4	633.6	790.2
乙烷(C_2H_6)	-27.2	7.9	63.9	165.6	277.4	398.7	529.2	668.5
乙烯(C_2H_4)	-25.6	7.4	60.4	157.6	265.3	382.8	510.0	646.2
丙烷(C_3H_8)	-25.4	7.3	60.1	156.6	263.6	380.4	506.5	641.6
丙烯(C_3H_6)	-25.4	7.3	59.9	155.9	262.2	378.2	503.4	637.4
丁烷(C_4H_{10})	-24.6	7.1	57.3	147.7	245.9	351.7	464.5	584.2
丁烯(C_4H_8)	-22.8	6.6	53.8	140.1	235.4	339.1	450.9	570.2
戊烷(C_5H_{12})	-23.4	6.8	55.2	143.4	240.8	346.8	461.0	583.0
戊烯(C_5H_{10})	-24.0	6.9	56.3	146.3	245.4	353.2	459.1	593.0
硫化氢(H_2S)	-13.9	3.9	31.1	77.3	124.5	172.5	221.3	270.9

注：焓的基准温度为15℃，气体。

对于液体燃料可由相对密度ρ_{20}直接由表2.3.6-2查得其焓值。

(2)空气入炉显热Q_a

空气入炉显热，可按式(2.3.6-5)或式(2.3.6-6)计算空气入炉显热。

$$Q_a = \alpha L_o I_a \qquad (2.3.6-5)$$

或

$$Q_a = \alpha L_o C_{pa} \cdot (T_a - T_d) \qquad (2.3.6-6)$$

式中　Q_a——空气入炉显热，kJ/kg 燃料；

　　　α——过剩空气系数；

L_0——理论空气量，kJ/kg 燃料；

I_a——空气入炉温度下的热焓，kJ/kg，由图 2.3.6-1 查得；

C_{pa}——空气比热容，kJ/(kg·℃)，查表 2.3.6-3；

T_d——热效率计算基准温度，15℃；

T_a——空气入炉温度，℃。

表 2.3.6-2　燃料油在不同温度下的焓　　　　　　　kJ/kg

相对密度 ρ_{20}	温度/℃											
	80	100	120	140	160	180	200	220	240	260	280	300
0.90	117.0	156.7	198.1	241.1	285.7	331.9	379.8	429.2	480.3	533.1	587.4	643.4
0.91	116.1	155.5	196.6	239.3	283.6	329.5	377.0	426.1	476.9	529.2	583.2	638.8
0.92	115.2	154.4	195.2	237.5	281.5	327.1	374.3	423.0	473.4	525.4	579.0	634.2
0.93	114.3	153.2	193.7	235.8	279.4	324.7	371.5	419.9	470.0	521.6	574.8	629.6
0.94	113.5	152.1	192.2	234.0	277.3	322.2	368.8	416.9	466.5	517.8	570.6	625.1
0.95	112.6	150.9	190.8	232.2	275.2	319.8	366.0	413.8	463.1	514.0	566.5	620.5
0.96	111.7	149.7	189.3	230.4	273.1	317.4	363.3	410.7	459.6	510.2	562.3	615.9
0.97	110.9	148.6	187.8	228.7	271.1	315.0	360.5	407.6	456.2	506.3	558.1	611.4
0.98	110.0	147.4	186.4	226.9	269.0	312.6	357.8	404.5	452.7	502.5	553.9	606.8
0.99	109.1	146.2	184.9	225.1	266.9	310.2	355.0	401.4	449.3	498.7	549.7	602.2

注：焓的基准温度为 15℃，液体。

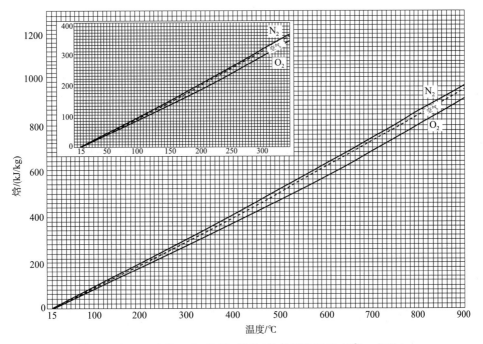

图 2.3.6-1　空气、O_2 和 N_2 的焓（焓的基准温度 15℃，气体）

表2.3.6-3　干空气物理性质(101.33kPa)

温度 t/ (℃)	密度 ρ/(kg/m³) (101.33kPa)	当前压强/ kPa	实际密度 ρ/ (kg/m³)	比热容 C/ [kJ/(kg·℃)]	导热系数 $\lambda \times 10$/ [W/(m·℃)]	黏度 $\mu \times 10^{-5}$/ (Pa·s)	运动黏度 $v \times 10^{-6}$/ (m²/s)
-50	1.584	105.325	1.64653	1.013	2.035	1.461	8.873
-40	1.515	105.325	1.57481	1.013	2.117	1.520	9.652
-30	1.453	105.325	1.51036	1.013	2.198	1.570	10.395
-20	1.395	105.325	1.45007	1.009	2.279	1.628	11.227
-10	1.342	105.325	1.39498	1.009	2.360	1.670	11.972
0	1.293	105.325	1.34404	1.009	2.442	1.716	12.767
5	1.270	105.325	1.32014			1.746	13.226
10	1.247	105.325	1.29623	1.009	2.512	1.775	13.694
15	1.225	105.325	1.27336			1.800	14.136
20	1.205	105.325	1.25257	1.013	2.593	1.824	14.562
25	1.184	105.325	1.23074			1.849	15.023
30	1.165	105.325	1.21099	1.013	2.675	1.873	15.467
40	1.128	105.325	1.17253	1.013	2.756	1.942	16.562
50	1.093	105.325	1.13615	1.017	2.826	1.960	17.251
60	1.06	105.325	1.10185	1.017	2.896	2.010	18.242
70	1.029	105.325	1.06962	1.017	2.966	2.060	19.259
80	1	105.325	1.03948	1.022	3.047	2.099	20.193
90	0.972	105.325	1.01037	1.022	3.128	2.150	21.279
100	0.946	105.325	0.98335	1.022	3.210	2.177	22.139
120	0.898	105.325	0.93345	1.026	3.338	2.290	24.533
140	0.854	105.325	0.88771	1.026	3.489	2.370	26.698
160	0.815	105.325	0.84717	1.026	3.640	2.450	28.920
180	0.779	105.325	0.80975	1.034	3.780	2.530	31.244
200	0.746	105.325	0.77545	1.034	3.931	2.589	33.387
250	0.674	105.325	0.70061	1.043	4.268	2.740	39.109
300	0.615	105.325	0.63928	1.047	4.605	2.970	46.459
350	0.566	105.325	0.58834	1.055	4.908	3.140	53.370
400	0.524	105.325	0.54469	1.068	5.210	3.310	60.769
500	0.456	105.325	0.47400	1.072	5.745	3.620	76.371
600	0.404	105.325	0.41995	1.089	6.222	3.910	93.107
700	0.362	105.325	0.37629	1.102	6.711	4.180	111.084
800	0.329	105.325	0.34199	1.114	7.176	4.430	129.537
900	0.301	105.325	0.31288	1.127	7.630	4.670	149.257

温度 t/ （℃）	密度 ρ/（kg/m³）（101.33kPa）	当前压强/kPa	实际密度 ρ/（kg/m³）	比热容 C/ [kJ/（kg·℃）]	导热系数 $\lambda \times 10$/ [W/（m·℃）]	黏度 $\mu \times 10^{-5}$/ （Pa·s）	运动黏度 $\upsilon \times 10^{-6}$/ （m²/s）
1000	0.277	105.325	0.28794	1.139	8.071	4.900	170.177
1100	0.257	105.325	0.26715	1.152	8.502	5.120	191.656
1200	0.239	105.325	0.24843	1.164	9.153	5.350	215.348

（3）雾化蒸汽入炉显热 Q_s

$$Q_s = W_s \cdot (I_s - I_{s15}) \tag{2.3.6-7}$$

式中　Q_s——雾化蒸汽入炉显热，kJ/kg 燃料油；

　　　W_s——雾化蒸汽用量，kg/kg 燃料油，由所选用的燃烧器型式而定，一般取 $W_s =$ 0.2～0.5kg/kg 燃料油；

　　　I_s——雾化蒸汽入炉时热焓，kJ/kg 蒸汽，由表2.3.6-4查得；

　　　I_{s15}——雾化蒸汽在15℃时热焓，为2530kJ/kg 蒸汽。

表2.3.6-4　过热蒸汽在不同压力不同温度下的焓　　　　　kJ/kg 蒸汽

温度/℃	压力/MPa											
	0.10	0.15	0.20	0.25	0.30	0.40	0.50	0.60	0.70	0.80	0.90	1.00
120	2650.2	2646.1	2637.7	—	—	—	—	—	—	—	—	—
140	2690.0	2686.7	2682.5	2678.3	2674.5	—	—	—	—	—	—	—
160	2730.2	2726.9	2723.5	2720.2	2716.8	2709.7	2702.2	2695.0	—	—	—	—
170	2750.3	2747.0	2744.0	2741.1	2737.7	2731.5	2724.8	2718.1	2711.0	2704.3	—	—
180	2770.0	2767.1	2764.5	2761.6	2758.7	2752.8	2747.0	2740.7	2734.4	2728.1	2721.0	2713.9
190	2789.7	2787.2	2784.6	2782.1	2779.6	2774.2	2768.7	2763.3	2757.4	2751.7	2745.3	2739.0
200	2809.3	2807.2	2804.7	2802.6	2800.1	2795.1	2790.0	2785.5	2780.0	2774.6	2769.1	2763.7
220	2848.7	2847.0	2844.9	2842.8	2841.2	2837.0	2832.8	2828.6	2824.0	2819.8	2815.2	2810.6
240	2888.5	2886.8	2885.1	2883.4	2881.8	2878.4	2874.4	2870.9	2867.6	2863.8	2860.0	2856.2
260	2928.2	2927.0	2925.3	2923.6	2922.4	2919.5	2916.1	2913.2	2909.8	2906.5	2903.5	2899.9
280	2968.4	2967.2	2965.5	2964.3	2963.0	2960.5	2957.6	2955.0	2952.1	2949.2	2946.3	2943.3
300	3008.6	3007.4	3006.5	3005.2	3003.5	3001.5	2990.0	2996.5	2994.0	2991.5	2989.0	2986.4
400	3212.5	3211.7	3210.9	3210.4	3209.6	3207.9	3206.6	3205.0	3203.3	3202.1	3200.4	3198.7

注：1. 焓的基准温度为15℃，水。

　　2. 水蒸气在基准温度下的焓值为2530kJ/kg 蒸汽。

（4）排烟损失 Q_1

排烟损失是出加热炉的烟气带出的热量，按下式计算：

$$Q_1 = \sum (G_i \cdot I_i) + 2465 W_s \tag{2.3.6-8}$$

式中 Q_1——出炉烟气带出热量，kJ/kg 燃料；

$\qquad G_i$——单位燃料的烟气中各组分的质量，kg/kg 燃料；

$\qquad I_i$——排烟温度下烟气中各组分的热焓，kJ/kg，由图 2.3.6 – 2 查得；

$\qquad W_s$——雾化蒸汽用量，kg/kg 燃料油。

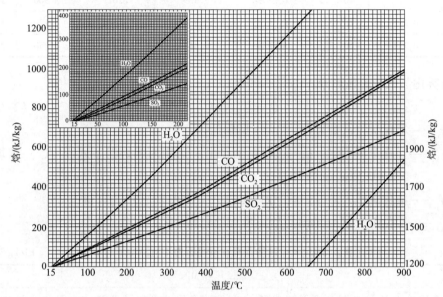

图 2.3.6 – 2 烟气中 H_2O、CO、CO_2 和 SO_2 的焓（焓的基准温度 15℃，气体）

也可以用烟气中各组分的组成和比热容，按照式(2.3.6 – 9)计算：

$$Q_1 = \sum \left[V_i \cdot C_{pi}(t_s - 15) \right] \qquad (2.3.6 - 9)$$

式中 Q_1——出炉烟气带出热量，kJ/kg 燃料；

$\qquad V_i$——单位燃料的烟气中各组分的体积，Nm^3/kg 燃料；

$\qquad C_{pi}$——排烟温度与 15℃ 平均温度下烟气中各组分的比热容，kJ/($Nm^3 \cdot$℃)，由表 2.3.6 – 5 查得；

$\qquad t_s$——排烟温度，℃。

表 2.3.6 – 5 不同气体在不同温度下的平均比热容 　　　　kJ/($Nm^3 \cdot$℃)

t/℃	C_{CO_2}	C_{N_2}	C_{O_2}	C_{H_2O}
0	1.5998	1.2648	1.3059	1.4943
100	1.7003	1.2958	1.3176	1.5052
200	1.7873	1.2996	1.3352	1.5223
300	1.8627	1.3067	1.3561	1.5424
400	1.9297	1.3136	1.3775	1.5654
500	1.9887	1.3276	1.3980	1.5897
600	2.0411	1.3402	1.4168	1.6148
700	2.0884	1.3536	1.4344	1.6412

$t/℃$	C_{CO_2}	C_{N_2}	C_{O_2}	C_{H_2O}
800	2.1311	1.3670	1.4499	1.6680
900	2.1692	1.3796	1.4645	1.6957
1000	2.2035	1.3917	1.4775	1.7229
1100	2.2349	1.4034	1.4892	1.7501
1200	2.2638	1.4143	1.5005	1.7769
1300	2.2898	1.4252	1.5106	1.8028
1400	2.3136	1.4348	1.5202	1.8280
1500	2.3354	1.4440	1.5291	1.8527
1600	2.3555	1.4538	1.5378	1.8761
1700	2.3743	1.4612	1.5462	1.8996
1800	2.3915	1.4687	1.5541	1.9213

（5）炉壁散热损失 Q_2

炉壁散热损失热量 Q_2（kJ/kg 燃料或 kJ/Nm³ 燃料）的详细计算见第 5 章。

常规设计时可按以下数值考虑：对于没有空气预热系统的加热炉，为燃料低发热量的 1.5%；对于有空气预热系统的加热炉，为燃料低发热量的 2.5%。

（6）燃料的不完全燃烧热量损失 Q_3

燃料的不完全燃烧包括化学不完全燃烧和机械不完全燃烧，对于气体燃料和轻质燃料油可不考虑这一部分损失，在标定及操作中可根据烟气分析，按式（2.3.6 - 10）计算：

$$Q_3 = (126CO + 108H_2 + 358CH_4)V + 3.3V \cdot n \times 10^{-2} \qquad (2.3.6 - 10)$$

式中　　　Q_3——燃料的不完全燃烧热量损失，kJ/kg 燃料；

CO、H_2、CH_4——干烟气中各组分的体积分数，由烟气分析测得；

　　　　　V——干烟气体积，Nm³/kg 燃料；

　　　　　n——干烟气中游离碳浓度，mg/Nm³ 干烟气。

2.4　热效率计算

2.4.1　热效率定义

加热炉热效率为热负荷（有效利用热量）除以总输入热量，总输入热量为燃料燃烧产生的热量加上空气、燃料和雾化介质的显热。热效率的值总小于 1。热效率计算时，燃料燃烧热量一般基于低热值计算。如果燃料燃烧热量基于高热值计算，通常称为毛热效率。计算排出的烟气热损失时，水通常是以蒸汽状态存在。

热效率的计算方法有两种：一种是工程设计时常用的方法——正平衡方法，即根据加热炉热负荷和总输入热量计算热效率；另一种是根据标定时测得的燃料用量、排烟温度、烟气组成、炉外壁温度等实际数据，计算排烟损失、炉壁散热损失和燃烧不完全损失，根据实际热损失反推出加热炉效率，即反平衡方法。如果测量数据准确，这两种方式计算出的热效率应该相近或相等。

燃料效率是有效利用热量除以燃料燃烧产生的总热量，以低发热量为基准，不包含燃料、空气和雾化介质的显热。

加热炉热效率计算的基准温度一般取 15℃，本书及 SH/T 3045《石油化工管式炉热效率设计计算》均以 15℃ 为准。

(1) 正平衡计算热效率

热效率等于加热炉的有效利用热量除以总输入热量：

$$\eta = \frac{Q_e}{Q_{in}} \times 100\% \qquad (2.4.1-1)$$

式中　η——热效率,%；

　　　Q_e——单位燃料有效利用热量，kJ/kg 燃料；

　　　Q_{in}——总输入热量，kJ/kg 燃料。

总输入热量为燃料燃烧产生的热量加上空气、燃料和雾化介质的显热，见式(2.4.1-2)。加热炉的热负荷为单位燃料有效热量乘以燃料量，见式(2.4.1-3)。

$$Q_{in} = Q_L + Q_f + Q_a + Q_s \qquad (2.4.1-2)$$

$$Q = 3600 Q_e \times B \qquad (2.4.1-3)$$

整理后，热效率计算公式为：

$$\eta = \frac{Q_e}{Q_L + Q_f + Q_a + Q_s} \times 100\% \qquad (2.4.1-4)$$

或

$$\eta = \frac{Q}{3600 \times B \times (Q_L + Q_f + Q_a + Q_s)} \times 100\% \qquad (2.4.1-5)$$

式中　Q_{in}——总输入热量，kJ/kg 燃料；

　　　Q_L——燃料的低发热量，kJ/kg 燃料；

　　　Q_f——燃料入炉显热，kJ/kg 燃料；

　　　Q_a——空气入炉显热，kJ/kg 燃料；

　　　Q_s——雾化蒸汽入炉显热，kJ/kg 燃料；

　　　Q——加热炉热负荷，kW；

　　　Q_e——单位燃料有效利用热量，kJ/kg 燃料；

　　　B——燃料用量，kg/h；

　　　η——热效率,%。

(2) 反平衡计算热效率

反平衡方法计算热效率，是根据操作中实际测得的燃料用量、排烟温度、烟气组成、炉外壁温度等数据，计算排烟损失、炉壁散热损失和燃烧不完全损失，根据实际热损失反推出加热炉效率，即

$$\eta = \frac{Q_{in} - (Q_1 + Q_2 + Q_3)}{Q_{in}} \times 100\% \tag{2.4.1-6}$$

$$= \frac{(Q_L + Q_f + Q_a + Q_s) - (Q_1 + Q_2 + Q_3)}{Q_L + Q_f + Q_a + Q_s} \times 100\%$$

式中　η——热效率,%;

Q_{in}——总输入热量, kJ/kg 燃料;

Q_1——排烟损失, kJ/kg 燃料;

Q_2——炉壁散热损失, kJ/kg 燃料;

Q_3——燃料的不完全燃烧损失热量, kJ/kg 燃料;

Q_L——燃料的低发热量, kJ/kg 燃料;

Q_f——燃料入炉显热, kJ/kg 燃料;

Q_a——空气入炉显热, kJ/kg 燃料;

Q_s——雾化蒸汽入炉显热, kJ/kg 燃料。

(3) 毛热效率

毛热效率,有时也称总热效率,用燃料的高热值 Q_H 代替低热值 Q_L,排烟损失 Q_1 项中附加水的汽化潜热($2465 \times G_{H_2O}$),带入式(2.4.1-6)中:

$$\eta_H = \frac{[(Q_L + 2465 \times G_{H_2O}) + Q_f + Q_a + Q_s] - [(Q_1 + 2465 \times G_{H_2O}) + Q_2 + Q_3]}{Q_H + Q_f + Q_a + Q_s} \times 100\%$$

整理后有:

$$\eta_H = \frac{(Q_L + Q_f + Q_a + Q_s) - (Q_1 + Q_2 + Q_3)}{Q_H + Q_f + Q_a + Q_s} \times 100\% \tag{2.4.1-7}$$

式中　η_H——毛热效率,%;

G_{H_2O}——燃料燃烧生成水的质量, kg H_2O/kg 燃料,常压下,15℃时,1 千克水的汽化潜热为 2465kJ;

Q_1——排烟损失, kJ/kg 燃料;

Q_2——炉壁散热损失, kJ/kg 燃料;

Q_3——燃料的不完全燃烧损失热量, kJ/kg 燃料;

Q_L——燃料的低发热量, kJ/kg 燃料;

Q_H——燃料的高发热量, kJ/kg 燃料;

Q_f——燃料入炉显热, kJ/kg 燃料;

Q_a——空气入炉显热, kJ/kg 燃料;

Q_s——雾化蒸汽入炉显热, kJ/kg 燃料。

(4) 燃料效率

燃料效率是有效利用热量除以燃料燃烧产生的总热量,从式(2.4.1-6)的分母中去除燃料、空气和雾化蒸汽的显热,得到燃料效率的计算公式:

$$\eta_f = \frac{(Q_L + Q_f + Q_a + Q_s) - (Q_1 + Q_2 + Q_3)}{Q_L} \times 100\% \tag{2.4.1-8}$$

式中　η_f——燃料效率,%。

2.4.2 加热炉体系划分

为便于计算加热炉效率,根据预热空气系统的类型,把加热炉分为3种体系:

a)无预热空气系统的加热炉,体系内仅有加热炉本体(图2.4.2-1),空气进入体系内的温度为环境温度;

b)用外界热源预热空气的加热炉,体系内仅有加热炉本体(图2.4.2-2),空气进入体系内的温度为与外界热源预热后的温度,此种体系内的燃料效率明显高于热效率;

c)用自身热源预热空气的加热炉,体系内除了加热炉本体外,还包括用烟气直接或间接预热空气的换热设备(图2.4.2-3),空气进入体系内的温度为环境温度。

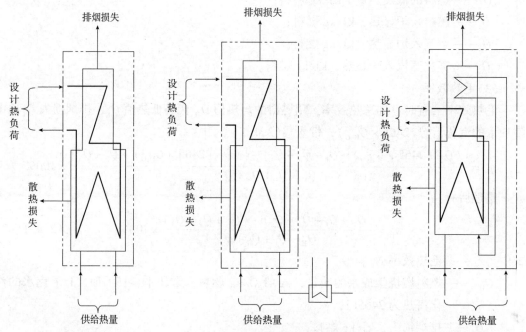

图2.4.2-1 无预热空气系统 图2.4.2-2 用外界热源预热 图2.4.2-3 用自身热源预热
的加热炉体系   空气的加热炉体系   空气的加热炉体系

2.4.3 效率计算

实际生产中,需根据测量分析数据计算评估加热炉的热效率,本节根据热效率反平衡计算方法,把常用的计算公式和相关物性汇总,并给出不同类型加热炉体系的例题。

(1)计算汇总表

对于液体燃料,如果燃料分析中给出了高热值和碳氢比,首先根据表2.4.3-1计算出燃料中碳、氢的质量分数,然后在表2.4.3-2的相应栏中输入这些数值进行其他计算。

对于气体燃料,可根据燃料组成,直接按表2.4.3-3进行计算。

根据数据来源不同,计算表中有些数据可采用两种方法进行,可根据需要进行选择。

表2.4.3-1 液体燃料发热量计算

项目	单位	符号	来源	数值
燃料高发热量	kJ/kg 燃料	Q_H	测量值	
燃料碳氢比		CHR	分析值	
比重指数		°API	分析值	
燃料中杂质(质量分数)	%		分析值	
水分		W		
灰分				
硫		S		
钠		Na		
其他				
小计		Z		
燃料中氢(质量分数)	%	H	(100-Z)/(CHR+1.0)	
燃料中碳(质量分数)	%	C	100-H-Z	
低发热量	kJ/kg 燃料	Q_L	$Q_L = Q_H - 222H - 25W$ [式(2.3.1-2)]	
			或,根据比重指数查图2.3.1-1	

表2.4.3-2 液体燃料燃烧计算表

燃料组成	分子量	质量分数/%	低发热量		理论空气量	
			kJ/kg	kJ/kg 燃料	kg/kg	kJ/kg 燃料
1	2	3	4	5 (3×4)	6	7 (3×6)
碳 C	12.0		33913		11.51	
氢 H	1.008		102995		34.29	
氧 O	16.0		-10886		-4.32	
硫 S	32.1		10886		4.31	
氮 N	14.0					
水 H_2O	18.0		-2512			
惰性组分						
合计		1.00				

燃料组成	CO_2 生成量		H_2O 生成量		N_2 生成量		SO_2 生成量	
	kg/kg	kg/kg 燃料	kg/kg	kg/kg 燃料	kg/kg	kg/kg 燃料	kg/kg	kg/kg 燃料
	8	9 (3×8)	10	11 (3×10)	12	13 (3×12)	14	15 (3×14)
碳 C	3.66				8.85			
氢 H			8.94					

燃料组成	CO_2 生成量		H_2O 生成量		N_2 生成量		SO_2 生成量	
	kg/kg	kg/kg 燃料	kg/kg	kg/kg 燃料	kg/kg	kg/kg 燃料	kg/kg	kg/kg 燃料
	8	9 (3×8)	10	11 (3×10)	12	13 (3×12)	14	15 (3×14)
氧 O	—	—	—	—	−3.32	—	—	—
硫 S	—	—	—	—	3.31	—	2.00	—
氮 N	—	—	—	—	1.00	—	—	—
水 H_2O	—	—	1.00	—	—	—	—	—
合计	—	—	—	—	—	—	—	—

表 2.4.3-3 燃料气燃烧计算表

燃料组成	体积分数/%	分子量	质量分数/%	低发热量		理论空气量	
				kJ/kg	kJ/kg 燃料	kg/kg	kg/kg 燃料
	1	2	3 (1×2)/$\sum$(1×2)	4	5 (3×4)	6	7 (3×6)
氢 H_2		2.016		120000		34.29	
氧 O_2		32.0		—		−4.32	
氮 N_2		28.0		—		—	
一氧化碳 CO		28.0		10 100		2.47	
二氧化碳 CO_2		44.0		—		—	
甲烷 CH_4		16.0		50000		17.24	
乙烷 C_2H_6		30.1		47490		16.09	
乙烯 C_2H_4		28.1		47190		14.79	
丙烷 C_3H_8		44.1		46360		15.68	
丙烯 C_3H_6		42.1		45800		14.79	
丁烷 C_4H_{10}		58.1		45750		15.46	
丁烯 C_4H_8		56.1		45170		14.79	
戊烷 C_5H_{12}		72.1		45360		15.33	
己烷 C_6H_{14}		86.2		45100		15.24	
苯 C_6H_6		78.1		40170		13.27	
甲醇 CH_3OH		32.0		19960		6.48	
氨 NH_3		17.0		18600		6.10	
硫化氢 H_2S		34.1		15240		6.08	
水 H_2O		18.0		—		—	
合计		—					

燃料组成	CO_2 生成量		H_2O 生成量		N_2 生成量		SO_2 生成量[a]	
	kg/kg	kg/kg 燃料	kg/kg	kg/kg 燃料	kg/kg	kg/kg 燃料	kg/kg	kg/kg 燃料
	8[a]	9 (3×8)	10	11 (3×10)	12	13 (3×12)	14	15 (3×14)
氢 H_2	—		8.94		26.36		—	
氧 O_2	—		—		-3.32		—	
氮 N_2	—		—		1.00		—	
一氧化碳 CO	1.57		—		1.90		—	
二氧化碳 CO_2	1.00		—		—		—	
甲烷 CH_4	2.74		2.25		13.25		—	
乙烷 C_2H_6	2.93		1.80		12.37		—	
乙烯 C_2H_4	3.14		1.28		11.36		—	
丙烷 C_3H_8	2.99		1.63		12.05		—	
丙烯 C_3H_6	3.14		1.28		11.36		—	
丁烷 C_4H_{10}	3.03		1.55		11.88		—	
丁烯 C_4H_8	3.14		1.28		11.36		—	
戊烷 C_5H_{12}	3.05		1.50		11.78		—	
己烷 C_6H_{14}	3.06		1.46		11.71		—	
苯 C_6H_6	3.38		0.69		10.20		—	
甲醇 CH_3OH	1.38		1.13		4.98		—	
氨 NH_3	—		1.59		5.51		—	
硫化氢 H_2S	1.88		0.53		4.68		1.88	
水 H_2O	—		1.00		—		—	
合计	—		—		—		—	

[a] 因 SO_2 量比较少，可以合计到 CO_2 系列。

表 2.4.3-4　过剩空气系数和相对湿度计算表

项目	单位	符号	来源	数值
空气温度	℃	T_a	等于环境温度	
相对湿度	%	RH	测量值	
雾化蒸汽用量	kg/kg 燃料	W_s	给定值或测量值	
环境温度下水饱和的蒸气压	kPa	p_{vap}		
湿空气中含水量	kg H_2O/kg 空气	Air_{H_2O}	$Air_{H_2O} = 6.13 \times 10^{-5} \times p_{vap} \times RH$	

续表

项目	单位	符号	来源	数值
理论湿空气量	kg 空气/kg 燃料	L_{oRH}	$L_{oRH} = \dfrac{L_0}{1 - Air_{H_2O}}$	
理论湿空气量中的含水量	kg H_2O/kg 燃料	$L_{H_2O}^o$	$L_{H_2O}^o = L_{oRH} - L_0$	
烟气中不包括过剩空气的含水量	kg H_2O/kg 燃料	G_{H_2O}'	$G_{H_2O}' = G_{H_2O} + W_s + L_{H_2O}^o$	
过剩空气量	kg 空气/kg 燃料	$L_{\alpha-1}$	$L_{\alpha-1} = \dfrac{29 \times O_2\%(\text{湿}) \times \left(\dfrac{G_{CO_2}}{44} + \dfrac{G_{H_2O}'}{18} + \dfrac{G_{N_2}}{28} + \dfrac{G_{SO_2}}{64} \right)}{21 - O_2\%(\text{湿}) \left(\dfrac{29}{18} \times \dfrac{L_{H_2O}^o}{L_o} + 1 \right)}$	
如测量烟气中氧含量时是干基取样，则计算过剩空气量$L_{\alpha-1}$时，$L_{H_2O}^o = 0$，$G_{H_2O}' = 0$，即				
过剩空气量(干基)	kg 空气/kg 燃料	$L_{\alpha-1}$	$L_{\alpha-1} = \dfrac{29 \times O_2\%(\text{干}) \times \left(\dfrac{G_{CO_2}}{44} + \dfrac{G_{N_2}}{28} + \dfrac{G_{SO_2}}{64} \right)}{21 - O_2\%(\text{干})}$	
过剩空气中的含水量	kg H_2O/kg 燃料	$L_{H_2O}^{\alpha-1}$	$L_{H_2O}^{\alpha-1} = \dfrac{L_{\alpha-1}}{L_o} \times L_{H_2O}^o$	
烟气中的总水量	kg H_2O/kg 燃料	G_{H_2ORH}	$G_{H_2ORH} = G_{H_2O}' + L_{H_2O}^{\alpha-1}$	
过剩空气系数		α	$\alpha = 1 + \dfrac{L_{\alpha-1}}{L_{oRH}}$	

表 2.4.3-5　排烟损失计算

烟气组分	分子量	在烟气中的含量		排烟温度 T_s 下的焓[a]		排烟温度 T_s 下的焓[a]	
						平均比热容	热量
		kg/kg 燃料	Nm³/kg 燃料	kJ/kg 组分	kJ/kg 燃料	kJ/(Nm³·℃)	kJ/kg 燃料
	1	2	3 (2÷1×22.4)	4 (图 2.3.6-2)	5 (2×4)	6 (表 2.3.6-5)	7 [3×6× (T_s-15)]
二氧化碳	44						
水蒸气	18						
二氧化硫	64						
氮气	28						
空气	29						
总计							

[a] 可采用两种方式计算烟气中的焓：一种是按照烟气组分的焓值进行计算；另一种是按照烟气组分的比热容进行计算。

注：1. 烟气中水蒸气的含量为烟气中不包括过剩空气中的含水量G_{H_2O}'，见表 2.4.3-4；

　　2. 烟气中空气含量为过剩空气的量$L_{\alpha-1}$，见表 2.4.3-4。

表2.4.3-6 进出炉热量

项目	单位	符号	来源	数值
燃料的低发热量	kJ/kg 燃料	Q_L		
燃料的高发热量	kJ/kg 燃料	Q_H		
燃料入炉温度	℃	T_f	测量值	
雾化蒸汽入炉温度	℃	T_s	测量值	
燃料平均比热容	kJ/(kg·℃) kJ/(Nm³·℃)	C_{pf} C'_{pf}	$C_{pf} = 1.74 + 0.0025 t_f$ 式(2.3.6-2) 或 $C'_{pf} = 0.042 \times [0.31(CO + H_2 + O_2 + N_2) + 0.38 (CH_4 + CO_2 + H_2S + H_2O) + 0.5 \sum C_m H_n]$ 式(2.3.6-3)	
燃料入炉显热	kJ/kg 燃料	Q_f	$Q_f = C_{pf} \cdot (T_a - T_d)$ 式(2.3.6-1) 或 $Q_f = \sum q_{fi} X_i$ 式(2.3.6-4)	
空气平均比热容	kJ/(kg·℃)	C_{pa}	表2.3.6-3	
空气入炉显热	kJ/kg 燃料	Q_a	$Q_a = \alpha L_o C_{pa} \cdot (T_f - T_d)$ 式(2.3.6-6) 或 $Q_a = \alpha L_o I_a$ 式(2.3.6-5)	
雾化蒸汽入炉显热	kJ/kg 燃料	Q_s	$Q_s = W_s \cdot (I_s - I_{sl5})$ 式(2.3.6-7)	
排烟热量损失	kJ/kg 燃料	Q_1	表2.4.3-5	
炉壁散热损失	kJ/kg 燃料	Q_2	按照本书第5章进行详细计算或直接取值	
不完全燃烧热量损失	kJ/kg 燃料	Q_3	$Q_3 = (126CO + 108H_2 + 358CH_4)V + 3.3V \cdot n \times 10^{-2}$	

表2.4.3-7 效率计算

项目	单位	符号	来源	数值
热效率	%	η	$\eta = \dfrac{(Q_L + Q_f + Q_a + Q_s) - (Q_1 + Q_2 + Q_3)}{Q_L + Q_f + Q_a + Q_s} \times 100\%$ 式(2.4.1-6)	
毛热效率	%	η_H	$\eta_H = \dfrac{(Q_L + Q_f + Q_a + Q_s) - (Q_1 + Q_2 + Q_3)}{Q_H + Q_f + Q_a + Q_s} \times 100\%$ 式(2.4.1-7)	
燃料效率	%	η_f	$\eta_f = \dfrac{(Q_L + Q_f + Q_a + Q_s) - (Q_1 + Q_2 + Q_3)}{Q_L} \times 100\%$ 式(2.4.1-8)	

（2）算例

例题1 自然通风燃油加热炉

条件：环境空气温度 T_a 为26.7℃，烟气入烟囱温度 T_s 为232℃，燃料油温度 T_f 为176℃，相对湿度 RH 为50%。烟气分析得出氧含量（体积分数，湿基）为5%，可燃物含量为零。散热损失为燃料低发热量的1.5%。燃料分析得出燃料的比重指数°API 为10，碳氢比为8.06，高发热量（用热量计测定）为42566kJ/kg，硫含量（质量分数）为1.8%，其他惰性成分含量（质量分数）为0.95%。雾化蒸汽温度 T_m 为185℃，压力（表）为1.03MPa。雾化蒸汽用量为0.5kg 蒸汽/kg 燃料。

分析：该例子属于无预热空气系统的加热炉体系，见图2.4.2-1，液体燃料，烟气分析是湿基。总输入热量包括燃料燃烧发热量，空气、燃料和雾化蒸汽带入热量，热损失包括排烟损失和炉壁散热损失，燃烧不完全损失为零。

计算：根据环境温度和燃料分析结果，按表2.4.3-1计算出燃料组成和低发热量，见例题1表1；把例题1表1中的计算结果填入表2.4.3-2中进行燃烧计算，见例题1表2；按照表2.4.3-4计算理论湿空气量、烟气中含水量和过剩空气系数，见例题1表3，按照表2.4.3-5和表2.4.3-6分别计算排烟损失和进出炉热量，见例题1表4和表5，按照表2.4.3-7计算加热炉热效率、毛热效率和燃料效率，见例题1表6。

例题1表1 液体燃料发热量计算

项目	单位	符号	来源	数值
燃料高发热量	kJ/kg 燃料	Q_H	测量值	42566
燃料碳氢比		CHR	分析值	8.06
比重指数		°API	分析值	10
燃料中杂质：	质量分数,%		分析值	
水分		W		
灰分				
硫		S		1.8
钠		Na		
其他				0.95
小计		Z		2.75
燃料中氢	质量分数,%	H	$(100 - \underline{2.75})/(8.06 + 1.0)$	10.73
燃料中碳	质量分数,%	C	$100 - \underline{10.73} - \underline{2.75}$	86.52
低发热量	kJ/kg 燃料	Q_L	$Q_L = 42566 - 222 \times \underline{10.73} - 25 \times 0$	40184
低发热量	kJ/kg 燃料	Q_L	按°API = 10 查图2.3.1-1	40402

例题1表2 液体燃料燃烧计算表

燃料组成	分子量	质量分数	低发热量		理论空气量	
			kJ/kg	kJ/kg 燃料	kg/kg	kg/kg 燃料
1	2	3	4	5 (3×4)	6	7 (3×6)
碳 C	12.0	0.8652	33913	29342	11.51	9.958
氢 H	1.008	0.1073	102995	11051	34.29	3.679
氧 O	16.0			-10886		-4.32
硫 S	32.1	0.018	10886	196	4.31	0.078
氮 N	14.0		—			
水 H_2O	18.0		-2512			
惰性组分		0.0095	—			
合计	—	1.00		40589		13.715

燃料组成	CO₂ 生成量		H₂O 生成量		N₂ 生成量		SO₂ 生成量	
	kg/kg	kg/kg 燃料	kg/kg	kg/kg 燃料	kg/kg	kg/kg 燃料	kg/kg	kg/kg 燃料
	8	9 (3×8)	10	11 (3×10)	12	13 (3×12)	14	15 (3×14)
碳 C	3.66	3.167	—		8.85	7.657	—	
氢 H	—		8.94	0.959	26.36	2.828	—	
氧 O	—		—		−3.32		—	
硫 S	—		—		3.31	0.060	2.00	0.036
氮 N	—		—		1.00		—	
水 H₂O	—		1.00		—		—	
合计	—	3.167	—	0.959	—	10.545	—	0.036

从例题 1 表 1 和表 2 中可以看出，热测仪间接测量的燃料低发热量，与根据燃料组成算出的结果相差：$\frac{40589-40184}{40589} \times 100\% = 1\%$，与根据比重指数查出的数据相差：$\frac{40589-40402}{40589} \times 100\% = 0.5\%$。三种方法得到的相差结果没有超过 1%，工程计算时采用哪种方式均可。

例题 1 表 3　过剩空气系数和相对湿度计算表

项目	单位	符号	来源	数值
空气温度	℃	T_a	等于环境温度	26.7
相对湿度	%	RH	测量值	50
雾化蒸汽用量	kg/kg 燃料	W_s	给定值或测量值	0.5
环境温度下水饱和的蒸气压	kPa	p_{vap}	查表 2.3.2−3	3.501
湿空气中含水量	kg H₂O/kg 空气	Air_{H_2O}	$Air_{H_2O} = 6.13 \times 10^{-5} \times \underline{3.501} \times \underline{50}$	0.0107
理论湿空气量	kg 空气/kg 燃料	L_{oRH}	$L_{oRH} = \dfrac{13.715}{1-0.0107}$	13.863
理论湿空气量中的含水量	kg H₂O/kg 燃料	$L^o_{H_2O}$	$L^o_{H_2O} = 13.863 - 13.715$	0.148
烟气中不包括过剩空气的含水量	kg H₂O/kg 燃料	G'_{H_2O}	$G'_{H_2O} = 0.959 + 0.5 + 0.148$	1.607
过剩空气量	kg 空气/kg 燃料	$L_{\alpha-1}$	$L_{\alpha-1} = \dfrac{29 \times 5 \times \left(\dfrac{3.167}{44} + \dfrac{1.607}{18} + \dfrac{10.545}{28} + \dfrac{0.036}{64}\right)}{21 - 5 \times \left(\dfrac{29}{18} \times \dfrac{0.148}{13.715} + 1\right)}$	4.906

项目	单位	符号	来源	数值
过剩空气中的含水量	kg H_2O/kg 燃料	$L_{H_2O}^{\alpha-1}$	$L_{H_2O}^{\alpha-1} = \dfrac{4.578}{13.715} \times 0.148$	0.049
烟气中的总水量	kg H_2O/kg 燃料	G_{H_2ORH}	$G_{H_2ORH} = 1.607 + 0.049$	1.656
过剩空气系数	—	α	$\alpha = 1 + \dfrac{4.578}{13.863}$	1.330

从例题1表3可以算出理论湿空气量和理论干烟气量相差：$\dfrac{0.148}{13.175} \times 100\% = 1.1\%$，相差范围不大，所以一般设计计算助燃空气量时没有考虑空气的湿度。

例题1表4 排烟损失计算

排烟温度 T_s：232℃

烟气组分	分子量	在烟气中的含量		排烟温度下的焓[a]		排烟温度下的焓[a]	
						平均温度下比热量	热量
		kg/kg 燃料	Nm^3/kg 燃料	kJ/kg	kJ/kg 燃料	kJ/($Nm^3 \cdot$℃)	kg/kg 燃料
	1	2	3 $(2 \div 1 \times 22.4)$	4 （图2.3.6-2）	5 (2×4)	6 （表2.3.6-5）	7 $[3 \times 6 \times (T_s - 15)]$
二氧化碳	44	3.167	1.612	200	633	1.7207	629
水蒸气	18	1.656	2.061	400	662	1.5092	706
二氧化硫	64	0.036	0.013	140	5	1.7207[b]	5
氮气	28	10.545	8.436	213	2246	1.2967	2483
空气	29	4.906	3.789	205	1006	1.3020	1120
总计	—	20.310	15.911	—	4512		4943

[a] 可采用两种方式计算烟气中的焓：一种是按照烟气组分的焓值进行计算；另一种是按照烟气组分的比热容进行计算。

[b] 二氧化硫的比热容是按照二氧化碳的数值，因为二氧化硫的量很少，按此计算，其热量相差非常小。

注：1. 烟气中水蒸气的含量为烟气中不包括过剩空气的含水量 G'_{H_2O}，见例题1表3；

　　2. 烟气中空气含量为过剩空气量 $L_{\alpha-1}$，见例题1表3。

例题1表4中，按照焓值差和比热容分别计算出排烟温度下的热损失，相差为：$\dfrac{4943-4512}{4512} \times 100\% = 9.6\%$。烟气的比热容是按照平均温度查表得出的，属于估算。条件允许时，建议按照烟气的焓值进行热量计算。下面计算时，以焓值计算的热损失为准。

例题 1 表 5　进出炉热量

项目	单位	符号	来源	数值
燃料的高发热量	kJ/kg 燃料	Q_H	测量值	42566
燃料的低发热量	kJ/kg 燃料	Q_L	例题 1 表 1	40184
燃料入炉温度	℃	T_f	测量值	176
雾化蒸汽入炉温度	℃	T_s	测量值	185
空气入炉温度	℃	T_a	测量值	26.7
燃料平均比热容	kJ/(kg·℃)	C_{pf}	$1.74 + 0.0025 \times \dfrac{(176+15)}{2}$	1.979
燃料入炉显热	kJ/kg 燃料	Q_f	$Q_f = 1.979 \times (176-15)$	318
空气平均比热容	kJ/(kg·℃)	C_{pa}	查表 2.3.6-3	1.013
空气入炉显热	kJ/kg 燃料	Q_a	$Q_a = 1.330 \times 13.715 \times 1.013 \times (26.7-15)$	216
雾化蒸汽入炉显热	kJ/kg 燃料	Q_s	$Q_s = 0.5 \times (2726.5 - 2530)$	98
排烟热量损失	kJ/kg 燃料	Q_1	例题 1 表 4	4512
炉壁散热损失	kJ/kg 燃料	Q_2	取低放热量的 1.5%：0.015×40184	603
不完全燃烧热量损失	kJ/kg 燃料	Q_3	完全燃烧	0

例题 1 表 6　效率计算

项目	单位	符号	来源	数值
热效率	%	η	$\eta = \dfrac{(40184+318+261+98)-(4512+603+0)}{40184+318+216+98} \times 100\%$	87.5%
毛热效率	%	η_H	$\eta_H = \dfrac{(40184+318+261+98)-(4512+603+0)}{42566+318+216+98} \times 100\%$	82.7%
燃料效率	%	η_f	$\eta_f = \dfrac{(40184+318+261+98)-(4512+603+0)}{40184} \times 100\%$	89.0%

例题 2　自身热源预热空气的燃气加热炉

条件：环境空气温度是 -2.2℃，烟气出预热器温度 T_e 为 148.9℃，燃料入炉温度 T_f 为 37.8℃，相对湿度 RH 为 50%。烟气分析得出氧含量(体积分数，湿基)为 3.5%，可燃物含量为零。散热损失为燃料低发热量的 2.5%。燃料气分析得出燃料气中各组分的体积分数为：甲烷 75.4%、乙烷 2.33%、乙烯 5.08%、丙烷 1.54%、丙烯 1.86%、氮气 9.96%、氢气 3.82%。

分析：该例子属于用自身热源预热空气的加热炉体系，见图 2.4.2-3，气体燃料，烟气分析是湿基。总输入热量包括燃料燃烧发热量、空气和燃料带入热量，热损失包括排烟损失和炉壁散热损失，燃烧完全。

计算：根据燃料分析结果和所测数据，利用表 2.4.3-3 进行燃烧计算，见例题 2 表 1。按照表 2.4.3-4 计算理论湿空气量、烟气中含水量和过剩空气系数，见例题 2 表 2。按照表 2.4.3-5 和表 2.4.3-6 分别计算排烟损失和进出炉热量，分别见例题 2 表 3 和例题 2

表4。按照表2.4.3-7计算加热炉热效率、毛热效率和燃料效率，见例题2表5。

例题2表1　燃料气燃烧计算表

燃料组成	体积分数/%	分子量	质量分数/%	低发热量		理论空气量	
				kJ/kg	kJ/kg 燃料	kg/kg	kg/kg 燃料
	1	2	3 (1×2)/ ∑(1×2)	4	5 (3×4)	6	7 (3×6)
氢 H_2	0.0382	2.016	0.0042	120000	504	34.29	0.144
氧 O_2		32.0		—		-4.32	
氮 N_2	0.0996	28.0	0.1506	—		—	
一氧化碳 CO		28.0		10100		2.47	
二氧化碳 CO_2		44.0					
甲烷 CH_4	0.7541	16.0	0.6514	50000	32570	17.24	11.23
乙烷 C_2H_6	0.0233	30.1	0.0379	47490	1780	16.09	0.610
乙烯 C_2H_4	0.0508	28.1	0.0771	47190	3638	14.79	1.140
丙烷 C_3H_8	0.0154	44.1	0.0367	46360	1701	15.68	0.575
丙烯 C_3H_6	0.0186	42.1	0.0423	45800	1937	14.79	0.626
丁烷 C_4H_{10}		58.1		45750		15.46	
丁烯 C_4H_8		56.1		45170		14.79	
戊烷 C_5H_{12}		72.1		45360		15.33	
己烷 C_6H_{14}		86.2		45100		15.24	
苯 C_6H_6		78.1		40170		13.27	
甲醇 CH_3OH		32.0		19960		6.48	
氨 NH_3		17.0		18600		6.10	
硫化氢 H_2S		34.1		15240		6.08	
水 H_2O		18.0		—		—	
合计	1.0	18.52(平均)	1.0	—	42130	—	14.325

燃料组成	CO_2 生成量		H_2O 生成量		N_2 生成量		SO_2 生成量	
	kg/kg	kg/kg 燃料	kg/kg	kg/kg 燃料	kg/kg	kg/kg 燃料	kg/kg	kg/kg 燃料
	8	9 (3×8)	10	11 (3×10)	12	13 (3×12)	14	15 (3×14)
氢 H_2	—		8.94	0.038	26.36	0.111	—	
氧 O_2					-3.32			
氮 N_2	—				1.00			

续表

燃料组成	CO$_2$ 生成量		H$_2$O 生成量		N$_2$ 生成量		SO$_2$ 生成量	
	kg/kg	kg/kg 燃料	kg/kg	kg/kg 燃料	kg/kg	kg/kg 燃料	kg/kg	kg/kg 燃料
	8	9 (3×8)	10	11 (3×10)	12	13 (3×12)	14	15 (3×14)
一氧化碳 CO	1.57		—		1.90		—	
二氧化碳 CO$_2$	1.00		—		—		—	
甲烷 CH$_4$	2.74	1.785	2.25	1.466	13.25	8.631	—	
乙烷 C$_2$H$_6$	2.93	0.111	1.80	0.068	12.37	0.469	—	
乙烯 C$_2$H$_4$	3.14	0.242	1.28	0.099	11.36	0.876	—	
丙烷 C$_3$H$_8$	2.99	0.110	1.63	0.060	12.05	0.442	—	
丙烯 C$_3$H$_6$	3.14	0.133	1.28	0.054	11.36	0.481	—	
丁烷 C$_4$H$_{10}$	3.03		1.55		11.88		—	
丁烯 C$_4$H$_8$	3.14		1.28		11.36		—	
戊烷 C$_5$H$_{12}$	3.05		1.50		11.78		—	
己烷 C$_6$H$_{14}$	3.06		1.46		11.71		—	
苯 C$_6$H$_6$	3.38		0.69		10.20		—	
甲醇 CH$_3$OH	1.38		1.13		4.98		—	
氨 NH$_3$	—		1.59		5.51		—	
硫化氢 H$_2$S	1.88		0.53		4.68		1.88	
水 H$_2$O	—		1.00		—		—	
合计	—	2.381	—	1.785	—	11.161	—	

例题 2 表 2　过剩空气系数和相对湿度计算表

项目	单位	符号	来源	数值
空气温度	℃	T_a	等于环境温度	-2.2
相对湿度	%	RH	测量值	50
雾化蒸汽用量	kg/kg 燃料	W_s	给定值或测量值	0
环境空气下水的蒸气压	kPa	p_{vap}		0.517
湿空气中含水量	kg H$_2$O/kg 空气	Air$_{H_2O}$	Air$_{H_2O}$ = 6.13×10^{-5} × 0.517 × 50	0.0016
理论湿空气量	kg 空气/kg 燃料	L_{oRH}	$L_{oRH} = \dfrac{14.325}{1-0.0016}$	14.348

续表

项目	单位	符号	来源	数值
理论湿空气量中的含水量	kg H_2O/kg 燃料	$L_{H_2O}^o$	$L_{H_2O}^o = 14.348 - 14.325$	0.023
烟气中不包括过剩空气的含水量	kg H_2O/kg 燃料	G'_{H_2O}	$G'_{H_2O} = 1.785 + 0 + 0.023$	1.808
过剩空气量	—	$L_{\alpha-1}$	$L_{\alpha-1} = \dfrac{29 \times 3.5 \times \left(\dfrac{2.381}{44} + \dfrac{1.808}{18} + \dfrac{11.161}{28} + \dfrac{0}{64}\right)}{21 - 3.5\left(\dfrac{29}{18} \times \dfrac{0.023}{14.325} + 1\right)}$	3.210
过剩空气中的含水量	kg H_2O/kg 燃料	$L_{H_2O}^{\alpha-1}$	$L_{H_2O}^{\alpha-1} = \dfrac{3.210}{14.325} \times 0.023$	0.005
烟气中的总水量	kg H_2O/kg 燃料	G_{H_2ORH}	$G_{H_2ORH} = 1.808 + 0.005$	1.813
过剩空气系数	—	α	$\alpha = 1 + \dfrac{3.210}{14.348}$	1.224

例题 2 表 3　排烟损失计算

排烟温度 T_s: 148.9℃

烟气组分	分子量	在烟气中的含量		排烟温度下的焓[a]		排烟温度下的焓[a]	
						平均温度下比热容	热量
		kg/kg 燃料	Nm³/kg 燃料	kJ/kg	kJ/kg 燃料	kJ/kg·℃	kg/kg 燃料
	1	2	3 (2÷1×22.4)	4 (图2.3.6-1~ 2.3.6-2)	5 (2×4)	6 (表2.3.6-5)	7 [3×6× (T_s-15)]
二氧化碳	44	2.381	1.212	130	320	1.6822	273
水蒸气	18	1.808	2.250	240	435	1.5032	453
氮气	28	11.161	8.929	140	1562	1.2902	1544
空气	29	3.210	2.479	120	385	1.323	439
总计		18.560	14.870	—	2702	—	2709

[a] 可采用两种方式计算烟气中的焓：一种是按照烟气组分的焓值进行计算；另一种是按照烟气组分的比热容进行计算。

注：1. 水蒸气的含量为烟气中不包括过剩空气的含水量 G'_{H_2O}，见例题 2 表 2；

　　2. 空气含量为过剩空气的量 $L_{\alpha-1}$，见例题 2 表 2。

例题 2 表 3 中，按照焓值差和比热容分别计算排烟温度下烟气的热损失，相差为：$\dfrac{2709 - 2702}{2702} \times 100\% = 0.3\%$。烟气的比热容是按照平均温度查表得出的，属于估算。条件允许时，建议按照烟气的焓值进行热量计算。下面计算时，以焓值计算的热损失为准。

例题 2 表 4　进出炉热量

项目	单位	符号	来源	数值
燃料的低发热量	kJ/kg 燃料	Q_L	例题 2 表 1	42130
燃料的高发热量	kJ/kg 燃料	Q_H	$Q_H = 42130 + 2465 \times 1.785$　　　　式(2.3.1−1)	46530
燃料入炉温度	℃	T_f	测量值	37.8
燃料入炉显热	kJ/kg 燃料	Q_f	$Q_f = 0.0042 \times 32.1 + 0.1506 \times 30 + 0.6514 \times 53.0 + 0.0379 \times 41.1 + 0.0771 \times 38.8 + 0.0367 \times 38.6 + 0.0423 \times 38.5$	48.0
空气平均比热容	kJ/(kg·℃)	C_{pa}	查表 2.3.6−3	1.009
空气入炉显热	kJ/kg 燃料	Q_a	$Q_a = 1.224 \times 14.325 \times 1.009 \times (-2.2-15)$	−304
排烟热量损失	kJ/kg 燃料	Q_1	例题 2 表 3	2702
炉壁散热损失	kJ/kg 燃料	Q_2	取 0.025×42130	1053
不完全燃烧热量损失	kJ/kg 燃料	Q_3	无	0

例题 2 表 5　效率计算

项目	单位	符号	来源	数值
热效率	%	η	$\eta = \dfrac{(42130+48-304)-(2701+1053)}{42130+48-304} \times 100\%$	91.0%
毛热效率	%	η_H	$\eta_H = \dfrac{(42130+48-304)-(2701+1053)}{46530+48-304} \times 100\%$	82.4%
燃料效率	%	η_f	$\eta_f = \dfrac{(42130+48-304)-(2701+1053)}{42130} \times 100\%$	90.5%

例题 3　外部热源预热空气的燃气加热炉

条件：本例中环境条件、燃料条件与例题 2 相同，即环境空气温度是 −2.2℃，燃料入炉温度 T_f 为 37.8℃，相对湿度 RH 为 50%。燃料气分析得出燃料气中各组分的体积分数为：甲烷 75.4%、乙烷 2.33%、乙烯 5.08%、丙烷 1.54%、丙烯 1.86%、氮气 9.96%、氢气 3.82%，可燃物含量为零。散热损失为燃料低发热量的 2.5%。与例题 2 不同的是：燃烧用空气温度 T_a 经外部热源预热后为 148.9℃，烟气入烟囱温度 T_e 为 260℃，烟气分析得出氧含量(体积分数，干基)为 3.5%。

分析：该例子属于用外界热源预热空气的加热炉体系，见图 2.4.2−2，气体燃料，烟气分析是干基。总输入热量包括燃料燃烧发热量、空气和燃料带入热量，热损失包括排烟热量损失和炉壁散热损失。

计算：燃料组成与例题 2 相同，燃烧计算见例题 2 表 1。本例烟气中氧含量以干基表示，用式(2.3.5−6)计算过剩空气量时，式中的 G'_{H_2O} 和 $L^o_{H_2O}$ 输入数值应为零，具体计算按照表 2.4.3−4，计算结果见例题 3 表 1。按照表 2.4.3−5 和表 2.4.3−6 分别计算排烟损失和进出炉热量，见例题 3 表 2 和表 3，按照表 2.4.3−7 计算加热炉热效率、毛热效率和燃料效率，见例题 3 表 4。

例题 3 表 1　过剩空气系数和相对湿度计算表

项目	单位	符号	来源	数值
环境温度	℃	T_{aa}	测量值	-2.2
空气温度	℃	T_a	测量值	148.9
相对湿度	%	RH	测量值	50
环境空气下水的蒸气压	kPa	p_{vap}		0.517
湿空气中含水量	kg H_2O/kg 空气	Air_{H_2O}	$Air_{H_2O} = 6.13 \times 10^{-5} \times 0.517 \times 50$	0.0016
理论湿空气量	kg 空气/kg 燃料	L_{oRH}	$L_{oRH} = \dfrac{14.325}{1-0.0016}$	14.348
理论湿空气量中的含水量	kg H_2O/kg 燃料	$L^o_{H_2O}$	$L^o_{H_2O} = 14.348 - 14.325$	0.023
烟气中不包括过剩空气的含水量	kg H_2O/kg 燃料	G'_{H_2O}	$G'_{H_2O} = 1.785 + 0.023$	1.808
过剩空气量	—	$L_{\alpha-1}$	$L_{\alpha-1} = \dfrac{29 \times 3.5 \times \left(\dfrac{2.381}{44} + \dfrac{0}{18} + \dfrac{11.161}{28} + \dfrac{0}{64} \right)}{21 - 3.5 \left(\dfrac{29}{18} \times \dfrac{0}{14.325} + 1 \right)}$	2.626
过剩空气中的含水量	kg H_2O/kg 燃料	$L^{\alpha-1}_{H_2O}$	$L^{\alpha-1}_{H_2O} = \dfrac{2.626}{14.325} \times 0.023$	0.004
烟气中的总水量	kg H_2O/kg 燃料	G_{H_2ORH}	$G_{H_2ORH} = 1.808 + 0.004$	1.812
过剩空气系数	—	α	$\alpha = 1 + \dfrac{2.626}{14.325}$	1.183

例题 3 表 2　排烟损失计算

排烟温度 T_s：260℃

烟气组分	分子量	在烟气中的含量		排烟温度下的焓		排烟温度下的焓	
						平均温度下比热容	热量
		kg/kg 燃料	Nm^3/kg 燃料	kJ/kg	kJ/kg 燃料	kJ/kg·℃	kg/kg 燃料
	1	2	3 (2÷1×22.4)	4 (图2.3.6-1～2.3.6-2)	5 (2×4)	6 (表2.3.6-5)	7[3×6×(T_s-15)]
二氧化碳	44	2.381	1.212	230	548	1.8265	542
水蒸气	18	1.808	2.250	440	796	1.5344	846
氮气	28	11.161	8.929	260	2901	1.3039	2852
空气	29	2.626	2.479	240	630	1.3381	665
总计	—	17.980	14.600	—	4875	—	4905

注：1. 水蒸气的含量为烟气中不包括过剩空气的含水量 G'_{H_2O}，见例题 3 表 1；
　　2. 空气含量为过剩空气的量 $L_{\alpha-1}$，见例题 3 表 1。

例题 3 表 2 中，按照焓值差和比热容分别计算烟气的热损失，相差为：$\dfrac{4905-4875}{4875}\times$

$100\%=0.6\%$。烟气的比热容是按照平均温度查表得出的，属于估算。条件允许时，建议按照烟气的焓值进行热量计算。下面计算时，以焓值计算的热损失为准。

例题 3 表 3　进出炉热量

项目	单位	符号	来源	数值
燃料的低发热量	kJ/kg 燃料	Q_L	例题 2 表 1	42130
燃料的高发热量	kJ/kg 燃料	Q_H	$Q_H=42130+2456\times1.785$	46530
燃料入炉温度	℃	T_f	测量值	37.8
燃料入炉显热	kJ/kg 燃料	Q_f	$Q_f=0.0042\times321+0.1506\times30+0.6514\times53.0+0.0379\times41.1+0.0771\times38.8+0.0367\times38.6+0.0423\times38.5$	48.0
空气平均比热容	kJ/(kg·℃)	C_{pa}	查表 2.3.6-3	1.022
空气入炉显热	kJ/kg 燃料	Q_a	$Q_a=1.183\times14.325\times1.022\times(148.9-15)$	2319
排烟热量损失	kJ/kg 燃料	Q_1	例题 3 表 2	4875
炉壁散热损失	kJ/kg 燃料	Q_2	取 0.025×42130	1053
不完全燃烧热量损失	kJ/kg 燃料	Q_3	无	0

例题 3 表 4　效率计算

项目	单位	符号	来源	数值
热效率	%	η	$\eta=\dfrac{(42130+48+2319)-(4875+1053)}{42130+48+2319}\times100\%$	86.7%
毛热效率	%	η_H	$\eta_H=\dfrac{(42130+48+2319)-(4875+1053)}{46530+48+2319}\times100\%$	78.9%
燃料效率	%	η_f	$\eta_f=\dfrac{(42130+48+2319)-(4875+1053)}{42130}\times100\%$	91.5%

2.5　辐射段计算

2.5.1　辐射段热负荷

纯辐射型加热炉的热负荷即为其辐射段热负荷。

对于一些反应炉，如重整加热炉、制氢转化炉、重油加氢炉等，其主体介质只在辐射段加热，此时，主体介质的吸热量即为辐射段热负荷。

对于主体工艺介质在辐射和对流段加热的加热炉，如常压炉、各种重沸加热炉等计算前首先要假定辐射段热负荷。辐射段热负荷与辐射段的烟气温度、炉管表面热强度、辐射段的传热面积及炉型结构等有关。

表 2.5.1 给出了常规管式炉在炉膛温度 800℃左右时辐射段热负荷与热效率的趋势，该表是根据平常计算经验得来的，估算时可作为参考。

表 2.5.1　辐射段热负荷与热效率的关系

加热炉热效率/%	辐射段热负荷 Q_R 占总热负荷 Q 的比例/%
93	75
90	72
85	70

2.5.2　辐射管表面热强度

辐射管表面平均热强度是辐射段热负荷除以辐射炉管外表面积，即

$$q_R = \frac{Q_R}{A_R} \tag{2.5.2}$$

式中　q_R——辐射段表面平均热强度，kW/m^2；

　　　Q_R——辐射段热负荷，kW；

　　　A_R——辐射段炉管外表面积，m^2。

设计盘管时，一般根据经验数据选取辐射管表面平均热强度，实际控制的是炉管局部最高热强度。可采用改变盘管布置，如管心距采用三倍炉管公称直径或者采用双面辐射以提高平均热强度，但局部最高热强度不宜超过两倍炉管公称直径时的推荐最高热强度。

选取平均热强度时还应考虑炉管管壁温度的限制、炉膛最高温度的限制、介质最高内膜温度的限制等因素。

一般炼油装置的平均热强度推荐值见表 2.5.2。除非特别说明，辐射段表面平均热强度通常是指管心距为两倍炉管公称直径的单排管单面辐射的平均热强度。

表 2.5.2　辐射段炉管表面平均热强度推荐值

序号	加热炉名称	炉管表面平均热强度/(W/m^2)
1	常压蒸馏炉	25000 ~ 37000
2	减压蒸馏炉	23000 ~ 34000
3	焦化加热炉	24000 ~ 29000
4	重整加热炉	22000 ~ 32000
5	预加氢炉	24000 ~ 32000
6	减黏加热炉	23000 ~ 29000
7	加氢精制炉	27000 ~ 31000
8	脱蜡油炉	18000 ~ 23000
9	重沸炉	23000 ~ 32000
10	丙烷脱沥青炉	18000 ~ 23000
11	酚精制炉	17000 ~ 23000
12	糠醛精制炉	17000 ~ 23000
13	蒸汽过热炉	28000 ~ 37000

2.5.3 辐射炉管管外壁温度

管外壁温度取决于管内介质温度、内膜传热系数、管壁热阻、焦层及垢层热阻和炉管表面热强度，管外壁平均温度等于管内介质平均温度与管内垢阻温差、管壁温差及管外垢阻的温差之和。该节叙述的是辐射段仅加热一种介质时，辐射炉管外壁温度的计算方法。该管外壁平均温度适用于传热计算，如果用于炉管壁厚计算，其外壁温度不包括管外垢层温度差，详见本书第 3 章。

（1）管内介质平均温度

辐射管管内介质平均温度可取介质进、出辐射段温度的算术平均值：

$$t_m = \frac{\tau_1' + \tau_2}{2} \qquad (2.5.3-1)$$

式中　t_m——管内介质平均温度，℃；

　　τ_2——介质出辐射段温度，℃；

　　τ_1'——介质进辐射段温度，℃。

当炉内被加热介质仅为一种单相的流体时，介质进辐射段温度可按下式估算：

$$\tau_1' = \tau_2 - \frac{Q_R}{Q}(\tau_2 - \tau_1) \qquad (2.5.3-2)$$

式中　τ_1——介质入对流段温度，℃；

　　Q_R——辐射段热负荷，kW；

　　Q——介质总热负荷，kW。

对于其他情况，需根据热负荷分配及介质的热焓来计算进辐射段温度 τ_1'。

（2）内膜传热系数

按下列各公式计算管内介质的内膜传热系数。

a）层流区（雷诺数 $Re \leqslant 2100$ 时）

主要是对黏度较高的液体：

$$h_{il} = 2.16\left(\frac{\lambda}{d_i}\right) \cdot G_z^{1/3} \cdot \left(\frac{\mu}{\mu'}\right)^{0.14} \qquad (2.5.3-3)$$

b）过渡区（雷诺数 $Re = 2 \times 10^3 \sim 2 \times 10^4$ 时）

对于液体：

$$h_{il} = 0.014\left(\frac{\lambda}{d_i}\right)(Re^{0.87} - 280) \cdot Pr^{0.4} \cdot \left[1 + \left(\frac{d_i}{l}\right)^{2/3}\right]\left(\frac{Pr}{Pr'}\right)^{0.11} \qquad (2.5.3-4)$$

对于气体：

$$h_{iv} = 0.025\left(\frac{\lambda}{d_i}\right)(Re^{0.8} - 100) \cdot Pr^{0.4} \cdot \left[1 + \left(\frac{d_i}{l}\right)^{2/3}\right]\left(\frac{T}{T_w}\right)^{0.11} \qquad (2.5.3-5)$$

c）湍流区（雷诺数 $Re > 10000$ 时）

对于液体：

$$h_{il} = 0.0267\left(\frac{\lambda}{d_i}\right) \cdot Re^{0.8} \cdot Pr^{1/3}\left(\frac{\mu}{\mu'}\right)^{0.14} \qquad (2.5.3-6)$$

对于气体：

$$h_{iv} = 0.0244\left(\frac{\lambda}{d_i}\right) \cdot Re^{0.8} \cdot Pr^{0.4} \cdot \left(\frac{T}{T_w}\right)^{0.5} \qquad (2.5.3-7)$$

对于水：

$$h_{il} = 4187(1 + 0.015t)u^{0.8}/(100d_i)^{0.2} \qquad (2.5.3-8)$$

上述各式中：

$$Re = \frac{d_i G_F}{\mu} \qquad (2.5.3-9)$$

$$Pr = \frac{c\mu}{\lambda} \qquad (2.5.3-10)$$

$$Pr' = \frac{c'\mu'}{\lambda'} \qquad (2.5.3-11)$$

$$G_z = Re \cdot Pr \frac{d_i}{l} \qquad (2.5.3-12)$$

式中　　h_{il}——液体的内膜传热系数，W/(m²·K)；

　　　　h_{iv}——气体的内膜传热系数，W/(m²·K)；

　　　　d_i——炉管内径，m；

　　　　G_F——管内流体的质量流速，kg/(m²·s)；

　　　　T——流体的平均温度，K(℃)；

　　　　T_w——辐射炉管外壁平均温度，K(℃)；

　　$\lambda(\lambda')$——流体在平均温度(管壁温度)下的导热系数，W/(m·K)；

　　$\mu(\mu')$——流体在平均温度(管壁温度)下的动力黏度，Pa·s；

　　$c(c')$——流体在平均温度(管壁温度)下的比热容，J/(kg·K)；

　　　　l——炉管长度，m；

　　　　u——流体流速，m/s。

上列式中可取$\left(\dfrac{\mu}{\mu'}\right)^{0.14} \approx 1$。

d) 双相流体的内膜传热系数

混相流体中，因流体的流动情况不同，流型不同，其内膜传热系数的计算方法也不同，仅用于传热计算时可用式(2.5.3-13)计算；对于需要准确计算内膜温度时，请根据工艺包上推荐的计算方法或先进软件进行详细计算。

$$h_{ip} = h_{il} \cdot X_l + h_{iv} \cdot X_v \qquad (2.5.3-13)$$

式中　　h_{ip}——双相流体传热系数，W/(m²·K)；

　　　　X_l——双相流体中液相质量分数；

　　　　X_v——双相流体中气相质量分数。

液相和气相传热系数h_{il}和h_{iv}，应按混相的质量流速进行计算，但分别采用液相和气相的物理性质。

对于需要准确计算内膜温度时，应根据工艺包上推荐的计算方法或先进软件进行详细计算。

（3）炉管外壁同管内介质间的温差

炉管外壁和管内介质间的温差包括管内介质膜温差、管内焦层或垢层温差、管壁温差与管外垢层温差：

$$\Delta t = \Delta t_f + \Delta t_{ci} + \Delta t_m + \Delta t_{co} \qquad (2.5.3-14)$$

$$\Delta t_f = \frac{q_R}{h_i}\left(\frac{d}{d_i - 2\delta_{ci}}\right) \qquad (2.5.3-15)$$

$$\Delta t_{ci} = q_R \varepsilon_i \left(\frac{d}{d_i - \delta_{ci}}\right) \qquad (2.5.3-16)$$

$$\Delta t_m = \frac{q_{R\delta}}{\lambda}\left(\frac{d}{d - \delta}\right) \qquad (2.5.3-17)$$

$$\Delta t_{co} = q_R \varepsilon_0 \left(\frac{d}{d + \delta_{co}}\right) \qquad (2.5.3-18)$$

式中　Δt——管外壁同管内介质间的温差，℃；

Δt_f——管内介质膜温差，℃；

Δt_{ci}——管内焦层或垢层温差，℃；

Δt_m——管壁温差，℃；

Δt_{co}——管外垢层温差，℃；

q_R——辐射管表面平均热强度，W/m²；

d、d_i——炉管外径及内径，m；

δ——炉管平均厚度，m；

δ_{ci}、δ_{co}——管内、管外垢层厚度，m；对易结焦的加热炉，δ_{ci} 可取 0.003m；

h_i——内膜传热系数，W/(m²·℃)；

ε_i——管内焦层或垢层热阻，m²·℃/W，当无数据时可按表 2.5.3-1 选取；

ε_0——管外垢层热阻，m²·℃/W，对烧燃料气的加热炉，可取 0.004m²·℃/W，对烧油的加热炉可取 0.008m²·℃/W；

λ——炉管金属材料导热系数，W/(m·℃)，可由表 2.5.3-2 查得。

表 2.5.3-1　常用加热炉管内结垢热阻参考值 ε_i

序号	加热炉名称	管内垢阻 ε_i/ (m²·℃/W)	序号	加热炉名称	管内垢阻 ε_i/ (m²·℃/W)
1	常压蒸馏炉	0.0005	8	脱蜡油炉	0.00035
2	减压蒸馏炉	0.0007~0.0009	9	重沸炉	0.00026
3	焦化加热炉	0.0009	10	丙烷脱沥青炉	0.00035
4	重整加热炉	0.00026	11	氧化沥青炉	0.0009
5	预加氢炉	0.00026	12	酚精制炉	0.00035
6	减黏加热炉	0.0009	13	糠醛精制炉	0.0009
7	加氢精制炉	0.00026	—	—	—

表 2.5.3-2　炉管金属材料的导热系数　　　　　W/(m·℃)

材料	炉管金属平均温度/℃														
	20	50	100	150	200	250	300	350	400	450	500	550	600	650	700
碳钢	60.7	59.6	57.9	55.9	53.7	51.6	49.2	47.0	44.8	42.6	40.4	38.2	35.9	33.7	31.3
C–½Mo 1¼Cr–½Mo	40.7	40.8	40.8	40.5	40.0	39.4	38.7	37.8	36.8	35.9	34.8	33.9	32.8	31.5	29.5
2¼Cr–1Mo 3Cr–1Mo	36.2	36.5	36.9	37.2	37.2	37.1	36.7	36.1	35.5	34.7	33.8	32.8	31.9	31.1	29.9
5Cr–½Mo 5Cr–½Mo–Si	27.5	28.4	29.8	30.8	31.4	32.0	32.0	32.0	31.8	31.5	31.2	30.7	30.0	29.4	28.6
9Cr–1Mo	22.2	23.1	24.4	25.5	26.3	26.9	27.4	27.7	27.9	28.0	27.9	27.8	27.7	27.3	27.0
18Cr–8Ni 18Cr–11Ni	14.9	15.3	16.2	17.0	17.9	18.7	19.4	20.2	20.8	21.6	22.2	23.0	23.6	24.2	25.0
16Cr–12Ni–2Mo 18Cr–10Ni–Nb 18Cr–10Ni–Ti 25Cr–20Ni	14.2	14.6	15.4	16.1	16.9	17.5	18.3	19.0	19.7	20.5	21.2	21.9	22.6	23.2	23.8
25Cr–12Ni 25Cr–35Ni–N–Ce	11.1	11.7	12.4	13.3	14.1	15.0	15.9	16.7	17.5	18.3	19.2	20.0	20.9	21.6	22.3
UNS N08800 UNS N08810	11.6	12.0	12.9	13.9	14.8	15.6	16.3	17.1	17.8	18.6	19.4	20.3	21.1	22.0	22.8

(4)平均管外壁温度

辐射段平均管外壁温度 T_w 为：

$$T_w = t_m + \Delta t \qquad (2.5.3-19)$$

在作炉估算时，可取 $\Delta t = 30 \sim 60℃$。

2.5.4　辐射炉管加热表面积

辐射炉管加热表面积等于辐射段热负荷除以辐射炉管表面平均热强度：

$$A_R = \frac{Q_R}{q_R} \qquad (2.5.4)$$

式中　A_R——辐射炉管加热总面积，m^2；

　　　Q_R——辐射段热负荷，kW；

　　　q_R——辐射段炉管表面平均热强度，kW/m^2。

当急弯弯管位于炉膛内时，辐射炉管加热表面积应包括急弯弯管的表面积。

2.5.5　炉管管径及管程数

初步选用管内介质质量流速，表 2.5.5 为常规加热炉管内介质质量流速的推荐值。根据：

$$\frac{\pi d_{i}^{2}}{4} = \frac{W_{F}}{3600 N G_{F}}$$

简化后，用下式计算所需管内径：

$$d_{i} = \frac{1}{30} \sqrt{\frac{W_{F}}{\pi \cdot N \cdot G_{F}}} \qquad (2.5.5)$$

式中　d_{i}——炉管内径，m；

　　　G_{F}——管内介质质量流速，kg/(m^2·s)；

　　　W_{F}——管内介质流量，kg/h；

　　　N——管程数。

炉管内径大小、管程数多少的最终数值是由管内介质压降的允许值来确定的。在压降允许的情况下，尽量采用较高的流速。

表 2.5.5　加热炉管内介质质量流速推荐值

加热炉名称	质量流速/[kg/(m^2·s)]
常压蒸馏炉	1000～1500
减压蒸馏炉[a]	汽化前 1000～1500
焦化炉	1200～1800
减黏加热炉	1200～1800
催化重整炉	500～1000
预加氢炉	500～1200
加氢精制炉	500～1200
重沸炉	1000～1600
脱蜡油炉	1200～1500
加氢裂化循环氢反应进料加热炉	～350
加氢裂化反应进料加热炉(炉前混氢)	1200～1500
加氢裂化分馏塔进料加热炉	600～1500
蜡油加氢精制反应进料加热炉	1000～1500
渣油加氢脱硫反应进料加热炉	1200～2400
渣油加氢脱硫分馏塔进料加热炉	1200～2200
丙烷脱沥青炉	1200～1500
氧化沥青炉	1200～1500
酚精制炉	1200～1500
糠醛精制炉	1200～1800

[a] 减压蒸馏炉出口炉管扩径，其流速不得超过临界流速的 90%。

确定管径时除考虑其允许压降外，还应考虑不同装置加热炉加热介质的特殊性及特殊要求，例如减压深拔加热炉，为了避免油品局部过热发生裂解，要求汽化段油品保持较好的流型，管径或流速不合适将会产生不理想的流型，会造成油品结焦、炉管振动。

在同样质量流速、同样热强度的情况下，炉管直径越大，管壁温度越高，对于炉管使用条件比较苛刻的加热炉，例如重整加热炉，应考虑炉管直径对壁温的影响。

炉管外径可按以下尺寸选取：60、73、89、102、114、141、168、219、273mm。在特殊的工艺条件要求时也可采用其他炉管尺寸，例如：127、152、194mm 等。

对一般炼油装置加热炉，辐射段炉管管径宜不大于219mm。减压炉辐射段出口部分可采用直径为273mm 和325mm 的炉管。对流段炉管管径宜不大于168mm。对流段的蒸汽系统炉管管径宜不大于114mm。

2.5.6 炉管根数及管心距

炉管根数可用下式计算：

$$n = \frac{A_R}{\pi d L_e} \tag{2.5.6}$$

式中 n——辐射管根数；

L_e——炉管有效长度，m，当急弯弯管位于炉膛内时，辐射炉管有效长度应包括急弯弯管的传热长度，即 $L_e = L + \frac{\pi S}{2}$；

L——炉管直段长度，m；

S——炉管管心距，m；

A_R——辐射段炉管外表面积，m^2；

d——炉管外径，m。

选用的炉管根数应为管程数 N 的整倍数。

辐射段炉管管心距的大小直接影响到炉体结构尺寸。采用较小管心距可使加热炉结构尺寸减小，但可能会增加炉管传热的不均匀性。加大管心距，可以增加辐射炉管的传热均匀性，但会使加热炉结构尺寸增大。

炉管管心距可按表2.5.6选用。

表2.5.6 炉管管心距   mm

炉管公称直径	管外径	管心距		
		A 系列	B 系列	C 系列
50	60.3	102	150	120
65	73.0	127	—	—
80	89.0	152	178	150
90	101.0	178	203	172
100	114.0	203	230	—
—	127.0	228	250	215
125	141.0	254	282	—
—	152.0	279	304	275

炉管公称直径	管外径	管心距		
		A 系列	B 系列	C 系列
150	168.0	304	336	—
—	194.0	356	—	—
200	219.0	406	438	372
250	273.0	508	546	478

2.5.7　辐射段炉体尺寸

（1）布置原则

进行辐射段规划时，应使传热均匀，多管程加热炉应使各管程水力学对称。对发生汽化的介质，管程数应尽量少，每程从入口到最后出口应为单一的流路。

影响辐射段传热效果的主要是炉膛结构和炉管、燃烧器的布置。辐射段布置时，一般遵循以下原则：

a）辐射段高宽比可按以下原则选取：

对于立式圆筒炉，辐射段净高（耐火层内表面）与炉管节圆直径的比宜不超过 2.75；

对于单面辐射、炉管靠墙排列、底烧箱式加热炉，炉墙的净高度（对垂直管指直管长度）h 对管排间宽度 w 的比值（h/w）宜按表 2.5.7 - 1 选取。

表 2.5.7 - 1　单面辐射底烧箱式炉辐射段高宽比

辐射段设计吸热量/ MW	h/w （最大）	h/w （最小）
<3.5	2.00	1.50
3.5 ~ 7	2.50	1.50
>7	2.75	1.50

b）对于立管底烧加热炉，辐射管直段最大长度为 18.3m。

c）对于靠炉墙布置的加热炉，辐射炉管从中心线至耐火隔热层表面的最小距离为 1.5 倍炉管公称直径，且净空应不小于 100mm。

d）对于水平管加热炉，位于炉膛内的弯头，操作期间弯头的外表面与端墙炉衬的净间距应大于 150mm 和 1.5 倍的管外径的较大者；从炉底耐火层上表面至炉管外壁的净空应不小于 300mm。

e）对于底烧加热炉，炉膛高度宜为燃烧器设计放热量下的火焰长度的 1.5 ~ 2.5 倍。不同种类和放热量的燃烧器，其火焰长度相差较大，燃烧火焰的具体长度应根据燃料组成、燃烧器热负荷大小、供风条件和燃烧排放要求等条件咨询燃烧器供货商。自然通风条件下，火焰长度可按表 2.5.7 - 2 估算。

表 2.5.7 - 2 典型燃烧器火焰长度

燃烧器类型	火焰长度/(mm/MW)	
	燃料气	燃料油或油气联合
常规	1560	2080
低 NO_x	2080	2600
超低 NO_x	2600	—

注：低 NO_x 燃烧器指分级配风或分级燃料燃烧器，超低 NO_x 燃烧器指带有烟气内循环的分级燃料气体燃烧器。

对于强制通风的低 NO_x/超低 NO_x 燃烧器，表 2.5.7 - 2 中的火焰长度可减去 260mm/MW。

f)设计负荷下辐射段的体积热强度，烧燃料气时应不超过 165kW/m³，烧燃料油时应不超过 125kW/m³；对于底烧超低 NO_x 燃烧器，设计放热量条件下炉底耐火层表面上的热强度一般不宜超过 790kW/m²。

g)燃烧器之间的最小间距应满足以下要求：对于常规和低 NO_x 燃烧器，燃烧器中心间距与燃烧器砖的外径之比为 1.75，对于超低 NO_x 燃烧器为 2.0。

(2)辐射管根数和炉膛尺寸

选取炉管长度，由辐射炉管表面积、炉管外径确定炉管根数。

因为：

$A_R = \pi d L n$，由此推出炉管根数 n：

$$n = \frac{A_R}{\pi d L} \tag{2.5.7 - 1}$$

确定立管加热炉炉膛高度或水平管炉膛长度时，应考虑到炉管的膨胀。

炉管的膨胀量 ΔL：

$$\Delta L = (L + 2H_H) \times (\alpha t_{wmax}) \tag{2.5.7 - 2}$$

式中　L——炉管直段长度，m；

A_R——辐射段炉管外表面积，m²；

d——炉管外径，m；

n——辐射管根数；

ΔL——炉管膨胀量，m；

H_H——弯头或急弯弯管高度，m；

t_{wmax}——最高管壁温度，℃；

α——炉管在最高管壁温度下的线膨胀系数，1/℃；常用炉管材料的线膨胀系数见表 2.5.7 - 3。对一般炼油厂管式加热炉可取 $\alpha t_{wmax} = 0.01$。

顶部支承的炉管，任何工况下炉管弯头端部外表面与炉底衬里上表面的间距应不小于 150mm。

表2.5.7-3 炉管材料的平均线膨胀系数

材料	20℃至下列温度(℃)之间的平均线膨胀系数 α = 下列温度(℃)所给值×10⁻⁶，mm/(mm·℃)												
	200℃	250℃	300℃	350℃	400℃	450℃	500℃	550℃	600℃	650℃	700℃	750℃	800℃
碳素钢，碳钼钢，低铬钼钢（至3Cr1Mo）	12.25	12.56	12.90	13.24	13.58	13.93	14.19	14.42	14.62	14.74	14.90	15.02	
5Cr-½Mo 至9Cr-1Mo	11.39	11.66	11.90	12.15	12.38	12.63	12.86	13.05	13.18	13.35	13.48	15.58	
18Cr-8Ni	17.25	17.42	17.61	17.79	17.99	18.19	18.36	18.58	18.71	18.87	18.97	19.07	19.29
25Cr-20Ni	16.05	16.06	16.07	16.11	16.13	16.17	16.31	16.56	16.68	16.91	17.14	17.20	

（3）圆筒炉节圆直径和炉膛直径

只有一种规格炉管沿圆周均布时，节圆直径按下式计算：

$$D' = \frac{S}{\sin\frac{180°}{n}} \qquad (2.5.7-3)$$

式中　D'——节圆直径，m；

　　　S——辐射炉管管心距，m；

　　　n——炉管根数，根。

炉膛直径(炉墙内壁)D：

$$D \geq D' + 3d \qquad (2.5.7-4)$$

式中　D——炉膛净直径，m；

　　　d——炉管外径，m。

2.5.8　对流段尺寸初定

在加热炉对流段，烟气与炉管间的传热主要是以对流方式进行，但在对流段下部烟气温度比较高的区域，特别是遮蔽段，辐射传热也占有很大的比例。

由于以对流传热为主，为了提高传热效率，建议对流炉管直径不要太大，一般工艺介质炉管外径不大于168mm，过热蒸汽段或蒸发段炉管外径不大于114mm。

对流炉管和弯头箱之间应留有足够的膨胀空间，炉管在热态情况下，弯头外表面距弯头箱内表面的净距离应超过75mm。

（1）对流段宽度

对流段的每排炉管数量宜是管程数的整数倍。根据对流段内的烟气流速，确定对流炉管的长度，烟气流速一般取 $1 \sim 3kg/(m^2 \cdot s)$。在结构允许和烟气流速合理的条件下尽量采用较长的炉管，以减少弯管数量降低管内压降。管子长度超过6m或35倍炉管外径的较小值时应设置中间管板。

对流段采用三角形排列时，对流段净宽：

$$b = (n_w + 0.5) \times S_c \qquad (2.5.8-1)$$

对流段采用顺排时：

$$b = n_w \times S_c \qquad (2.5.8-2)$$

式中　b——对流段净宽，m；

S_c——对流段炉管管心距，m；

n_w——每排炉管根数，根。

对流段中部应预留检修空间。上部或中部应预留 2 排炉管空间。对流上部与尾部烟道的倾斜角度及空间应合理。

如果对流段采用扩面管，可根据翅片或钉头的高度大小，适当增加对流段宽度。

（2）烟气质量流速

对流段的烟气流速低，外膜传热系数就降低，传热系数低时，传热效果差，并降低炉管外表面的自清灰效果。对流段烟气质量流速一般采用 $1 \sim 2.5 \mathrm{kg/(m^2 \cdot s)}$。如果烟气流速太高，会增加对流段阻力，需要增大烟囱抽力或引风机的压头。

对流段炉管为光管时：

$$G_g = \frac{W_g}{3600 \times (b - n_w \times d_c) \times L_c} \qquad (2.5.8-3)$$

式中　G_g——烟气质量流速，$\mathrm{kg/(m^2 \cdot s)}$；

W_g——烟气流量，kg/h；

b——对流段净宽，m；

n_w——每排炉管根数，根；

d_c——对流炉管外径，m；

L_c——对流管有效长度，m。

对流管采用翅片管或钉头管时，根据所选翅片及钉头的规格，先算出每米翅片管或钉头管所占的流通面积 a_c，代替式(2.5.8-3)中每米光管的投影面积 d_c，根据式(2.5.8-5)计算出烟气质量流速 G_g：

$$a_c = 1 \times d_c + \frac{1000}{d_p'''} \times d_s \times h' \times 2 \qquad (2.5.8-4)$$

$$G_g = \frac{W_g}{3600 \times (b - n_w \times a_c) \times L_c} \qquad (2.5.8-5)$$

式中　a_c——每米管长翅片管或钉头管所占的流通面积，m^2；

d_p'''——纵向钉头或翅片间距，mm；

d_s——钉头直径或翅片厚度，m；

h'——钉头或翅片高度，m。

如果计算出来的 G_g 不符合要求，则应适当调整 n_w 或 L_c。

2.5.9　辐射段传热计算

（1）概述

介质的主要吸热量，大部分在辐射段完成，顾名思义，在辐射段热量主要是以辐射传热的方式传给炉管内介质，因烟气是流动的，还有一部分是通过对流的方式传热，但对流传热所占比例比较小。

辐射段传热受很多因素影响，以前手工计算时进行了很多假定。随着计算机和软件的发展，现在的计算越来越精确。

管式炉辐射段传热计算常用的方法有：经验法、Lobo – Evans 法、各种区域法，还有用计算动力学（CFD）模拟的方法等。

经验法是比较早的用作粗略的估算方法，使用范围有限。Lobo – Evans 法，是炼厂加热炉用得最多的一种方法，属于半经验法。区域法属于多维的，根据炉膛的烟气温度分布、炉墙温度分布、管壁温度的变化等把炉膛分成多个区域，计算量较多，适于某些需特殊计算的场合。计算动力学（CFD）模拟更精确，常用于产品开发、工程问题的解决。

本书只给出一个概念性的计算方法，基于 Lobo – Evans 的半经验法。目的是对管式炉内辐射传热的理解，理解各个因素对传热效果的影响，解决如何改善传热分布及如何提高传热效率的问题。

Lobo – Evans 法把管式炉辐射室内复杂的传热简化为一个受热面和一个反射面的传热模型。其基本假设为：辐射室内的气体是一个温度均匀的气体放热源，即炉膛平均烟气温度 T_g 与辐射段烟气出口温度 T_p 相等；烟气为灰体，吸热面为灰表面；吸热面的温度相等，发射面的温度相等。

辐射炉膛内的热量，是以两种方式传给炉管的：一是火焰和烟气以辐射的方式传给炉管；二是烟气以对流的方式传给炉管，即

$$Q_R = Q_{Rr} + Q_{Rc} \qquad (2.5.9 - 1)$$

$$Q_{Rr} = 5.73 \alpha A_{cP} F \left[\left(\frac{T_g}{100} \right)^4 - \left(\frac{T_w}{100} \right)^4 \right] \qquad (2.5.9 - 2)$$

$$Q_{Rc} = h_{Rc} A_R (T_g - T_w) \qquad (2.5.9 - 3)$$

式中　Q_R——辐射段吸热量，W；

　　　Q_{Rr}——辐射段炉管通过辐射传热吸收的热量，W；

　　　Q_{Rc}——辐射段炉管通过对流传热吸收的热量，W；

　　　α——管排有效吸收因数；

　　　A_{cP}——当量平面，m²；

　　　αA_{cP}——当量冷平面，m²，是介质吸热量的有效平面，与排管方式、燃烧器布置等密切相关；

　　　F——交换因数；

　　　h_{Rc}——辐射段的对流传热系数，W/(m²·K)；

　　　A_R——辐射段炉管外表面积，m²；

　　　T_g——辐射段烟气平均温度，K；

　　　T_w——辐射炉管外壁平均温度，K。

（2）当量平面 A_{cP}

管式炉辐射室中的管排是吸热表面，吸热表面是由互相平行的炉管按一定的间隔排列而成，通过炉管轴线所在平面的投影面积即当量平面 A_{cP}，为假想的吸热表面。在设计中

用当量平面来代替管排进行计算，简化了吸热过程的复杂状况。用下式计算当量平面：

$$A_{cP} = n L_e S \qquad (2.5.9-4)$$

式中　A_{cP}——当量平面，m^2；

　　　L_e——辐射管有效长度，m；

　　　S——辐射管管心距，m；

　　　n——辐射管根数，根。

对于炉管均布的圆筒炉的当量平面也可用下式计算：

$$A_{cP} = \pi D' L_e \qquad (2.5.9-5)$$

式中　D'——节圆直径，m。

(3)有效吸收因数

火焰及高温辐射产生的辐射热只有一部分能够直接到达炉管的表面，其余从炉管之间的空隙通过。如果管排后面是耐火炉墙，则由炉墙反射回来的热辐射同样只有一部分落在炉管表面，余下部分再从炉管之间的空隙通过。射向当量平面的辐射能不可能被当量平面全部吸收，如果管排表面的吸收率等于1，则为全部吸收。所以计算时用有效吸收因数进行校正，有效吸收因数也叫作"角系数""形状因数""辐射系数""有效面积率"或"吸收效率系数"，是管心距与管外径之比的函数。

a)单排管的有效吸收因数

火焰和烟气对单排管直接单面辐射的有效吸收因数 α_D，可按下式计算：

$$\alpha_D = 1 + \frac{d}{S}\arccos\frac{d}{S} - \sqrt{1 - \left(\frac{d}{S}\right)^2} \qquad (2.5.9-6)$$

如果单排管后面有反射墙，则由火焰及烟气辐射至管排的辐射能，除一部分落在炉管表面上，剩余部分将穿过炉管之间的空隙到达反射墙，从空隙到达反射墙的辐射能等于火焰及烟气辐射至管排的总辐射能减去落在管排上表面上的辐射能。假设总辐射能为1，则到达反射墙的能力为 $1 - \alpha_D$。由反射墙反射出来的辐射能中，又有一部分落在管排的表面上，其大小以 α_r 表示，则：

$$\alpha_r = (1 - \alpha_D) \cdot \alpha_D \qquad (2.5.9-7)$$

其余的则通过管间的空隙。于是，落在管排表面上的辐射能等于由火焰及烟气对管排的直接辐射加上反射墙对管排的反射辐射两部分之和，其有效吸收因数为：

$$\alpha = \alpha_r + \alpha_D \qquad (2.5.9-8)$$

对单排管，两面均受到火焰及烟气的辐射，有效吸收因数为：

$$\alpha = 2\alpha_D \qquad (2.5.9-9)$$

式中　α_r——单排管直接单面辐射的有效吸收因数；

　　　α_D——单排管由墙反射的有效吸收因数；

　　　α——管排有效吸收因数。

单排管的有效吸收因数，可从图2.5.9-1、图2.5.9-2或表2.5.9-1中查出。

b)双排管的有效吸收因数

对于双排布置炉管，有靠耐火墙布置的受火焰及烟气单面辐射和一面反射的情况，也有双排管两面均受火焰及烟气辐射的情况。双排管的有效吸收因数为两排有效吸收因数之和，可由图 2.5.9 – 1、图 2.5.9 – 2 或表 2.5.9 – 2 查出。

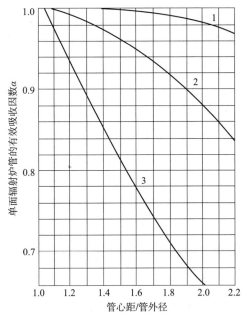

1. 双排管的总有效吸收因数 α；

2. 单排管的有效吸收因数 α；

3. 第一排管受直接辐射的有效吸收因数 α_D

注：双排辐射管有效吸收因数为两排有效吸收因数之和。

图 2.5.9 – 1　单面辐射炉管的有效吸收因数 α

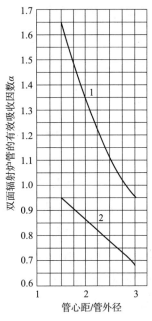

1. 单排管的有效吸收因数 α；

2. 双排管每排管的有效吸收因数 α

注：双面辐射管有效吸收因数为两排有效
吸收因数之和。

图 2.5.9 – 2　双面辐射炉管的有效吸收因数 α

管心距 $S = 2d$ 时，各种布管方式的有效吸收因数 α 见表 2.5.9 – 1、表 2.5.9 – 2。

表 2.5.9 – 1　单排排管方式的有效吸收因数（管心距 $S = 2d$）

单排单面辐射管	0.883
单排双面辐射管	1.316

表 2.5.9 – 2　双排排管方式的有效吸收因数（管心距 $S = 2d$）

双排单面辐射管（总计）	0.977
双排双面辐射管（总计）	1.708

c）遮蔽段炉管的有效吸收因数

位于对流段，直接受到火焰及高温烟气辐射的炉管称为遮蔽管。遮蔽管将辐射段与对流段分开。从传热角度来看，遮蔽段属于辐射管的范畴。由于穿过遮蔽管的热量被后排对流管所吸收，为简化计算，假定辐射热全部落在对流段最下一排炉管上，取这排管的有效吸收因数 $\alpha = 1$。

遮蔽管接受辐射段的辐射传热，又受到对流段的对流传热，因此遮蔽管的热强度较大，设计时应注意该部位的炉管壁温和内膜温度是否超过允许值。

（4）当量冷平面 αA_{cP}

总当量冷平面等于辐射段当量冷平面与遮蔽段当量冷平面之和：

$$(\alpha A_{cP})_{\text{总}} = \alpha n L_e S + n_w L_c S_c \qquad (2.5.9-10)$$

式中　$(\alpha A_{cP})_{\text{总}}$——总当量冷平面，$m^2$；

　　　α——管排有效吸收因数；

　　　n——辐射炉管根数，根；

　　　L_e——辐射炉管有效长度，m；

　　　S——辐射炉管管心距，m；

　　　n_w——遮蔽段每排炉管根数，根；

　　　L_c——遮蔽段炉管有效长度，m；

　　　S_c——遮蔽段炉管管心距，m。

（5）烟气平均辐射长度

气体的辐射是在整个气体的容积内进行的，气体的辐射能力除与气体本身的性质有关外，还与气体所处容积的形状和体积有关，气体容积中不同部分的气体所发出的辐射能射到某壁面时所经历的路程是不同的，例如，图2.5.9-3中各部分气体的辐射线到壁面 A 或 B，其射线行程是不同的，为了计算，引入了"平均射线行程"的概念，所谓平均射线行程是指一个当量半球的半径，见图2.5.9-4。当量半球是指半球内气体的压力、温度及组成与所研究的特定形状中气体的状况完全相同，且该半球内气体对球心的辐射能力等于所研究中特定形状(图2.5.9-3)全部气体对某指定壁面的辐射能力，在气体辐射传热计算中就是采用这种以当量半球的半径作为平均射线行程，平均射线行程亦称"烟气平均辐射长度"或称为"有效辐射层厚度"。

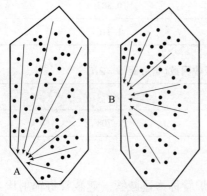 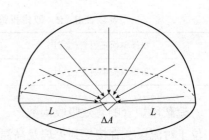

图2.5.9-3　气体对不同界面的辐射行程　　　图2.5.9-4　半球内气体对球心的辐射行程

各种炉形的烟气平均辐射长度见表2.5.9-3。

表2.5.9-3 常用炉形烟气平均辐射长度

炉形及尺寸比例	平均辐射长度 L/m
长方形炉：长：宽：高(任何顺序)	
$1:1:1\sim1:1:3$	$\dfrac{2}{3}V^{\frac{1}{3}}$
$1:2:1\sim1:2:4$	$\dfrac{2}{3}V^{\frac{1}{3}}$
$1:1:4\sim1:1:\infty$	$1\times$最小尺寸
$1:2:5\sim1:2:\infty$	$1.3\times$最小尺寸
$1:3:3\sim1:\infty:\infty$	$1.8\times$最小尺寸
圆筒炉：直径：高	
$1:1$	$\dfrac{2}{3}\times$直径
$1:2\sim1:\infty$	$1\times$直径

在缺少资料的情况下，可用下式计算：

$$L = 3.6\frac{V}{F} \qquad\qquad (2.5.9-11)$$

式中　L——烟气平均辐射长度，m；

　　　V——炉膛空间体积，m^3；

　　　F——炉膛内壁表面积，m^2。

(6)烟气辐射率

烟气中通常含有 CO_2、H_2O、SO_2、N_2、O_2 等气体和悬浮于烟气中的细小炭黑粒子，其中 N_2 H_2、O_2 等分子结构对称的双原子气体基本无发射和吸收热辐射的能力，辐射影响在工业上的温度范围内可以忽略。三原子、多原子及结构不对称的双原子气体，例如 CO_2、H_2O、SO_2、CH_4、CO 等具有相当大的辐射与吸收能力。管式炉内燃烧产物中主要辐射成分是 CO_2 和 H_2O，所以这两种气体在传热计算中非常重要。

烟气辐射率的大小主要取决于三原子气体 CO_2 和 H_2O 的分压、炉型及尺寸、烟气温度、管壁温度、燃料性质及燃烧工况。气体辐射率随三原子气体 CO_2、H_2O 的分压的增加而增加，随气体温度的增加而降低。管壁温度在 $315\sim650℃$ 范围内对烟气辐射率的影响所产生的误差小于1%，故其影响可略去不计。

烟气中 CO_2 和 H_2O 的分压与过剩空气系数有关，可由燃料计算中求得或由图2.5.9-5查取。

烟气辐射率可根据烟气中 CO_2 和 H_2O 的分压与烟气辐射长度的乘积及烟气温度，由图2.5.9-6查得。

(7)交换因数

交换因数又称为"总辐射能到达率"或"总辐射热吸收率"，是烟气对吸热面的直接辐射传热及烟气通过反射面间接对吸热面传热的一个参数，其数值与有效暴露砖墙的反射面

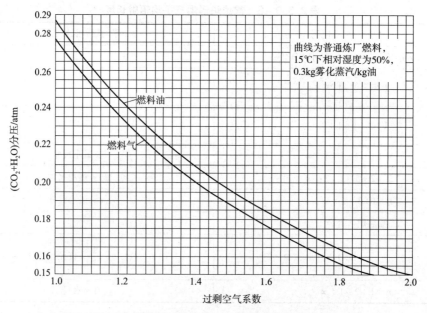

图 2.5.9 – 5 烟气中 CO_2 和 H_2O 的分压(总压 = 1atm 时)

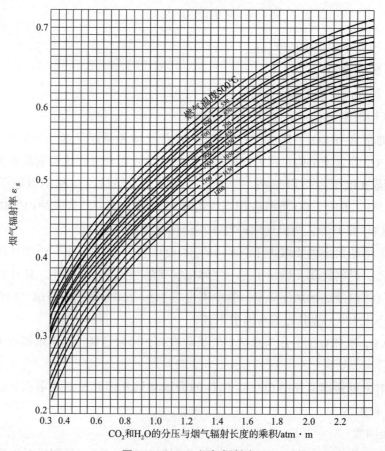

图 2.5.9 – 6 烟气辐射率

有关，与当量冷平面有关，与各个面的辐射率和吸收率有关。交换因数按下式计算：

$$F = \cfrac{1}{\cfrac{1}{\varepsilon_f} + \cfrac{1}{\varepsilon_s} - 1} \qquad (2.5.9 - 12)$$

其中

$$\varepsilon_s = \varepsilon_g \left[1 + \left(\frac{\sum F}{\alpha A_{cP}} - 1 \right) \bigg/ \left(1 + \frac{\varepsilon_g}{1 - \varepsilon_g} \cdot \frac{1}{F_{RC}} \right) \right] \qquad (2.5.9 - 13)$$

当式中 $\dfrac{\sum F}{\alpha A_{cP}} = 1.0 \sim 1.5$ 时

$$F_{RC} = \frac{\alpha A_{cP}}{\sum F} \qquad (2.5.9 - 14)$$

当 $\dfrac{\sum F}{\alpha A_{cP}} = 1.5 \sim 8$ 时

$$F_{RC} = \frac{\alpha A_{cP}}{\sum F - \alpha A_{cP}} \qquad (2.5.9 - 15)$$

当 $\dfrac{\sum F}{\alpha A_{cP}} = 1.5 \sim 5$ 时，F_{RC} 为上列二数值的中间值。

式中　F——交换因数；

　　　ε_s——炉膛有效辐射率，即当吸热面是黑体时，吸热面对烟气的总交换因数；

　　　ε_g——烟气辐射率或烟气的黑度；

　　　αA_{cP}——当量冷平面，m^2；

　　$\sum F$——炉膛总内表面积，m^2；

　　　F_{RC}——耐火砖墙对炉管表面的交换因数；

　　　ε_f——炉管表面辐射率或炉管的黑度，常用炉管材料的辐射率如下：

带有氧化层的碳钢及铬钼钢管　　　0.85 ~ 0.9

氧化后呈褐色的不锈钢管　　　0.9 ~ 0.95

银白色的不锈钢管　　　0.36 ~ 0.45

当炉管表面辐射率为 0.9 时，可根据烟气辐射率及 $\dfrac{\sum F}{\alpha A_{cP}}$ 值由图 2.5.9 - 7 直接查取交换因数。

（8）辐射段的对流传热系数

辐射段内，以对流方式传给炉管的热量较少，其对流传热量与燃烧气体温度、燃烧器型式、炉膛结构有关。由于辐射段中对流非主要传热，故作一些简化计算。

$$Q_{Rc} = h_{Rc} A_R (T_g - T_w) \qquad (2.5.9 - 16)$$

式中　Q_{Rc}——辐射段炉管通过对流传热吸收的热量，W；

　　　h_{Rc}——辐射段的对流传热系数，$W/(m^2 \cdot K)$；

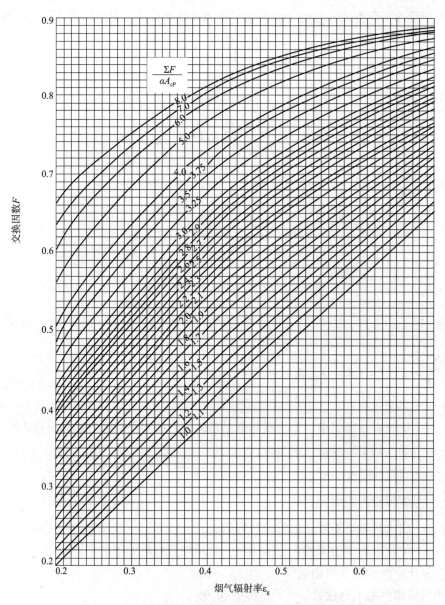

图 2.5.9-7 交换因数

A_R——辐射段炉管外表面积，m^2；

T_g——辐射段烟气平均温度，K；

T_w——辐射炉管外壁平均温度，K。

几种常用炉型辐射段的对流传热系数取值如下：

立管加热炉　　　　　　　　11.4W/（$m^2 \cdot ℃$）

水平管加热炉　　　　　　　17.0W/（$m^2 \cdot ℃$）

带辐射锥圆筒炉　　　　　　15.9W/（$m^2 \cdot ℃$）

采用高强燃烧器的加热炉　　23.3W/（$m^2 \cdot ℃$）

2.5.10　辐射段热平衡

输入辐射段的热量有：燃料的放热量 Q_L、燃烧空气的显热 Q_a、燃料和雾化蒸汽的显热 $Q_f + Q_s$。输出辐射段的热量有：辐射段有效利用热量 Q_{er}、出辐射段烟气带走热量 Q_{1p}、炉壁散热损失热量 Q_2 和燃料的不完全燃烧损失热量 Q_3 等，辐射段热平衡为：

$$Q_L + Q_f + Q_a + Q_s = Q_{er} + Q_{1p} + Q_2 + Q_3 \tag{2.5.10-1}$$

$$Q_{er} = Q_L + Q_f + Q_a + Q_s - (Q_{1p} + Q_2 + Q_3) \tag{2.5.10-2}$$

$$Q_R = Q_{er}B \tag{2.5.10-3}$$

式中　Q_{er}——单位燃料在辐射段的有效利用热量，kW/kg 或 kW/Nm³；

　　　B——燃料用量，kg/h 或 Nm³/h；

　　　Q_R——辐射段热负荷，kW。

将式 $(2.5.10-3)$ 两端同时除以 $\alpha A_{cP}F$：

$$\frac{Q_R}{\alpha A_{cP}F} = \frac{Q_{er}B}{\alpha A_{cP}F} = \frac{B}{\alpha A_{cP}F}\left[\,Q_L + Q_a + Q_f + Q_s - (Q_{1p} + Q_2 + Q_3)\,\right]$$

由式 $(2.5.9-1)$ 可知

$$Q_R = 5.73 \times 10^{-3}\alpha A_{cP}F\left[\left(\frac{T_g}{100}\right)^4 - \left(\frac{T_w}{100}\right)^4\right] + h_{Rc}A_R(T_g - T_w) \times 10^{-3} \tag{2.5.10-4}$$

式中　B——燃料用量，kg/h 或 Nm³/h；

　　　Q_R——辐射段热负荷，kW；

　　　Q_{er}——单位燃料在辐射段的有效利用热量，kJ/kg 燃料或 kJ/Nm³ 燃料；

　　　Q_L——燃料低放热量，kJ/kg 燃料；

　　　Q_f——燃料入炉显热，kJ/kg 燃料；

　　　Q_a——空气入炉显热，kJ/kg 燃料；

　　　Q_s——雾化蒸汽入炉显热，kJ/kg 燃料；

　　　Q_{1p}——烟气出辐射段带出热量，kJ/kg 燃料；

　　　Q_2——辐射段炉壁散热损失，kJ/kg 燃料；

　　　Q_3——燃料燃烧不完全损失，kJ/kg 燃料；

　　　αA_{cP}——当量冷平面，m²；

　　　F——交换因数；

　　　T_g——辐射段烟气平均温度，K；

　　　T_w——辐射炉管外壁平均温度，K；

　　　h_{Rc}——辐射段的对流传热系数，W/(m²·℃)；

　　　A_R——辐射炉管的外表面积，m²。

在一定的烟气温度下，吸热和放热可以达到平衡，此时的烟气温度即炉膛平均温度，也是烟气出辐射段的温度。对于一般炼油装置管式加热炉，烟气出辐射段的温度常为 570~870℃。

2.5.11　辐射段计算方法总结

a)根据被加热介质入炉温度、烟气露点温度及对热效率要求选择适当的出对流段烟气温度。烟气离开对流段的温度，根据排管从材质、传热效率等综合考虑，一般取介质入口温度加上 30~60℃，或者根据要求的热效率由燃料燃烧计算确定。

b)按表 2.5.2 初步选取辐射管平均表面热强度，选定管径、管程数及管心距。

c)规划辐射段尺寸，初定对流段尺寸。

d)估算辐射段平均管外壁温度。

e)计算当量冷平面。

f)假定辐射段烟气平均温度，求出交换因数。

g)计算辐射段烟气平均温度下介质吸热量。

h)计算辐射段烟气平均温度下烟气有效放热。

i)利用吸热和放热平衡求出合适的辐射段烟气平均温度。

j)计算平均辐射热强度，核实在此炉膛温度和吸热量下辐射排管是否合适，如果不合适需重新进行排管规划和计算。合适后再进行下一步的计算。

2.6　对流段计算

2.6.1　概述

在加热炉对流段，烟气主要以对流传热方式把热量传给炉管内介质，烟气中的辐射传热量所占比例较小，以对流传热为主。

对流段的任务是回收烟气中的部分热量。根据装置不同，对流段加热的介质种类也不同，有的和辐射段加热同一种介质，如常减压加热炉、部分重沸炉等；有的加热炉对流段加热不同于辐射段的其他介质，有的利用发生蒸汽回收烟气余热，如部分重油加氢反应炉、重整炉、制氢炉等。

对流传热计算公式见式(2.6.1-1)，这是个通用的计算公式，对不同的炉管外表面形式、烟气对炉管的冲刷方向等，传热系数和温差的详细计算公式不同。

$$Q_c = K_c A_c \Delta t / 1000 \tag{2.6.1-1}$$

式中　Q_c——对流段炉管吸热量，kW；

　　　K_c——对流管总传热系数，W/(m²·℃)；

　　　A_c——对流管外表面积(光管外表面)，m²；

　　　Δt——烟气和介质对数平均温差，℃。

烟气有效放热按下式计算：

$$Q'_c = B(q_{tp} - q_{ts} - q_{LC})/3600 \tag{2.6.1-2}$$

式中　Q'_c——烟气有效放热，kW；

　　　B——燃料用量，kg/h；

q_{tp}——烟气入对流段的热焓，kJ/kg 燃料；

q_{ts}——烟气出对流段的热焓，kJ/kg 燃料；

q_{LC}——对流段热损失，kJ/kg 燃料。

设计对流段时，根据烟气量和烟气温度变化计算对流段所需的传热面积。对已有加热炉核算时，根据现有排管情况和预期的烟气分布计算对流段所能获得的热负荷。所有的计算都是基于式(2.6.1 - 1)炉管吸热和式(2.6.1 - 2)烟气放热达到平衡。

2.6.2　热负荷及烟气温度的分段计算

对流段吸热量可按式(2.6.2 - 1)至式(2.6.2 - 3)计算。

$$Q_c = Q - Q_R \tag{2.6.2 - 1}$$

$$Q_c = \sum_{J=1}^{n} Q_{cJ} \tag{2.6.2 - 2}$$

$$Q_{cJ} = W_{FJ}(I_{Jo} - I_{Ji})/3600 \tag{2.6.2 - 3}$$

各段介质热平衡时有：

$$W_{FJ}(I_{Jo} - I_{Ji}) = B(q_{Ji} - q_{Jo} - q_{cJ2}) \tag{2.6.2 - 4}$$

式中　Q——加热炉总热负荷，kW；

Q_R——辐射段热负荷，kW；

Q_c——对流段热负荷，kW；

Q_{cJ}——J 介质在对流段热负荷，kW；

W_{FJ}——J 介质在对流段的流量，kg/h；

I_{Jo}、I_{Ji}——J 介质出、入对流段的热焓，kJ/kg；

B——燃料用量，kg/h；

q_{Ji}——烟气入 J 介质排管时的热焓，kJ/kg 燃料；

q_{Jo}——烟气出 J 介质排管时对流段的热焓，kJ/kg 燃料；

q_{cJ2}——烟气在 J 介质排管段的热损失，kJ/kg 燃料。

2.6.3　对数平均温差

对流段传热中烟气与介质的温差沿受热面总是在变化，因此应采用对数平均温差来计算传热量。

对流段加热多种介质时，应分别计算每一段的对数平均温差。

烟气与介质逆流和顺流的情况分别见图 2.6.3(a)和图 2.6.3(b)，逆流和顺流时对数平均温差分别用式(2.6.3 - 1)和式(2.6.3 - 2)计算。

逆流时：

$$\Delta t = \frac{(t_i - \tau_o) - (t_o - \tau_i)}{\ln \dfrac{t_i - \tau_o}{t_o - \tau_i}} \tag{2.6.3 - 1}$$

顺流时：

$$\Delta t' = \frac{(t_i - \tau_i) - (t_o - \tau_o)}{\ln \dfrac{t_i - \tau_i}{t_o - \tau_o}} \tag{2.6.3-2}$$

式中　Δt——逆流时对数平均温差,℃；

　　　$\Delta t'$——顺流时对数平均温差,℃；

　　　t_i——烟气入口温度,℃；

　　　t_o——烟气出口温度,℃；

　　　τ_i——介质入口温度,℃；

　　　τ_o——介质出口温度,℃。

一般加热炉炼油厂很少采用混流排管情况(即一部分逆流、一部分顺流)，这种情况的对数平均温差计算可参见文献[2]。

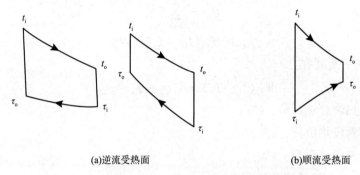

(a)逆流受热面　　　　　　　　(b)顺流受热面

图2.6.3　在逆流和顺流受热面中烟气与介质的温差变化

2.6.4　对流总传热系数

对流总传热系数 K_c,用式(2.6.4-1)计算:

$$K_c = \frac{1}{\dfrac{1}{h_i^*} + \dfrac{\delta_b}{\lambda_b} + \dfrac{1}{h_o^*}} \tag{2.6.4-1}$$

式中　K_c——对流传热系数, W/(m²·℃)；

　　　h_i^*——包括结垢热阻在内的内膜传热系数, W/(m²·℃)；

　　　h_o^*——包括结垢热阻在内的外膜传热系数, W/(m²·℃)；

　　　λ_b——管壁金属的导热系数, W/(m·℃)；

　　　δ_b——管壁厚度, m。

因通过管壁的热阻 $\dfrac{\delta_b}{\lambda_b}$ 相对于管内和管外的热阻来说，其数值较小可忽略不计，式(2.6.4-1)可简化为:

$$K_c = \frac{1}{\dfrac{1}{h_i^*} + \dfrac{1}{h_o^*}} \tag{2.6.4-2}$$

$$= \frac{h_i^* \times h_o^*}{h_i^* + h_o^*}$$

（1）炉管内膜传热系数

对流管内膜传热系数的详细计算，可按辐射段炉管内膜传热系数第2.5.3节中计算公式进行。对流段内，管内膜传热系数 h_i 比管外膜传热系数 h_o 大很多。估算时，对于液体介质可假定 $h_i = 600 \sim 1000 \text{W}/(\text{m}^2 \cdot \text{℃})$。

包括结垢热阻在内的内膜传热系数 h_i^* 采用式（2.6.4 – 3）计算：

$$h_i^* = \varepsilon_i + \frac{1}{h_i} \tag{2.6.4 – 3}$$

式中　h_i^*——包括结垢热阻在内的内膜传热系数，$\text{W}/(\text{m}^2 \cdot \text{℃})$；

　　　ε_i——管内结垢热阻，$\text{m}^2 \cdot \text{℃}/\text{W}$；

　　　h_i——管内膜传热系数，$\text{W}/(\text{m}^2 \cdot \text{℃})$。

当加热液相油品时，若原油进料温度大于200℃，重油进料温度大于300℃，在介质温升不大的情况下，包括结垢热阻的内膜传热系数可采用式（2.6.4 – 4）简化计算：

$$h_i^* = 1.7 \frac{G_F^{0.8}}{d_i^{0.2}} \tag{2.6.4 – 4}$$

式中　h_i^*——包括结垢热阻的内膜传热系数，$\text{W}/(\text{m}^2 \cdot \text{℃})$；

　　　G_F——管内液体质量流速，$\text{kg}/(\text{m}^2 \cdot \text{s})$；

　　　d_i——对流管内径，m。

当加热水蒸气时，因为水蒸气的导热系数 λ、比热容 c_p、黏度 μ 等是温度与压力的函数，当温度与压力在一个较窄的范围内变化时，其物性数值变化不大，管壁对水蒸气的传热系数 h_i' 可采用式（2.6.4 – 5）简化计算：

$$h_i' = 5.8 \frac{G_s^{0.8}}{d_i^{0.2}} \tag{2.6.4 – 5}$$

式中　h_i'——水蒸气排管内膜传热系数，$\text{W}/(\text{m}^2 \cdot \text{℃})$；

　　　G_s——管内水蒸气质量流速，$\text{kg}/(\text{m}^2 \cdot \text{s})$。

（2）对流炉管外膜传热系数

烟气流过炉管的方式通常有两种：横向冲刷管束或纵向冲刷管束。管式加热炉对流段中，烟气大都是横向冲刷错列或顺列的炉管，除非另有说明，本节的计算公式均是用于计算烟气横向冲刷错列的炉管，即炉管以三角形方式排列。

为了提高对流段的传热系数，在对流排管外表面设置翅片或钉头以提高炉管外膜传热系数，所以对流炉管有光管、翅片管或钉头管。

炉管外膜传热系数包括下述三部分：烟气对流放热系数、烟气辐射放热系数和炉墙辐射传热系数。根据炉管的外表面形式分别叙述：

①光管外膜传热系数

a）烟气对流传热系数

炼厂加热炉的烟气组成变化范围较小，尽管不同类型的加热炉炉内烟气组成不同，但其相对密度、导热系数、黏度、比热容等在压力一定的情况下，均可视为温度的函数，所以可利用简化公式（2.6.4 – 6）计算：

$$h_{oc} = 1.10\psi \frac{G_g^{0.667} T_g^{0.3}}{d_c^{0.333}} \qquad (2.6.4-6)$$

式中　h_{oc}——烟气对光管的对流传热系数，
　　　　　　W/(m²·℃)；

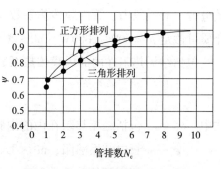

　　　ψ——管排数的校正系数，当管排在 10
　　　　　　排以上时，$\psi = 1$；在 10 排以下
　　　　　　时，则由图2.6.4-1查得；

　　　G_g——烟气通过排管的质量流速，
　　　　　　kg/(m²·s)；

　　　T_g——烟气在该排管段的平均温度，K；

　　　d_c——光管外径，m。

图2.6.4-1　管排数的校正系数

b)烟气辐射传热系数h_{or}

把烟气容积和排管近似地看成气体层和包围它的壳壁之间的辐射传热进行分析。对于管式炉对流段的烟气辐射放热系数可按式(2.6.4-7)计算：

$$h_{or} = \frac{5.68 \times 10^{-8} \left(\frac{1+\varepsilon_f}{2} \right) (\varepsilon_g T_g^4 - \varepsilon_f T_{wc}^4)}{T_g - T_{wc}} \qquad (2.6.4-7)$$

式中　h_{or}——烟气辐射传热系数，W/(m²·℃)；

　　　ε_f——炉管表面辐射率；

　　　ε_g——烟气辐射率；

　　　T_g——烟气在该排管段的平均温
　　　　　　度，K；

　　　T_{wc}——该段炉管平均管壁温度，K。

烟气辐射率ε_g与对流段烟气的有效辐射层厚度、烟气温度、烟气中三原子气体的分压等有关，对多数管式炉，当管心距约为两倍管外径，炉管表面辐射率$\varepsilon_f = 0.9$、$CO_2 + H_2O$分压变化不大的情况下，h_{or}值可由图2.6.4-2查得。

c)炉墙辐射传热系数

在对流段，炉墙对炉管的辐射传热所占份额较少，可用下式表示：

$$h_{ow} = \beta(h_{oc} + h_{or}) \qquad (2.6.4-8)$$

炉墙对炉管的辐射影响与每排炉管根数有关系，随着每排炉管根数的增加，炉墙辐射到炉管的热量占烟气传给炉管总热量的份额减少，当每排约为 8 根炉管时，以炉管外表面积为基准的炉墙辐射传热系

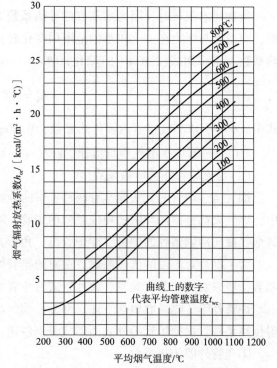

图2.6.4-2　对流段烟气辐射传热系数

1kcal/(m²·h·℃) = 1.163W/(m²·℃)

注：图中平均烟气温度为管内介质的平均温度
　　加该段烟气和介质段对数平均温度差，平均
　　管壁温度可取管内介质平均温度加30℃。

数为烟气辐射和对流传热系数的 10%，故在计算精度要求不高的情况下，炉墙辐射传热系数可用式(2.6.4 −9)简化计算：

$$h_{ow} = 0.1(h_{oc} + h_{or})\qquad(2.6.4-9)$$

式中　h_{ow}——以炉管表面积为基准的炉墙辐射传热系数。

　　d)光管总外膜传热系数

$$h_o = h_{oc} + h_{or} + h_{ow}\qquad(2.6.4-10)$$

简化为：

$$h_o = 1.1(h_{oc} + h_{or})\qquad(2.6.4-11)$$

包括结垢热阻在内的光管总外膜传热系数 h_o^*，用下式计算：

$$h_o^* = \frac{1}{\dfrac{1}{h_o} + \varepsilon_o}\qquad(2.6.4-12)$$

式中　h_o——管外膜传热系数，W/(m^2·℃)；

　　h_{oc}——烟气对流传热系数，W/(m^2·℃)；

　　h_{or}——烟气辐射放热系数，W/(m^2·℃)；

　　h_{ow}——炉墙辐射传热系数，W/(m^2·℃)；

　　h_o^*——包括结垢热阻在内的光管外膜传热系数，W/(m^2·℃)；

　　ε_o——炉管外结垢热阻，(m^2·℃)/W。

烧气体燃料或烧油采用有效吹灰设施时，炉管外结垢热阻可采用 0.004(m^2·℃)/W，对于烧油且没有吹灰设施时，结垢热阻可采用 0.008(m^2·℃)/W。

　　②钉头管外膜传热系数

加热炉对流段中，由于管外烟气的膜传热系数比管内的膜传热系数小得多，所以起控制作用的热阻在烟气一侧。为了提高对流段的传热速率，多在对流段设置翅片管和钉头管。在计算钉头管或翅片管外膜传热系数时，由于烟气对翅片或钉头的对流传热系数很大，而烟气的辐射传热及炉墙的辐射传热相对很小，故一般计算时会忽略烟气的辐射传热和炉墙的辐射放热。

计算炉管传热强度和传热量时，大都是以光管面积为准。计算翅片管和钉头管的外膜传热系数时，也是采用翅片效率的概念，即通过求光管的外膜传热系数的方法计算翅片管或钉头管的外膜传热系数。

钉头管外膜传热系数可按如下步骤进行计算：

　　a)钉头表面传热系数 h_s

$$h_s = 1.10\psi\frac{G_g^{0.667}T_g^{0.3}}{d_s^{0.333}}\qquad(2.6.4-13)$$

式中　h_s——钉头表面传热系数，W/(m^2·℃)；

　　ψ——管排数的校正系数，当管排在 10 排以上时，$\psi=1$；在 10 排以下时，则由图 2.6.4 −1 查得；

　　d_s——钉头直径，m；

T_g——烟气平均温度，K；

G_g——烟气在钉头管段的质量流速，kg/（m² · s），按下列公式计算：

$$d_e = d_c + 2h'd_s \frac{1}{d'''_p} \qquad (2.6.4-14)$$

$$S_{\min} = L_c(b - n_w d_e) \qquad (2.6.4-15)$$

$$G_g = \frac{W_g}{3600 S_{\min}} \qquad (2.6.4-16)$$

式中　d_c——对流炉管光管外径，m；

d_e——钉头管当量直径，m；

d_s——钉头管的钉头直径，m；

h'——钉头高度，m；

d'''_p——沿炉管长度方向钉头中心距，m；

L_c——对流炉管有效长度；

$S_{\min}$——烟气流通最小截面，m²；

b——对流段净宽，m；

n_w——每排炉管根数，根；

W_g——烟气流量，kg/h。

b）等直径钉头的钉头效率

$$\Omega_s = \frac{\tanh(m \cdot h')}{m \cdot h'} \qquad (2.6.4-17)$$

$$m = \left(\frac{h_s L_s}{\lambda_s a_x} \right)^{0.5} \qquad (2.6.4-18)$$

式中　Ω_s——等直径钉头的钉头效率；

$\tanh$——双曲正切；

h'——钉头高度，m；

L_s——钉头周边长，m；

λ_s——钉头材质导热系数，W/（m · ℃）；

a_x——钉头的断面积，m²。

c）钉头管外膜传热系数h_{so}

钉头管外膜传热系数，按下列公式计算：

$$h_{so} = \frac{h_s^* \Omega_s a_s + h_{oc}^* a_b}{a_o} \qquad (2.6.4-19)$$

$$a_o = \pi d_c \qquad (2.6.4-20)$$

$$a_b = a_o - \frac{\pi}{4} d_s^2 \cdot P_n \cdot \frac{1}{d'''_p} \qquad (2.6.4-21)$$

$$a_s = \left(\pi \cdot d_s \cdot h' + \frac{\pi}{4} d_s^2 \right) \cdot \frac{1}{d'''_p} \cdot P_n \qquad (2.6.4-22)$$

$$h_{oc} = 1.10 \psi \frac{(G_g^{0.667})(T_g)^{0.3}}{(d_c)^{0.333}} \qquad (2.6.4-23)$$

$$h_{oc}^* = \frac{1}{\frac{1}{h_{oc}} + \varepsilon_o} \qquad (2.6.4 - 24)$$

$$h_s^* = \frac{1}{\frac{1}{h_s} + \varepsilon_o} \qquad (2.6.4 - 25)$$

式中　h_{so}——钉头管外膜传热系数，W/（m²·℃）；

$\quad a_o$——每米管长的光管外表面积，m²/m；

$\quad a_b$——每米管长钉头外的光管部分外表面积，m²/m；

$\quad a_s$——每米管长的钉头部分的外表面积，m²/m；

$\quad h'$——钉头高度，m；

$\quad h_s$——钉头表面传热系数，W/（m²·℃）；

$\quad h_s^*$——包括结垢热阻在内的钉头表面传热系数，W/（m²·℃）；

$\quad \Omega_s$——等直径钉头的钉头效率；

$\quad \varepsilon_o$——炉管外表面结垢热阻，m²·℃/W；

$\quad P_n$——每圈钉头数，个；

$\quad G_g$——烟气在钉头管段的质量流速，kg/（m²·s）；

$\quad \psi$——管排数的校正系数，当管排在 10 排以上时，$\psi = 1$；在 10 排以下时，则由图 2.6.4 – 1 查得；

$\quad h_{oc}$——光管管外对流传热系数，W/（m²·℃）；

$\quad h_{oc}^*$——包括结垢热阻在内的光管管外对流传热系数，W/（m²·℃）。

根据实践和标定结果，当烟气质量流速 G_g 小于 2kg/（m²·s），而钉头焊接质量较差时，难以形成强涡流，使一部分钉头处于顺流传热状态，特别是燃料重黏度大，使炉管易于结垢时，按照式（2.6.4 – 19）计算结果偏高，一般高 20% 左右。在此情况下宜采用加德纳公式计算钉头管外膜传热系数，即

$$h_{so} = h_{oc}^* \frac{\Omega_s' a_s + a_o}{a_o} \qquad (2.6.4 - 26)$$

式中　h_{so}——钉头管外膜传热系数，W/（m²·℃）；

$\quad \Omega_s'$——钉头效率，可由图 2.6.4 – 3 查取；

$\quad a_o$——每米管长的光管外表面积，m²/m；

$\quad a_s$——每米管长的钉头部分的外表面积，m²/m；

$\quad h_{oc}^*$——包括结垢热阻在内的光管管外对流传热系数，W/（m²·℃）。

③翅片管外膜传热系数 h_{fo}

翅片管的计算也是采用翅片效率的概念，即通

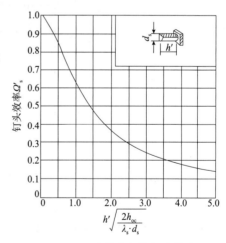

图 2.6.4 – 3　等直径的钉头效率

注：横坐标 $h'\sqrt{\dfrac{2h_{oc}}{\lambda_s \cdot d_s}}$ 是钉头特性，

λ_s—钉头材质导热系数，W/（m·℃）；

h_{oc}—光管管外对流传热系数，W/（m²·℃）；

h'—钉头高度，m；d_s—钉头直径，m。

过求光管的外膜传热系数来计算翅片管的外膜传热系数。环向翅片的外膜传热系数可采用加德纳公式计算：

$$h_{fo} = h_{oc}^* \frac{\Omega_f a_f + a_o}{a_o} \qquad (2.6.4-27)$$

$$a_f = \frac{\pi}{4} \left[(d_c + 2h')^2 - d_c^2 \right] \times 2/d_p''' \qquad (2.6.4-28)$$

式中　h_{fo}——以光管外表面积为基准的翅片管外膜传热系数，$W/(m^2 \cdot ℃)$；

　　　h_{oc}^*——光管部分管外对流传热系数，$W/(m^2 \cdot ℃)$，可用式(2.6.4-23)和式(2.6.4-24)计算，但其中的烟气质量流速应为烟气在最小自由截面处的质量流速，其最小自由截面的计算见式(2.6.4-29)和式(2.6.4-30)；

　　　a_f——每米翅片管的翅片外表面积，m^2/m；

　　　a_o——每米管长的光管外表面积，m^2/m；

　　　Ω_f——翅片效率，恒定厚度环形翅片查图2.6.4-4。

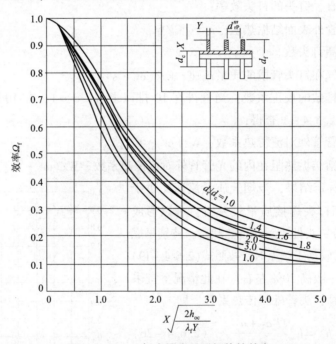

图2.6.4-4　恒定厚度环形翅片的效率

注：横坐标 $X\sqrt{\dfrac{2h_{oc}}{\lambda_f Y}}$ 是翅片特性，λ_f—翅片材质导热系数，$W/(m \cdot ℃)$；

h_{oc}—光管管外对流传热系数，$W/(m^2 \cdot ℃)$；X—翅片高度，m；Y—翅片厚度，m。

计算烟气质量流速时，其烟气流通最小自由截面：

$$d_e = d_c + 2h'y \cdot \frac{1}{d_p'''} \qquad (2.6.4-29)$$

$$S_{min} = L_c(b - n_w d_e) \qquad (2.6.4-30)$$

式中　d_c——对流炉管光管外径，m；

　　　d_e——翅片管当量直径，m；

h'——翅片高度，m；

y——翅片厚度，m；

d'''_p——沿炉管长度方向翅片中心间距，m；

L_c——对流炉管有效长度，m；

S_{min}——烟气流通最小截面面积，m²；

b——对流段净宽，m；

n_w——每排炉管根数，根。

（3）对流传热系数简易计算方法

用于总传热系数的估算时，可以采用一种简易的计算方法。

①光管总传热系数

因多数情况下内膜传热系数比较大，光管总传热系数可近似等于外膜传热系数，即

$$K_c = h_{oc}$$

式中　K_c——对流管总传热系数，W/（m²·℃）；

h_{oc}——烟气对光管的对流传热系数，W/（m²·℃）。

②钉头管总传热系数

钉头管的总传热系数可采用下式估算：

$$K_s = 3h_{oc}$$

式中　K_s——钉头管总传热系数，W/（m²·℃）；

h_{oc}——烟气对光管的对流传热系数，W/（m²·℃）。

2.6.5　对流管表面积及管排数

$$A_c = \frac{Q_c}{K_c \Delta t} \tag{2.6.5-1}$$

$$N_c = \frac{A_c}{n_w L_c \pi d_c} \tag{2.6.5-2}$$

式中　A_c——对流管（光管）外表面积，m²；

Q_c——对流段热负荷，kW；

K_c——对流管总传热系数，W/（m²·℃）；

Δt——对数平均温差，℃；

N_c——对流段管排数，排；

d_c——炉管外径，m；

L_c——对流炉管有效长度，m；

n_w——每排炉管根数，根。

对流管表面热强度

$$q_c = \frac{Q_c}{A_c} \tag{2.6.5-3}$$

式中　q_c——对流管平均表面热强度，kW/m²。

当对流段加热多种物料时，各种物料的排管位置，需根据烟气与介质温差，分段合理布置，并需逐段进行计算。

2.6.6 钉头和翅片顶部温度

（1）钉头顶部温度

钉头顶部温度可由下式计算：

$$N = \frac{t_s - t_{wc}}{t_g - t_{wc}} \tag{2.6.6}$$

式中 t_s——钉头顶部温度，℃；

t_{wc}——钉头管管壁温度，℃；

t_g——钉头管外烟气温度，℃；

N——钉头顶部温度系数，其值可由图2.6.6查得。

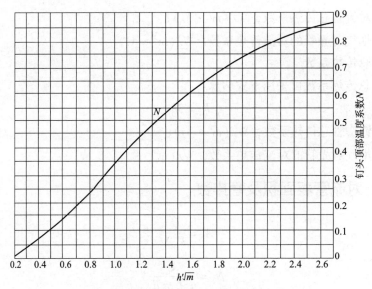

图2.6.6 钉头顶部温度系数

注：横坐标为$h'\sqrt{m}$，其中：h'—钉头或条形翅片高度，m；

$$m = \left(\frac{4h_f}{\lambda_s d_s}\right)^{0.5} \text{见式}(2.6.4-16)。$$

（2）翅片顶部温度

在选择翅片材料时，需要知道翅片材料的最高温度影响翅片温度的因素很多，如管内介质温度、传热系数，管外烟气温度、流速，翅片的结构形状及与光管的结合程度等。翅片的最高温度应该是在翅片顶部，文献[6]介绍了如何采用有限差分法计算翅片上温度的分布。该计算基础假设为：

a）翅片内热流及温度分布不随时间变化；

b）翅片材质均匀，导热稳定；

c）翅片表面各个方向的放热系数均匀且不随时间变化；

d）沿翅片厚度方向的温度梯度可忽略不计；

e) 翅片根处接触热阻为零；

f) 翅片纵向剖面视为矩形。

将圆形翅片沿翅高方向分为若干个环形小单元体。对每一个单元体列出热平衡微分方程式，在给定的边界条件下解该微分方程组，从而求出翅片上的温度分布，包括翅顶温度。用该方法计算翅片顶部温度需采用编程的方式。

为了能简单地估算翅片最高温度，利用先进的加热炉通用软件，计算对比了常规炼厂装置加热炉对流段的计算结果，当炉管外壁结垢热阻采用 $0.004\text{m}^2 \cdot \text{℃/W}$ 至 $0.008\text{m}^2 \cdot \text{℃/W}$ 之间数据时，翅片管顶部最高温度和该段炉管外膜温度基本接近，相差在 2℃ 以内。可以理解为：假定翅片根处接触热阻为零，翅根处的温度等于炉管金属外壁温度，炉管外壁垢阻产生的温差和炼厂加热炉常规规格翅片产生的温差比较接近。

2.7　炉管压力降计算

2.7.1　概述

炉管内流体压力降计算的主要目的是确定流体入炉时的压力 p_1，按伯努利方程式：

$$p_1 = p_2 + \Delta p_\text{L} + \Delta p_\text{e} + \rho g h \times 10^{-6} \tag{2.7.1}$$

式中　p_1——流体入炉压力，MPa；

$\quad\quad p_2$——流体出炉压力，MPa；

$\quad\quad \Delta p_\text{L}$——单相流体压力降，MPa；

$\quad\quad \Delta p_\text{e}$——汽化段压力降，MPa；

$\quad\quad h$——介质入口、出口的几何高度差，m；

$\quad\quad \rho$——管内流体密度，kg/m^3；

$\quad\quad g$——重力加速度，m/s^2。

加热炉炉管内被加热的流体有液相、气相、气液混相，对于有机加氢或油页岩加氢加热炉有时还含有微量固相。本书只讨论一般炼油装置火焰加热炉内炉管压降的计算，即气相、液相和气液两相的计算。

2.7.2　无相变的炉管压力降计算

当管内流体无相变化时，采用式（2.7.2 – 1）进行计算；由于液体的密度不随压力而变化，只随温度有较小的变化，因此用流体出入炉管平均温度下的密度来计算整个炉管内的压降不会有大的误差。但是在气相时，如果出入口密度变化很大、当采用平均密度计算压力降时，其误差较大，此时要求把管路分成数段进行计算。

$$\Delta p_\text{L} = 2f \cdot \frac{L_\text{e}}{d_\text{i}} \cdot u \cdot \rho \times 10^{-6} \tag{2.7.2 – 1}$$

式中　Δp_L——单相流体压力降，MPa；

$\quad\quad L_\text{e}$——炉管当量长度，m，见式（2.7.2 – 3）；

d_i——炉管内径，m；

u——管内流体线速度，m/s；

ρ——管内流体密度，kg/m³；

f——穆迪摩擦系数，通常表示为雷诺数的函数，由图2.7.2查出；在图2.7.2中，雷诺数 Re 采用式(2.7.2-2)计算。

$$Re = \frac{d_i G_F}{\mu g} = \frac{d_i u \rho}{\mu} = \frac{d_i G_F}{\nu \rho g} \tag{2.7.2-2}$$

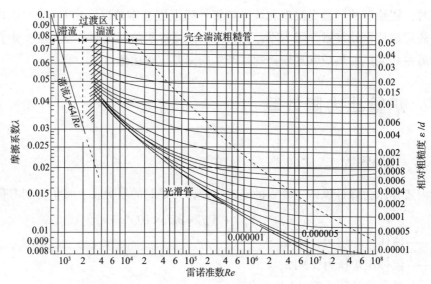

图2.7.2 穆迪摩擦系数

式中 Re——雷诺数；

G_F——管内流体质量流速，kg/(m²·s)；

μ——动力黏度(绝对黏度)，kg·s/m²；

ν——运动黏度(相对黏度)，m²/s。

炉管当量长度 L_e：

$$L_e = n l_i + (n-1) l_d \tag{2.7.2-3}$$

式中 n——炉管根数，根；

l_i——每根炉管长度，m；

$n-1$——弯头个数，个；

l_d——每个弯头的当量长度，m；

弯头的当量长度按下式计算：

$$I_d = \varphi d_i \tag{2.7.2-4}$$

式中 φ——每个弯头的当量长度与管内径之比，即 $\varphi = I_d / d_i$，φ 值见表2.7.2。

当炉管内介质为石油蒸气，其黏度又查不到时，可利用式(2.7.2-5)计算其摩擦系数 f[式(2.7.2-5)的应用范围为 $Re \geqslant 10^6$]：

$$f = 0.01356 + \frac{0.001236 + 0.01 d_i}{d_i \sqrt{u}} \tag{2.7.2-5}$$

表 2.7.2　各种连接形式的 φ 值

连接形式		φ 值	备注
急转弯及内部局部急刷缩小弯头		100	双堵头铸造弯头
180°U 形急转弯头		50~60	$R \leqslant 2d$
180°箱式连接弯头		45	
180°U 形连接	短半径	27	$R \geqslant 2d$
	长半径	21	$R \leqslant 4d$
	特长半径	10	$R > 4d$
90°弯头	短半径	19	
	长半径	15	

2.7.3　有相变的炉管压力降计算

在炼油厂管式炉中，有液相进料在炉内加热时逐步汽化，也有气液双相进料在炉内进一步汽化。为了叙述方便，这里只讨论液相进料后发生相变的汽化段的压降计算。

液体开始汽化后，沿管长汽化逐渐增加，气液量之比和二者的组成不断变化，油品的体积不断增大或密度不断减少，线速度也沿管长增加。在计算时不得不进行大量的假设，而气体的密度是压力的函数，必须采用猜算法进行计算。

（1）汽化点

首先要根据介质的各种蒸馏曲线和气液平衡关系图表在平衡蒸发曲线坐标纸上找到该介质的焦点，再根据此焦点图做该介质的平衡蒸发泡点曲线图，如图 2.7.3 所示。

然后，假设开始汽化压力 p'_c，根据油料的平衡蒸发泡点曲线，求出油料在开始蒸发时的温度 t'_c，令此点为汽化点。

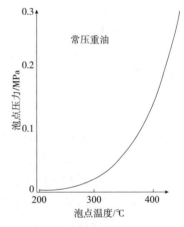

图 2.7.3　泡点温度与压力之关系图

（2）汽化率

在汽化段内，介质的汽化率沿管长而变，准确的平均汽化率 e_{cp} 应由积分求得。但是由于汽化段内压力、温度和密度逐渐变化，积分值不易求得。在计算时，取起始汽化率与最终汽化率的算术平均值作为平均汽化率，这样处理，一般使求得的汽化段压力降偏于安全。

（3）汽化段炉管当量长度

通常汽化点在辐射段，假定辐射段沿炉管加热是均匀的，这样油料的热焓变化，可用下式求出汽化段炉管当量长度：

$$L_m = \frac{I_{cp}^m - I_e}{I_{cp}^m - I_i} \cdot L_e \qquad (2.7.3-1)$$

式中　L_m——汽化段炉管当量长度，m；

　　　I_{cp}^m——介质出炉处混相平均热焓，kJ/kg；

　　　I_e——介质开始汽化时热焓，kJ/kg；

　　　I_i——介质进辐射段处热焓，kJ/kg；

　　　L_e——辐射段炉管单程总当量长度，m。

介质在出炉处气液混相的平均热焓按下式计算：

$$I_{cp}^m = eI_v^o + (1-e)I_L^o \qquad (2.7.3-2)$$

式中　I_v^o——介质出炉处气相热焓，kJ/kg；

　　　I_L^o——介质出炉处液相热焓，kJ/kg；

　　　e——介质出炉处汽化率(质量分数)，%。

石油及其馏分的热焓，可按照本书2.2.2节介绍的计算式进行计算。

当已知介质出炉的温度和压力时，汽化率 e 可从工艺过程拟合数据或焦点图上查得。

(4)汽化段压力降

油料在气化段逐渐汽化，由于流体的黏度、密度和流速等因素影响，气液两相流动状态是均相流动还是分层流动，沿管长很难验证确定，所以对于普通用途的加热炉，管内流体状态可以认为是在高压区域、低蒸发率、均相情况下流动，如果把气液相密度作为混相值处理时，可以用与单相压力降计算相同的公式计算气化段压力降，即

$$\Delta p_e = f_m \cdot \frac{L_m}{d_i} \cdot \frac{u_m^2}{2} \cdot \rho_m \cdot 10^{-6} \qquad (2.7.3-3)$$

式中　Δp_e——单相流体压力降，MPa；

　　　f_m——混相摩擦系数；

　　　u_m——介质混相线速度，m/s；

　　　L_m——汽化段炉管当量长度，m；

　　　d_i——炉管内径，m；

　　　ρ_m——混相重度，kg/m³。

a)混相摩擦系数

在已确定混相流动状态是均相流动的情况下，求混相摩擦系数 f_m 的雷诺数 Re 按下式计算：

$$Re = \frac{d_i G_F}{\mu_m g} \qquad (2.7.3-4)$$

式中　G_F——介质质量流速，kg/(m²·s)；

　　　g——重力加速度，9.80m/s²；

　　　μ_m——混相黏度，kg·s/m³。

混相黏度可采用下式计算：

$$\frac{1}{\mu_m} = \frac{e_{cp}}{\mu_v} + \frac{1-e_{cp}}{\mu_L} \qquad (2.7.3-5)$$

式中　e_{cp}——汽化段平均汽化率(质量分数),%;

　　　μ_v——汽化段平均条件下气相黏度,kg·s/m^2;

　　　μ_L——汽化段平均条件下液相黏度,kg·s/m^2。

根据 Re 查图 2.7.2 可得摩擦系数。

b)混相密度

当汽化段流体为均质流态时,混相密度可采用下式计算:

$$\rho_m = \frac{1}{\dfrac{e_{cp}}{\rho_v} + \dfrac{1 - e_{cp}}{\rho_L}} \qquad (2.7.3-6)$$

式中　ρ_m——汽化段平均条件下混相密度,kg/m^3;

　　　ρ_v——汽化段平均条件下气相密度,kg/m^3;

　　　ρ_L——汽化段平均条件下液相密度,kg/m^3。

当把汽化的物质作为理想气体时,可按下式计算汽化段气相重度:

$$\rho_v = \frac{M_v}{22.4g} \cdot \frac{p_v}{p_0} \cdot \frac{273}{t_v + 273} \qquad (2.7.3-7)$$

式中　M_v——介质平均汽化率条件下气相分子量;

　　　p_v——汽化段介质平均压力,kPa;

　　　p_0——标准压力,为 101.13kPa;

　　　t_v——汽化段介质平均温度,℃;

　　　g——重力加速度,9.8m/s^2。

c)汽化段混相流速

$$u_m = \frac{W_F}{3600 \cdot \pi/4 \cdot d_i^2 \cdot N \cdot \rho_m g} \qquad (2.7.3-8)$$

式中　u_m——管内介质混相流速,m/s;

　　　W_F——管内介质流量,kg/h;

　　　d_i——炉管内径,m;

　　　ρ_m——汽化段平均条件下混相密度,kg/m^3;

　　　N——管程数。

d)试算法求解

汽化段压力降加上炉出口压力应与假设开始汽化时之压力相等,否则需重新假设开始汽化时的压力,再进行重复计算。

(5)汽化点前压力降

汽化点前压力降用式(2.7.2-1)计算,汽化点前辐射管当量长度为辐射段炉管总当量长度减去汽化段炉管当量长度。

由于汽化点一般在辐射段,所以对流段炉管压力降计算与无相变化时压力降计算方法相同。

2.7.4 两相流流型及流速

当炉管内有两相流存在时，介质在加热的过程中逐渐汽化，气相和液相的比例以及物性沿炉管行程而变化。为了避免油品局部过热发生裂解，要求流体保持较好的流型，流速不合适将会产生不理想的流型，会造成油品结焦、炉管振动。

两相流在水平管内的流型主要有：分层流、波状流、环－雾状流、长泡流、液节流和分散气泡流。在立管内的流型主要有：气泡流、液节流、泡沫流和环－雾状流。由 PFR 公司编制的加热炉工艺计算程序中，对水平管内的流型采用 Baker 流型图判别，对立管内的流型采用 Fair 流型图进行判别。

在两相流中，气相和液相的流速一般是不相同的，它们之间存在着相对运动，随气液两相流速的不同，气液两相流可能出现完全不同的流型。好的流型能够改善传热和降低最高内膜温度。

为了保证管内介质有良好的流型，在设计计算中，可以改变管径，有时甚至改变炉管方位，以保证流型符合要求。

无论是立管还是水平管，炉管内不允许出现液节流，液节流会产生水击，引起噪声和管排振动，严重时会损坏炉管。设计时汽化段炉管内的流型最好是雾状流或环雾状流，也允许出现分散气泡流。在雾状流情况下，靠近管壁侧是液相，液相的导热系数大，不易结焦。

从传热学考虑，管径越小，管内流速越大，越利于传热，但当管内流速接近临界流速时，会造成压降急剧增加，油品温度升高，管内油品超温，并引起管子震动。故对管内油品的最高流速有所限制，一般不超过临界流速的 $80\% \sim 90\%$。

临界流速按式(2.7.4)计算：

$$v_c = 1015.3 \left(\frac{p}{\rho_m} \right)^{0.5} \qquad (2.7.4)$$

式中　v_c——临界流速，m/s；

　　p——计算截面的压力，MPa(a)；

　　ρ_m——计算截面的气液混合密度，kg/m³。

对流型和流速要求比较严格的典型例子是减压炉，减压炉设计时，一般通过使炉管逐级扩径而保持理想的流型和流速，并注入合适的蒸汽，使被加热介质接近等温汽化。

2.8 烟囱计算

2.8.1 概述

烟囱的工艺设计要满足三个要求：一是在自然通风的加热炉中，烟囱应有足够的抽力以克服烟气通路中各部分阻力；二是要满足环保要求，如国家或当地的烟气排放要求；三是要满足安全排放的要求，即排除的高温烟气不能伤到有可能通行的人员。为此，烟囱的实际高度往往要高于按满足抽力设计的烟囱高度。本章主要叙述烟囱的抽力计算。

烟囱内流动的烟气温度比周围空气的温度高，热烟气的密度比冷空气小，且与大气相通，因此这种密度差就产生了自然通风力，即抽力。

在烟气上升的烟道中，产生的抽力推动烟气流动，在烟气向下流的烟道中，产生的抽力阻止烟气流动，成为阻力。

在自然抽风加热炉或是在有引风机的平衡式加热炉中，烟囱产生的抽力要克服对流排管阻力、对流段或烟道中的变截面阻力、挡板处阻力、烟道摩擦力、烟气出口处的动能损失等。如果预热器在对流段顶部，还要克服预热器烟气侧阻力。克服这些阻力后还要在辐射炉顶产生 13～25Pa 的负压。

自然通风燃烧器空气侧的阻力，对于辐射段内烟气上行的加热炉，辐射段有效抽力足以克服空气流过燃烧器调风器时的阻力，所以在计算烟囱的高度时，基本不考虑辐射段的抽力和自然通风燃烧器空气侧的阻力。

为了了解其间的关系，现以自然通风的立式加热炉为例绘出典型抽力分布图，见图 2.8.1。

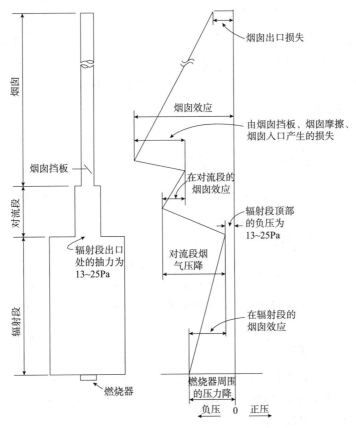

图 2.8.1   自然通风立式加热炉典型抽力分布

2.8.2   烟气流速及温降

烟气的流速高可以使烟囱直径变小，从而减少投资，但压降几乎与流速的平方成正比，提高流速就需要加高烟囱。因此，烟囱内的流速选择要从压降和一次性投资两方面综合考虑。通常烟囱出口处的烟气流速有一个下限，一方面是为了避免外界空气倒灌进烟气而确定的，另一方面也有项目环保要求有最低风速限制。表 2.8.2 是常规推荐的烟气流速。

表2.8.2　常规设计中烟气流速

烟囱形式		烟气线速/(m/s)
自然通风的烟囱	最大负荷时	8 ~ 12
	最小负荷时	2.5 ~ 3
机械通风的烟囱	最大负荷时	18 ~ 20
	最小负荷时	4 ~ 5

注：1. 当环保规定烟囱出口的最低流速时，应以环保要求为准。如果烟囱摩擦阻力太大，可以采用加大烟囱直径而烟囱出口缩径的方法减小阻力。

2. 如果环保和安全需要的烟囱高度远高于抽力的需要，可以提高烟气的流速，以减小烟囱直径。

烟囱内烟气的温降与烟囱保温情况、烟气温度及烟囱直径的大小有关，保温越好单位高度温降越小，烟囱内烟气温度越高单位高度的温降越大；烟气量越大单位高度的温降越小。具体温降应根据其实际情况进行计算。常规情况可参照下列经验数据：

混凝土烟囱　　　　　　　　　　　　　　　　0.2 ~ 1.0℃/m
无内衬的金属烟囱　　　　　　　　　　　　　1 ~ 3℃/m
有内衬的金属烟囱　　　　　　　　　　　　　0.2 ~ 0.8℃/m

2.8.3　烟气通过对流管排的阻力

在管式炉中，烟气流动大都与对流排管垂直，即烟气横向冲刷对流排管。对流排管常规有三种方式：光管、钉头管和翅片管。

（1）烟气通过交错排列光管管排的阻力

$$\Delta H_{1b} = \frac{G_g^2}{2.6 \rho_g g} \cdot N_c \left(\frac{d_p G_g}{\mu_g} \right)^{-0.2} \qquad (2.8.3-1)$$

式中　　ΔH_{1b}——烟气通过交错排列光管管排的阻力，Pa；

ρ_g——烟气在对流段的平均密度，kg/m³；

N_c——光管管排数；

G_g——烟气通过光管管排的质量流速，kg/(m²·s)；

d_p——管子与管子之间的净间隙，m；

μ_g——烟气的黏度，cP。

烟气黏度可根据平均温度由图 2.8.3-1 查得，也可用式（2.8.3-2）进行计算。

$$\mu_g = 0.0162 \times \left(\frac{T}{255.6} \right)^{0.691} \qquad (2.8.3-2)$$

式中　　μ_g——烟气的黏度，cP；

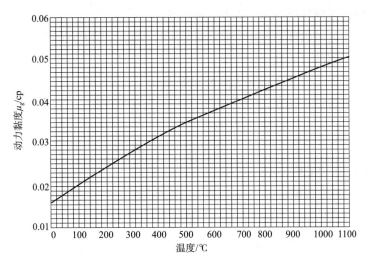

图 2.8.3 - 1　烟气的温度与黏度 μ_g 关系图

T——烟气的绝对温度，K。

在加热炉设计估算时，亦可采用简化式(2.8.3 - 3)和式(2.8.3 - 4)进行估算。

每排光管炉管压降为 0.5 倍速度头，速度头为：

$$\text{速度头} = \frac{G_g^2}{2\rho_g g} \qquad (2.8.3 - 3)$$

光管管排压力降为：

$$\Delta H_{1b} = 0.5\left(\frac{G_g^2}{2\rho_g g}\right)N_c \qquad (2.8.3 - 4)$$

式中　ΔH_{1b}——烟气通过交错排列光管管排的阻力，Pa；

　　　ρ_g——烟气在对流段的平均密度，kg/m^3；

　　　N_c——光管管排数；

　　　G_g——烟气通过光管管排的质量流速，$\text{kg/(m}^2 \cdot \text{s)}$。

(2)烟气通过交错水平排列钉头管管排的阻力

当计算交错排列的钉头管管排阻力时，先按式(2.8.3 - 5)～式(2.8.3 - 7)计算出钉头区域外部的烟气质量流速，再用式(2.8.3 - 8)计算管排阻力。钉头管示意图见图 2.8.3 - 2。

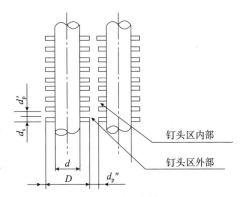

图 2.8.3 - 2　钉头管示意图

a)烟气质量流速计算

$$\left(\frac{W_g}{G_{gs}} - A_{so}\right)^{1.8} = \frac{(A_{si})^{1.8}}{N_s}\left(\frac{d_p'}{d_p''}\right)^{0.2} \qquad (2.8.3 - 5)$$

式中　W_g——烟气流量，kg/s；

　　　G_{gs}——烟气在钉头区域外部的质量流速，$\text{kg/(m}^2 \cdot \text{s)}$；

A_{so}——钉头区域外部的流通面积，m^2；

A_{si}——钉头区域内部的流通面积，m^2；

N_s——每一圈的钉头数；

d'_p——管子周向钉头与钉头之间的间隙，m；

d''_p——两邻管钉头端部之间的间隙，m。

钉头区域外部的流通面积按下式计算：

$$A_{so} = \left[S_c - (d_c + 2h') n_w \right] L_c \qquad (2.8.3-6)$$

式中　S_c——对流管管心距，m；

d_c——对流炉管直径，m；

n_w——每排管根数，根；

h'——钉头高度，m；

L_c——对流管有效长度，m。

钉头区域内部的流通面积按下式计算：

$$A_{si} = S_c L_c - d_c L_c n_w - L_c n_w \frac{2}{d'''_p} d_s h' - A_{so} \qquad (2.8.3-7)$$

式中　d'''_p——管子纵向钉头间距，m；

d_s——钉头直径，m。

b）钉头管管排阻力

$$\Delta H_{1s} = \frac{G_{gs}^2}{2.6 \rho_g g} N_c \left(\frac{d''_p G_{gs}}{\mu_g} \right)^{-0.2} \qquad (2.8.3-8)$$

式中　ΔH_{1s}——烟气钉头管管排阻力，Pa。

（3）烟气通过环形翅片管管排阻力

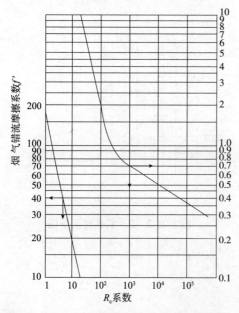

图2.8.3-3　烟气通过错排翅片管摩擦系数f'

对流管通常为正三角形排列，烟气通过正三角形排列的环形翅片管管排的阻力采用根特和肖公式计算：

$$\Delta H_{1f} = 0.51 f' \left(\frac{G_g^2}{D_v \rho_g g} \right) L' \left(\frac{D_v}{S_c} \right)^{0.4} \qquad (2.8.3-9)$$

式中　ΔH_{1f}——烟气通过翅片管管排阻力，Pa；

f'——烟气摩擦系数，由图2.8.3-3查得；

G_g——烟气通过翅片管的质量流速，$kg/(m^2 \cdot s)$；

D_v——容积水力直径，m，按式(2.8.3-11)计算。

S_c——对流管管心距，m；

L'——烟气通过对流管管排的长度，m。

管排长度按下式计算：

$$L' = S_b \cdot N_c \qquad (2.8.3-10)$$

式中　S_b——对流管排心距，m。

容积水力直径以下式表示：

$$D_V = \frac{4V_f}{F_f} \qquad (2.8.3-11)$$

式中　D_V——容积水力直径，m；

　　　V_f——每米长的净自由体积，m^3/m；

　　　F_f——每米长摩擦表面积，m^2/m。

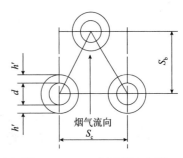

图 2.8.3-4　翅片管三角形
排列示意图

图 2.8.3-4 为翅片管三角形排列的示意图，其烟气通过翅片管每米长的净自由体积和摩擦表面积分别计算如下：

每米长的净自由体积 V_f：

$$V_f = S_c \times S_b - \frac{\pi d_c^2}{4} - \frac{\pi}{4} \left[(d_c + 2h')^2 - d_c^2 \right] \times \frac{y}{d_p'''} \qquad (2.8.3-12)$$

每米长摩擦表面积 F_f：

$$F_f = \pi d_c + \frac{\pi}{4} \left[(d_c + 2h')^2 - d_c^2 \right] \times \frac{2}{d_p'''} \qquad (2.8.3-13)$$

式中　S_c——炉管管心距，m；

　　　S_b——炉管排心距，m；

　　　d_c——翅片管光管外径，m；

　　　y——翅片管翅片厚度，m；

　　　h'——翅片高度，m；

　　　d_p'''——翅片中心距，m。

雷诺数：

$$Re = 1000 \frac{D_V \cdot G_g}{\mu_g} \qquad (2.8.3-14)$$

式中　G_g——烟气通过翅片管的质量流速，$kg/(m^2 \cdot s)$；

　　　D_V——容积水力直径，m；

　　　μ_g——烟气黏度，cP。

（4）烟气通过对流段产生的净阻力

当对流段烟气向上时，烟气流动产生抽力，烟气向下时，抽力变为了阻力。故考虑到烟气流动产生的效应后，其净阻力为：

烟气上行时

$$\Delta H_1 = \Delta H_{1b} + \Delta H_{1S} + \Delta H_{1f} - \Delta H_1' \qquad (2.8.3-15)$$

烟气下行时

$$\Delta H_1 = \Delta H_{1b} + \Delta H_{1S} + \Delta H_{1f} + \Delta H_1' \qquad (2.8.3-16)$$

烟气水平流动时

$$\Delta H_1 = \Delta H_{1b} + \Delta H_{1S} + \Delta H_{1f} \qquad (2.8.3-17)$$

烟气产生的抽力

$$\Delta H_1' = H_c \frac{p_a}{101.13}(\rho_a - \rho_g)g \qquad (2.8.3-18)$$

或

$$\Delta H_1' = 1.2 H_c p_a \left(\frac{29}{T_a} - \frac{M_g}{T_{mc}} \right) \qquad (2.8.3-19)$$

式中　ΔH_1——烟气通过对流段产生的净阻力，Pa；

$\quad\Delta H_{1b}$——烟气通过光管管排的阻力，Pa；

$\quad\Delta H_{1S}$——烟气通过钉头管管排的阻力，Pa；

$\quad\Delta H_{1f}$——烟气通过翅片管管排的阻力，Pa；

$\quad\Delta H_1'$——对流段烟气所产生的抽力，Pa；

$\quad H_c$——对流段高度，m；

$\quad p_a$——当地地面处绝对大气压，kPa；

$\quad\rho_a$——环境温度下空气密度，kg/m³；

$\quad\rho_g$——对流段烟气平均密度，kg/m³；

$\quad g$——重力加速度，9.8m/s²；

$\quad M_g$——烟气的摩尔质量，kg/kmol；

$\quad T_a$——大气温度，K；

$\quad T_{mc}$——对流段中烟气平均温度，K。

2.8.4　烟气通过各部分的局部阻力

烟气局部阻力是由于截面变化或烟气通过挡板引起的，从辐射段顶部开始至少为辐射至对流段 ΔH_2、对流段至烟囱 ΔH_3、烟囱挡板处 ΔH_4 等。这些局部阻力的详细计算方法，见本书6.6.4节。

自然通风加热炉燃烧器空气侧的阻力，对于辐射段内烟气上行的加热炉，如圆筒炉和立式炉，辐射段有效抽力足以克服空气流过燃烧器调风器时的阻力，所以在计算烟囱的高度时，调风器阻力不计算在总阻力中。对于炉膛高度低、辐射段抽力较低的加热炉，应考虑燃烧器空气侧的阻力。因为自然通风燃烧器侧的阻力较小，所以烟囱计算时基本不考虑辐射段的抽力和燃烧器空气侧的阻力。

如果预热器位于对流段顶部，还应考虑预热器烟气侧的阻力。

2.8.5　烟气在烟囱中的摩擦损失

$$\Delta H_5 = 0.51 f G_g^2 \frac{H_3'}{\rho_g g \cdot D_{si}} \qquad (2.8.5-1)$$

$$Re = 1000 \frac{D_{si} \cdot G_g}{\mu_g} \qquad (2.8.5-2)$$

式中　ΔH_5——烟气在烟囱中的摩擦损失，Pa；

　　　G_g——烟囱中烟气的质量流速，kg/(m² · s)；

　　　H'_3——初步假定的烟囱高度，m；

　　　ρ_g——烟囱内烟气的平均密度，kg/m³；

　　　D_{si}——烟囱直径，m；

　　　μ_g——烟囱内烟气的平均黏度，cP；

　　　f——水力摩擦系数，由图 2.7.2 - 1 查得。对于常用内衬材料的相对粗糙度可取：内保温为砖或软质材料的烟风道，相对粗糙度为 0.01；内保温为轻质浇注料的烟风道，相对粗糙度为 0.003；无内保温的金属烟风道，相对粗糙度为 0.0005。

2.8.6　烟气在烟囱出口处的动能损失

$$\Delta H_6 = 0.51 \frac{G_g^2}{\rho_g g} \tag{2.8.6}$$

式中　ΔH_6——烟气在烟囱出口处的动能损失，Pa；

　　　ρ_g——烟气在烟囱出口处的密度，kg/m³；

　　　G_g——烟囱出口处质量流速，kg/(m² · s)。

2.8.7　烟囱需克服的总阻力

$$\Delta H_s = \Delta H_1 + \Delta H_2 + \Delta H_3 + \Delta H_4 + \Delta H_5 + \Delta H_6 + 25 \tag{2.8.7 - 1}$$

式中　ΔH_s——烟囱需克服的总阻力，Pa；

　　　ΔH_1——烟气通过对流段产生的阻力，Pa；

$\Delta H_2 \sim \Delta H_4$——烟气通过各部分的局部阻力，Pa；

　　　ΔH_5——烟气在烟囱中的摩擦损失，Pa；

　　　ΔH_6——烟气在烟囱出口处的动能损失，Pa；

　　　25——辐射炉顶应保持 25Pa 左右的负压。

自然通风时，要通过烟气水平流动的辐射室，上式中还需另加一项燃烧器的阻力 ΔH_p，即

$$\Delta H_s = \Delta H_1 + \Delta H_2 + \Delta H_3 + \Delta H_4 + \Delta H_5 + \Delta H_6 + 25 + \Delta H_p \tag{2.8.7 - 2}$$

式中　ΔH_p——燃烧器调风器阻力，Pa。

2.8.8　烟囱的抽力和高度

烟囱抽力应大于烟气总阻力。令烟囱最小抽力等于上述计算的总阻力，由下式计算烟囱最小高度：

$$\Delta H_D = 1.2\, p_a H_s \left(\frac{29}{T_a} - \frac{M_g}{T_m} \right) \tag{2.8.8}$$

式中　ΔH_D——烟囱的抽力，Pa；

　　　H_s——烟囱高度，m；

　　　T_a——大气温度，K；

T_m——烟囱内烟气平均温度，K；

p_a——当地地面处绝对大气压，kPa；

M_g——烟气的摩尔质量，kg/kmol。

2.9　工艺计算实例

2.9.1　设计条件

(1)工艺条件

表2.9.1-1为工艺数据，要求设计一台常压炉，炉管内加热初底油介质，表2.9.1-2为介质的蒸馏曲线数据。表2.9.1-3为根据蒸馏曲线利用软件模拟出的介质在不同压力和不同温度下的物性数据。燃料为气体，燃料性质见表2.9.1-4，燃料气进炉温度和组成同本书2.4.3节(2)算例中的例题2。燃烧用空气温度用外部热源预热至60℃。

表2.9.1-1　工艺数据

装置：常减压		
加热炉编号和名称：常压炉		
需要数量：	1	
设计负荷，MW	≥19	

项目	符号	
操作工况		操作
炉段		辐射 + 对流
吸热量/MW	Q_i	15.8
介质名称		初底油
流率/(kg/h)	W_i	250000
压力降，允许值(清洁/结垢)/kPa	Δp	700
辐射段平均热强度，允许/(W/m²)	q_R	
辐射段最高热强度，允许/(W/m²)		
最高内膜温度，计算/℃	T_{fmax}	420
结垢热阻/(m²·K/W)	ε_i	
允许焦层厚度/mm		
入口条件：		
温度/℃	t_1	296
压力(a)/kPa	p_1	950
液相流率/(kg/s)	W_F	250000
气相流率/(kg/s)		

续表

项目	符号			
液相相对密度	d_4^{20}	0.9033		
气相分子量				
气相密度/（kg/m³）				
黏度，（液相/气相）/mPa·s　80℃		26.6		
100℃		15.2		
比热容，（液相/气相）/[kJ/（kg·K）]				
热导率，（液相/气相）/[W/（m·K）]				
焓，（液相/气相）/（kJ/kg）	I_1	659.0		
油品特性因数		11.8		
出口条件：				
温度/℃	t_2	365		
压力/kPa（表）	p_2	250		
液相流率/（kg/s）	ˊ			
气相流率/（kg/s）				
液相相对密度	d_4^{20}			
气相分子量				
气相密度/（kg/m³）				
黏度，（液相/气相）/mPa·s				
比热容，（液相/气相）/[kJ/（kg·K）]				
热导率，（液相/气相）/[W/（m·K）]				
焓，（液相/气相）/（kJ/kg）	I_2	932.2		

附注和特殊要求：

蒸馏数据或进料组成：见表 2.9.1－3

短期操作条件：

备注：

原料硫含量按 2.1%，酸值≤0.5mgKOH/L

表 2.9.1－2　炉内介质（初底油）蒸馏曲线数据

~ ASTM D86 AT 760 MM HG	
1 LV PERCENT	25.155
5	121.680
10	166.333

续表

30	279.809
50	381.442
70	498.120
90	685.813
95	898.355
98	1050.123

表2.9.1-3　初底油的物性数据

介质压力：1294.74kPa(a)

温度/℃	汽化率/%		焓值/(kJ/kg)		
	摩尔分数	质量分数	液体	气体	总计
260.23	0.0000	0.0000	5.5559E+02	8.3224E+02	5.5559E+02
311.09	0.0000	0.0000	7.0100E+02	9.7017E+02	7.0100E+02
345.40	0.1046	0.0456	8.0039E+02	1.0505E+03	8.1180E+02
379.71	0.2197	0.1069	9.0365E+02	1.1339E+03	9.2827E+02

介质压力：909.15kPa(a)

269.24	0.0000	0.0000	5.8063E+02	8.7339E+02	5.8063E+02
314.02	0.1268	0.0533	7.0461E+02	9.7505E+02	7.1903E+02
358.79	0.2736	0.1334	8.3510E+02	1.0805E+03	8.6783E+02
403.56	0.4286	0.2393	9.7226E+02	1.1929E+03	1.0250E+03

介质压力：523.56kPa(a)

271.97	0.1520	0.0613	5.8291E+02	8.7629E+02	6.0089E+02
330.76	0.3380	0.1662	7.4682E+02	1.0095E+03	7.9047E+02
389.55	0.5322	0.3119	9.2228E+02	1.1540E+03	9.9457E+02
448.33	0.6934	0.4688	1.1104E+03	1.3125E+03	1.2051E+03

介质压力：137.96kPa(a)

201.15	0.2016	0.0786	3.9452E+02	7.1673E+02	4.1983E+02
283.54	0.4566	0.2360	6.0635E+02	8.9052E+02	6.7341E+02
365.94	0.6919	0.4500	8.4158E+02	1.0864E+03	9.5176E+02
448.33	0.8404	0.6420	1.1030E+03	1.3095E+03	1.2356E+03

表2.9.1-4 燃料性质^注

燃料性质:		
燃料气	符号	数值
低热值 kJ/m³	Q_L	
高热值 kJ/m³	Q_H	
燃烧器进口压力(表) kPa		
燃烧器进口温度 ℃		37.8
分子量		
组分	摩尔分数/%	
氢 H_2	3.82	
氮 N_2	9.96	
甲烷 CH_4	75.41	
乙烷 C_2H_6	2.33	
乙烯 C_2H_4	5.08	
丙烷 C_3H_8	1.54	
丙烯 C_3H_6	1.86	

注：燃料气组分和进口温度与本书2.4.3节中(2)算例中例题2的燃料气相同。

(2)环境条件

年平均气温：-2.2℃；

最高气温：37℃；

年平均相对湿度：50%；

年平均气压：101.13kPa。

2.9.2 热负荷核算

常压炉加热初底油，从表2.9.1-1中可以看到，介质进炉时基本已经汽化，出加热炉时，汽化率(质量分数)约为36.4%，表2.9.1中给出的是介质的出入口温度下的总焓值，可按式(2.2.2-2)直接计算初底油的热负荷：

$$Q = 240000 \times (932.2 - 659.0)/3600 = 18213 kW$$

与工艺过程需要的热负荷19000kW相差786kW，按工艺过程需要的热负荷进行加热炉设计。

2.9.3 燃烧计算

介质入炉温度为296℃，按经验，烟气出对流段的温度与介质入口温差30~70℃比较合适，初取温差65℃，则烟气出对流段的温度为361℃，出对流段的烟气用来预热燃烧用助燃空气后排出，排出烟囱的烟气温度取140℃。

进加热炉体系的燃烧用空气先经外部热源预热至60℃，再与烟气进行换热后进入加热炉燃烧器内进行燃烧。

加热炉系统示意图见图2.9.3。

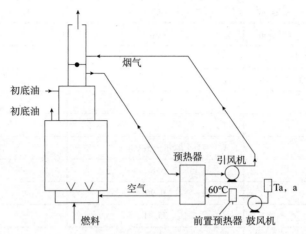

图2.9.3 加热炉系统示意图

(1)燃烧计算

因燃料组成同2.4.3节(2)算例中例题2，故燃料气燃烧计算同2.4.3例题2表1燃料气燃烧计算表，从2.4.3 – 例题2表1可知：

低放热量 $Q_L = 42130$ kJ/kg 燃料；

理论空气量 $L_o = 14.325$ kg/kg 燃料。

当过剩空气系数：$\alpha = 1.15$ 时，则过剩空气量为：$(\alpha - 1) \times L_0 = (1.15 - 1) \times 14.325 = 2.149$ kg/kg 燃料

结合2.4.3例题2表1，不同过剩空气系数下烟气组成和烟气量如表2.9.3 – 1所示。

表2.9.3 – 1 烟气组成和烟气量

烟气组分	分子量	过剩空气系数 $\alpha = 1.15$ 时烟气组成		
		kg/kg 燃料	Nm³/kg 燃料	
	1	2	3(2 ÷ 1 × 22.4)	
二氧化碳(CO_2)	44	2.381	1.212	
水蒸气(H_2O)	18	1.785	2.221	
氮(N_2)	28	11.161	8.929	
空气	29	2.149	1.660	
总计		17.476	14.022	

烟气密度 $\rho_{Ng} = 17.476/14.022 = 1.246$ kg/Nm³

烟气分子量 $M_g = 1.246 \times 22.4 = 27.9$ kg/kmol

（2）烟气焓值计算

根据烟气组成，查表 2.3.6 – 5，按照式（2.3.6 – 9）计算不同温度下烟气的焓值，见表 2.9.3 – 2。

表 2.9.3 – 2　不同温度下烟气焓值　　　　　kJ/kg 燃料

烟气温度/℃	过剩空气系数 $\alpha = 1.15$ 时
15	0
100	1613
200	3549
300	5496
400	7464
500	9458
600	11475
700	13519
800	15587
900	17688

（3）热量分布及热效率计算

参照 SH/T 3045，带有空气预热系统的加热炉外壁所有散热损失，取低热值的 2.5%。其中假定辐射段炉壁散热 1.0%，对流段炉壁散热损失为 1.0%，空气预热系统为 0.5%。加热炉的热效率、燃料用量和各部分的热量分布见表 2.9.3 – 3。过剩空气系数按照 1.15 进行计算。

表 2.9.3 – 3　进出炉热量

	项目		单位	符号	来源	数值
1	供给加热炉体系热量					
	燃料	入炉温度	℃	t_f		37.8
		入炉显热	kJ/kg 燃料	Q_f	见 2.4.3 节（2）算例例题 2 表 3	48.0
		低发热量	kJ/kg 燃料	Q_L	计算得出	42130
	空气	进入体系温度	℃		已知	60
		平均比热容（15 ~ 60℃）	kJ/(kg·℃)	C_{pa}	查表 2.3.6 – 3	1.013
		显热（焓）	kJ/kg 燃料	Q_a	式（2.3.6 – 6）$Q_a = 1.15 \times 14.325 \times 1.013 \times (60 - 15)$	751
	供给加热炉热量		kJ/kg 燃料	Q_{in}	$Q_L + Q_f + Q_a$	42929
2	排出体系热量					
		排烟温度	℃	T_s		140
		排烟热损失	kJ/kg 燃料	Q_1	见表 2.9.3 – 2	2387
		炉壁散热损失	kJ/kg 燃料	Q_2	取 0.025×42130	1053

续表

	项目	单位	符号	来源	数值
3	烟气放有效热量	kJ/kg 燃料	Q_e	$42929-(2387+1053)$	39489
4	热效率	%	η	$\eta=\dfrac{39489}{42929}\times100\%$	92.0%
5	燃料量	kg/h	B	见式(2.4.1-2)	1732
6	预热空气段				
	烟气进预热器温度	℃	T_c		361
	烟气进预热器焓值	kJ/kg 燃料	I_{gc}	见表2.9.3-2	6696
	预热器段散热损失	kJ/kg 燃料	Q_{2p}	$0.005\times Q_L$	211
	空气吸热	kJ/kg 燃料	Q_{ap}	$I_{gc}-Q_1-Q_{2P}$	4098
	空气出预热器焓值	kJ/kg 燃料	Q_{ar}	Q_a+Q_{ap}	4849
	单位空气焓值	kJ/kg 空气	q_{ar}	$Q_{ar}/(\alpha L_0)$	294
	空气出预热器温度	℃	T_{ap}	查图2.3.6-1 或用表2.3.6-3 和式(2.3.6-6)反推	302
7	助燃空气量	kg/h	W_a	$\alpha L_0 B$	28532
8	排出烟气量	kg/h	W_g	17.476(表2.9.3-1 第2列)$\times B$	30268

2.9.4 辐射段计算

根据被加热介质特点和热负荷大小，选该常压炉为辐射对流型圆筒炉。初底油从对流上部进入，在对流和辐射加热，从辐射顶部出加热炉。辐射段炉管采用上吊式结构，炉管自由向下膨胀。

参照表2.5.1，初定辐射段加热负荷，根据常规平均热强度，初定辐射段的面积、炉管长度、管径、程数等，然后进行传热计算。当烟气有效放热和介质吸热达到平衡时，校核介质入口温度和炉管平均辐射热强度，待其合适后，再进行对流段的传热计算。具体计算步骤、引用公式和结果见表2.9.4。

表2.9.4 辐射段计算

项目	符号	单位	计算公式及图表	数值
(1)辐射段热负荷	Q_R	kW	参考表2.5.1，取 $Q_R=Q\times75\%$	14250
(2)平均表面热强度	q_R	W/m²	参考表2.5.2，选取	32000
(3)辐射管表面积	A_R	m²	$A_R=Q_R/q_R$	445
(4)管径计算				
a)管程数	N		选取	2
b)管内质量流速	G_F	kg/(m²·s)	参考表2.5.5，选取	1200
c)管内介质流量	W_F	kg/h	已知	240000
d)管内径	d_i	m	式(2.5.5-1)	0.188

项目	符号	单位	计算公式及图表	数值
e)选用管子	$d \times \delta$	mm		$\phi219 \times 8.13$
f)实际管内质量流速	G'_F	kg/(m²·s)	$G'_F = \dfrac{W_F/3600}{\dfrac{\pi}{4} \cdot d_i^2 \cdot N}$	1033
(5)辐射段炉体尺寸				
a)炉管直段长度	L	m	初选	14
b)管心距	S	m	$S = 2d$	0.438
c)炉管有效长度	L_e	m	$L_e = L + \dfrac{\pi S}{2}$	14.688
d)炉管根数	n	根	式(2.5.6)	44.1
选取	n	根		44
e)炉膛高度计算				
急弯弯管高度	H_H	m	$H_H = S/2$	0.219
炉管膨胀量	αt_{max}	m/m	取$\alpha t_{max} = 0.01$[见式(2.5.7-2)]	0.01
炉管上下间隙	H'	m	上部弯头外表面与炉顶炉衬内壁取 1.5 倍炉管直径,下部热态下取 150mm	0.698
炉膛高度	H	m	$H = (L + 2H_H)(1 + \alpha t_{max}) + H'$	15.27
f)节圆直径	D'	m	式(2.5.7-3)	6140
g)炉膛净直径	D	m	$D = D' + 3d$	6798
h)辐射段高径比	L/D'			2.49
(6)对流段尺寸			对流段最下端为遮蔽段,采用 3 排光管	
a)炉管选用		mm		$\varphi168 \times 7.11$
b)介质质量流速	G'_F	kg/(m²·s)	$G'_F = \dfrac{W_F/3600}{\dfrac{\pi}{4} \cdot d_i^2 \cdot N}$	1794
c)管心距	S_c	mm		304
d)有效管长	L_c	m	使对流段炉管位于辐射炉膛内部,根据辐射段的炉膛内径大小,初取	6.9
e)每排管数	n_w	根	选取程数的整数倍	4
f)对流宽度	b	m	式(2.5.8-1)	1.368
g)光管处烟气流速	G_g	kg/(m²·s)	式(2.5.8-3)	1.75
(7)辐射管外壁平均温度				
a)介质入辐射段焓	I'	kJ/kg	$I' = I_2 - \dfrac{Q_R \times 3600}{W_{F1}}$	718

续表

项目	符号	单位	计算公式及图表	数值
b) 入辐射段温度	τ'	℃	根据软件模拟出的物性, 假定入辐射段时的介质压力为 650kPa, 用内插法得相应的温度和汽化率	312
c) 入辐射段汽化率		% (wt)		7.8
d) 管内介质平均温度	t_m	℃	$t_m = \dfrac{t_2 + \tau'}{2}$	339
e) 烟气与管内介质温度差	Δt	℃	在 30~50℃ 之间选取	50
f) 管外壁平均温度	t_w	℃	$t_w = t_m + \Delta t$	389
(8) 当量冷平面计算				
a) 有效吸收因数	α			
辐射炉管			由表 2.5.9 - 1, 对于单排单面辐射	0.883
遮蔽段			最下部第一排受高温烟气直接辐射热, 吸收因数取 1	
b) 总当量冷平面	$(\alpha A_{cp})_{总}$	m^2	按式 (2.5.9 - 10)	258.3
(9) 总辐射表面积	$A_{R总}$	m^2	$A_{R总} = 辐射 + 遮蔽管 = n\pi dLe + n_w \pi d_c L_c$	459
(10) 烟气平均辐射长度	L	m	由表 2.5.9 - 2, $L = D$	6.798
(11) 烟气辐射率				
a) H_2O 的体积分数	γ_{H_2O}		由表 2.9.3 - 1, 计算得	0.158
b) CO_2 体积分率	γ_{CO_2}		由表 2.9.3 - 1, 计算得	0.086
c) $H_2O + CO_2$ 体积分数	γ		$\gamma = \gamma_{H_2O} + \gamma_{CO_2}$	0.244
d) 烟气压力	p	atm		1
e) $H_2O + CO_2$ 分压	p_γ $p_\gamma L$	atm atm·m		0.244 1.66
f) 炉膛烟气平均温度	t_g	℃	假定	830 (819)
	T_g	K	$T_g = t_g + 273$	1103 (1092)
g) 烟气辐射率	ε_g		图 2.5.9 - 6	0.582 (0.585)
(12) 交换因数				
a) 炉膛总内表面积	$\sum F$	m^2	$\sum F = \pi DH + \dfrac{\pi}{4} D^2$	367
	$\dfrac{\sum F}{\alpha A_{cp}}$			1.42
	F_{RC}		按式 (2.5.9 - 14)	0.70

项目	符号	单位	计算公式及图表	数值
b)炉管表面辐射率	ε_f		选取	0.9
	ε_s		按式(2.5.9-13)	0.659(0.667)
c)交换因数	F		按式(2.5.9-12)	0.614(0.621)
(13)辐射段热平衡				
a)总供热	Q_{inR}	kJ/kg 燃料	$Q_{inR} = Q_L + Q_f + Q_{ap}$ 注意：供给辐射段的空气显热应是已经预热后的空气焓值 Q_{ap}，和计算热效率时的温度基准是不同的	47027
b)辐射段出口处烟焓	Q_{lR}	kJ/kg 燃料	表2.9.3-2	16217(15986)
c)辐射段炉壁散热损失	Q_{2R}	kJ/kg 燃料	$Q_{2R} = Q_L \times 1.0\%$	421
d)烟气放有效热	Q'_{eR}	kJ/kg 燃料	$Q'_{eR} = Q_{inR} - Q_{lR} - Q_{2R}$	30389(30620)
	Q'_R	kW	$Q'_R = Q'_{eR} \cdot B/3600$	14620(14732)
介质在辐射段吸热	Q_R	kW	根据式(2.5.10-4)，其中，取 $h_{Rc} = 17.4$	15209(14719)
热平衡			当辐射烟气出口温度 $T_g = 830℃$ 时，辐射段烟气有效放热量低于按传热计算的吸热量，说明假定的烟气温度较高，重新假定 $T_g = 819℃$，从表2.9.4中的第(7)项重新进行计算，见括号中数值	
(14)辐射段排烟温度	T_g	℃	经计算，当 $T_g = 819℃$ 时，辐射段烟气放有效热 14732kW，通过炉管管壁的吸热为 14719kW，二者数值相近，基本达到了平衡，可以认为 819℃ 为辐射段烟气出口温度	
(15)校核介质入辐射段温度				
a)入辐射焓	I'	kJ/kg	$I' = I_1 - \dfrac{Q_R \times 3600}{W_{F1}}$	720
b)入辐射温度	τ'	℃	由工艺拟合物性数据，内插得介质温度	312 (与前假定相同)
c)入辐射汽化率(质量分数)	e	%	7.8	
(16)辐射平均热强度	q_R	W/m²	$q_R = \dfrac{Q_R}{A_{R总}}$	32068

2.9.5 对流段计算

在对流段加热初底油，介质从对流上部进入，经对流加热后进入辐射段。为提高传热速率，节约投资，对流段上部采用扩面管，对流段最下部的三排炉管采用光管，亦称为遮蔽段。对流炉管采用正三角形的排列，与烟气流向垂直的管心距为304mm。

计算时根据烟气的流向由下往上，先计算遮蔽段光管部分，再计算扩面管段。炼厂加热炉常用的扩面管有等厚度翅片管和钉头管，本例题对两种扩面方式分别进行计算。

（1）光管段

遮蔽段受到烟气的高温辐射传热和对流传热，其中的高温烟气的直接辐射传热量已包括在辐射段传热计算中，本段只计算光管的对流传热。遮蔽段有3排光管，根据已有的管排面积，计算能传多少热量。炉壁散热损失取低热值的0.4%。具体计算步骤、所用公式和结果见表2.9.5-1。

表2.9.5-1　光管的对流传热计算

序号	项目	符号	单位	计算公式及图表	数值
1	介质流量	W_F	kg/h	已知	240000
2	介质出口温度	τ_{01}	℃	等于入辐射段温度τ'	312
3	介质出口热焓	I_{01}	kJ/kg	等于入辐射段热焓I'	720
4	介质在该段吸热	Q_{c1}	kW	假定	685
5	介质入该段热焓	I_{i1}	kJ/kg	$I_{01} - \dfrac{Q_{c1} \times 3600}{W_F}$	710
6	介质入该段温度	τ_{i1}	℃	查表2.9.3-3	310
7	燃料量	B	kg/h	已知	1732
8	烟气入口温度	t_p	℃	等于遮蔽段出口温度，即炉膛温度t_g	819
9	烟气入口焓值	I_p	kJ/kg 燃料	同辐射段出口烟焓Q_{1R}	15986
10	烟气散热损失	Q_{2c1}	kJ/kg 燃料	取0.2%Q_L	84
11	烟气出该段焓值	I_{01}	kJ/kg 燃料	$I_p - \dfrac{Q_{c1} \times 3600}{B} - Q_{2c1}$	14478
12	烟气出口温度	t_{o1}	℃	由表2.9.3-2	746
13	烟气对数平均温度	T_g	K	$\dfrac{t_p - t_{o1}}{\ln\left(\dfrac{t_p}{t_{o1}}\right)} + 273$	1055
14	烟气与初底油换热温差	Δt_1	℃	$t_p - \tau_{01}$	507
		Δt_2	℃	$t_{o1} - \tau_{i1}$	436
15	对数平均温差	Δt	℃	$\dfrac{\Delta t_1 - \Delta t_2}{\ln\dfrac{\Delta t_1}{\Delta t_2}}$	471
16	炉管外径	d_e	m	已知	0.168
17	炉管内径	d_i	m	已知	0.154
18	炉管管心距	S_e	m	已知	0.304

序号	项目	符号	单位	计算公式及图表	数值
19	炉管有效长度	L_c	m	已知	6.9
20	每排炉管根数	n_w	根	已知	4
21	炉管管程数	N		同辐射段	2
22	对流宽度	b	m	已知	1.368
23	管内介质流速	G_F	kg/(m² · s)	已知	1794
24	内膜传热系数	h_i^*	W/(m² · ℃)	$1.7\dfrac{G_F^{0.8}}{d_i^{0.2}}$ 式(2.6.4-3)	991
25	烟气流速	G_g	kg/(m² · s)	已知	1.75
26	管排校正系数	ψ			0.82
27	烟气对流传热系数	h_{oc}	W/(m² · ℃)	$1.10\psi\dfrac{(G_g^{0.667})(T_g)^{0.3}}{(d_c)^{0.333}}$ 式(2.6.4-6)	19.2
28	烟气辐射传热系数	h_{or}	W/(m² · ℃)	查图 2.6.4-1	16.9
29	光管总外膜传热系数	h_o	W/(m² · ℃)	$1.1(h_{oc}+h_{or})$ 式(2.6.4-11)	39.7
30	管外结垢热阻	ε_0	m² · ℃/W	选取	0.004
31	包括结垢热阻的外膜传热系数	h_o^*	W/(m² · ℃)	$\dfrac{1}{\dfrac{1}{h_o}+\varepsilon_o}$ 式(2.6.4-12)	34.3
32	总传热系数	K_c	W/(m² · ℃)	$\dfrac{h_o^* \cdot h_i^*}{h_o^*+h_i^*}$ 式(2.6.4-2)	33.2
33	三排光管传热面积	A_c	m²	$3\times n_w \cdot L_c \cdot \pi \cdot d_c$	43.68
34	介质吸热量	Q_{c1}'	kW	$K_c A_c \Delta t/1000$	683
35	热平衡			在烟气出该段温度 $t_{o1}=730$℃时，$Q_{c1}' \approx Q_{c1}$，即烟气有效放热和介质吸热基本达到了平衡	
36	对流管表面平均热强度	q_{c1}	W/m²	$\dfrac{Q_{c1}}{A_c}$	15682
37	最下面一排遮蔽管热强度	q_{ZR}	W/m²	$q_{c1}+q_R$	47750

(2)扩面管段

该段是计算需要多少排炉管才能把初底油从炉入口温度加热到遮蔽段入口的温度，即根据需要加热的传热量求取需要的传热面积。炉壁散热损失取低热值的 0.6%。如果采用翅片管，其具体计算步骤、所用公式和结果见表 2.9.5-2。如果采用钉头管，其具体计算步骤、所用公式和结果见表 2.9.5-3。

表 2.9.5-2 翅片管的对流传热计算

序号	项目	符号	单位	计算公式及图表	数值
1	介质流量	W_{Fj}	kg/h	已知	240000
2	介质入口温度	τ_{i2}	℃	已知	296
3	介质出口温度	τ_{o2}	℃	已知	310
4	介质热负荷	Q_{c2}	kW	$Q - Q_R - Q_{c1}$	3596
5	烟气流量	W_g	kg/h	已知	30268
6	烟气入口温度	t_{o2}	℃	已知	746
7	烟气出口温度	t_s	℃	已知	361
8	烟气对数平均温度	T_g	K	$\dfrac{t_{o2} - t_{s2}}{\ln\left(\dfrac{t_{o2}}{t_s}\right)} + 273$	803
9	烟气与介质换热温差	Δt_1	℃	$t_{i2} - \tau_{o2}$	436
		Δt_2	℃	$t_s - \tau_{i2}$	65
10	对数平均温差	Δt	℃	$\dfrac{\Delta t_1 - \Delta t_2}{\ln\dfrac{\Delta t_1}{\Delta t_2}}$	195
11	炉管外径	d_c	m	已知	0.168
12	炉管内径	d_i	m	已知	0.154
13	炉管管心距	S_c	m	已知	0.304
14	炉管有效长度	L_c	m	已知	6.9
15	每排炉管根数	n_w	根	已知	4
16	炉管管程数	N		同辐射段	2
17	对流宽度	b	m	已知	1.368
18	内膜传热系数	h_i^*	W/(m²·℃)	同光管	991
19	翅片厚度	y	m	选取	0.0013
20	翅片高度	x	m	选取	0.019
21	翅片纵向间距	d_p'''	m	选取	0.008
22	翅片管当量直径	d_e	m	$d_c + 2xy \cdot \dfrac{1}{d_p'''}$	0.174
23	烟气流通最小截面	S_{min}	m²	$L_c(b - n_w d_e)$	4.637
24	烟气最大流速	G_g	kg/(m²·s)	$\dfrac{W_g}{3600\,S_{min}}$	1.83
25	管排校正系数	ψ		假定管排数大于 10	1
26	烟气对流传热系数	h_{oc}	W/(m²·℃)	$1.10\psi\dfrac{(G_g^{0.667})(T_g)^{0.3}}{(d_c)^{0.333}}$	22.2
27	介膜结垢热阻	ε_o	m²·℃/W	选取	0.004

续表

序号	项目	符号	单位	计算公式及图表	数值
28	包括结垢热阻在内的外膜传热系数	h_{oc}^{*}	W/(m²·℃)	$\dfrac{1}{\dfrac{1}{h_{oc}}+\varepsilon_o}$	20.4
29	光管表面积	a_o	m²/m	πd_c	0.5275
30	翅片表面积	a_f	m²/m	$\dfrac{\pi}{4}\left[(d_c+2x)^2-d_c^2\right]\times 2/d_p'''$ 式(2.6.4-28)	2.78
31	翅片的导热系数	λ_f	W/(m·℃)	查表2.5.3-2	39.3
32	翅片特性			$x\sqrt{\dfrac{2h_{oc}}{\lambda_f y}}$	0.56
33	翅片效率	Ω_f		查图2.6.4-4	0.89
34	翅片管外膜传热系数	h_{fo}	W/(m²·℃)	$h_{oc}^{*}\cdot\dfrac{\Omega_f\cdot a_f+a_o}{a_o}$ 式(2.6.4-27)	116
35	总传热系数	K_c	W/(m²·℃)	$\dfrac{h_{fo}\cdot h_i^{*}}{h_{fo}+h_i^{*}}$	104
36	总传热面积	A_c	m²	$\dfrac{Q_{c2}}{K_c\cdot\Delta t}\times 1000$	177
37	每排管传热面积	A_N	m²	$n_w\cdot L_c\cdot\pi\cdot d_c$	14.6
38	翅片管排数	N_c	排	$\dfrac{A_c}{A_N}$	12.1,取12
39	对流管表面热强度	q_c	W/m²	$\dfrac{Q_{c2}}{N_c n_w\cdot L_c\cdot\pi\cdot d_c}$	20525

表2.9.5-3 钉头管的对流传热计算

序号	项目	符号	单位	计算公式及图表	数值
1	介质流量	W_{Fj}	kg/h	已知	240000
2	介质入口温度	τ_{i2}	℃	已知	296
3	介质出口温度	τ_{o2}	℃	已知	310
4	介质热负荷	Q_{c2}	kW	$Q-Q_R-Q_{c1}$	3596
5	烟气流量	W_g	kg/h		30268
6	烟气入口温度	t_{o2}	℃	已知	746
7	烟气出口温度	t_s	℃	已知	361
8	烟气对数平均温度	T_g	K	$\dfrac{t_{o2}-t_{s2}}{\ln\left(\dfrac{t_{o2}}{t_s}\right)}+273$	803
9	烟气与介质换热温差	Δt_1	℃	$t_{i2}-\tau_{o2}$	436

续表

序号	项目	符号	单位	计算公式及图表	数值
		Δt_2	℃	$t_s - \tau_{i2}$	65
10	对数平均温差	Δt	℃	$\dfrac{\Delta t_1 - \Delta t_2}{\ln \dfrac{\Delta t_1}{\Delta t_2}}$	195
11	炉管外径	d_c	m	已知	0.168
12	炉管内径	d_i	m	已知	0.154
13	炉管管心距	S_c	m	已知	0.304
14	炉管有效长度	L_c	m	已知	6.9
15	每排炉管根数	n_w	根	已知	4
16	炉管管程数	N		已知	2
17	对流宽度	b	m	已知	1.368
18	炉管管程数	N		选取	
19	内膜传热系数	h_i^*	W/(m²·℃)	同光管	991
20	钉头直径	d_s	m	选取	0.0127
21	钉头高度	h'	m	选取	0.0254
22	钉头纵向间距	d_p'''	m	选取	0.016
23	钉头周向个数	P_n		选取	16
24	钉头管当量直径	d_e	m	$d_c + 2h' \times d_s \times \dfrac{1}{d_p'''}$ 式(2.6.4.-14)	0.208
25	烟气流通最小截面	S_{min}	m²	$L_c(b - n_w d_e)$ 式(2.6.4.-15)	3.698
26	烟气最大流速	G_g	kg/(m²·s)	$\dfrac{W_g}{3600\,S_{min}}$	2.274
27	管排校正系数	ψ		假定管排数大于10	1
28	烟气对流传热系数	h_{oc}	W/(m²·℃)	$1.10\psi \dfrac{(G_g^{0.667})(T_g)^{0.3}}{(d_c)^{0.333}}$ 式(2.6.4-6)	25.6
29	钉头表面传热系数	h_s	W/(m²·℃)	$h_s = 1.10\dfrac{G_g^{0.667} T_g^{0.3}}{d_s^{0.333}}$ 式(2.6.4-13)	60.6
30	炉管外表面结垢热阻	ε_o	m²·℃/W	选取	0.004
31	包括结垢热阻在内的外膜传热系数	h_{oc}^*	W/(m²·℃)	$\dfrac{1}{\dfrac{1}{h_{oc}} + \varepsilon_o}$	23.2
32	包括结垢热阻在内的钉头表面传热系数	h_s^*	W/(m²·℃)	$\dfrac{1}{\dfrac{1}{h_s} + \varepsilon_o}$	48.8
33	每米光管外表面积	a_o	m²/m	πd_c	0.5275
34	每米钉头外表面积	a_s	m²/m	$\left(\pi \cdot d_s \cdot h' + \dfrac{\pi}{4}d_s^2\right) \cdot \dfrac{1}{d_p'''} \cdot P_n$ 式(2.6.4-22)	1.140

续表

序号	项目	符号	单位	计算公式及图表	数值
35	每米管长钉头外的光管外表面积	a_b	m^2/m	$a_o - \dfrac{\pi}{4}d_s^2 \cdot P_n \cdot \dfrac{1}{d_p'''}$　式$(2.6.4-23)$	0.4145
36	钉头周边长	L_s	m	πd_s	0.0399
37	钉头的断面积	a_x	m^2	$\dfrac{\pi d_s^2}{4}$	0.0001266
38	钉头的导热系数	λ_s	$W/(m \cdot \text{℃})$	查表 $2.5.3-2$	39.3
39	钉头特性	m		$\left(\dfrac{h_s L_s}{\lambda_s \cdot a_x}\right)^{0.5}$　式$(2.6.4-17)$	0.257
40	钉头效率	Ω_s		式$(2.6.4-16)$	0.91
41	钉头管外膜传热系数[注]	h_{so}	$W/(m^2 \cdot \text{℃})$	$\dfrac{h_s^* \Omega_s' \cdot a_s + h_{oc}^* a_b}{a_o}$　式$(2.6.4-19)$	114
42	总传热系数	K_c	$W/(m^2 \cdot \text{℃})$	$\dfrac{h_{so} \cdot h_i^*}{h_{so} + h_i^*}$	102
43	总传热面积	A_c	m^2	$\dfrac{Q_{c2}}{K_c \cdot \Delta t} \times 1000$	181
44	每排管传热面积	A_N	m^2	$n_w \cdot L_c \cdot \pi \cdot d_c$	14.6
45	对流管排数	N_c	排	$\dfrac{A_c}{A_N}$	12.4, 取 13
46	对流管表面热强度	q_c	W/m^2	$\dfrac{Q_{c2}}{N_c \cdot A_N}$	18946
采用加德纳公式$(2.6.4-26)$计算钉头管外膜传热系数					
39′	钉头特性	m		$m = \sqrt{\dfrac{4h_s}{\lambda_s \cdot d_s}}$　式$(2.6.4-17)$	22.0
40′	钉头效率	Ω_s'		查图 $2.6.4-3$	0.93
41′	钉头管外膜传热系数[注]	h_{so}	$W/(m^2 \cdot \text{℃})$	$h_{oc}^* \dfrac{\Omega_s' \cdot a_s + a_o}{a_o}$　式$(2.6.4-26)$	69.8
42′	总传热系数	K_c	$W/(m^2 \cdot \text{℃})$	$\dfrac{h_{so} \cdot h_i^*}{h_{so} + h_i^*}$	65.2
43′	总传热面积	A_c	m^2	$\dfrac{Q_{c2}}{K_c \cdot \Delta t} \times 1000$	283
44′	每排管传热面积	A_N	m^2	$n_w \cdot L_c \cdot \pi \cdot d_c$	14.6
45′	对流管排数	N_c	排	$\dfrac{A_c}{A_N}$	19.4

序号	项目	符号	单位	计算公式及图表	数值
	取	N_c	排		19
46′	对流管表面热强度	q_c	W/m²	$\dfrac{Q_{c2}}{N_c \cdot A_N}$	12963

注：采用式(2.6.4-19)和式(2.6.4-26)分别计算钉头管外膜传热系数，计算出的管排数相差较大，一种需要 13 排，一种需要 19 排。为证明这两个公式哪个更靠近实际，采用经过多年实践检验、比较切合实际的先进软件进行核算，其核算结果位于两个数值之间，即 16 排。

从表 2.9.5-2 和表 2.9.5-3 的计算结果可以看出，采用钉头管时，其需要的管排数远高于翅片管，考虑到燃料清洁性、投资和介质压降等原因，推荐本例题采用翅片管。

2.9.6　烟囱抽力计算

烟囱位于常压炉对流段上部，正常操作时，烟气用引风机抽到位于地面的预热器与空气换热，换热后再排入烟囱，此工况下的各种阻力由引风机提供。在引风机停用时，即空气预热器旁路时，对流顶部的烟气直接排入烟囱，此种工况下需要依靠烟囱的抽力把烟气排出。

此外，环保和安全对烟囱的高度及烟气出口流速还有要求，本节只对烟囱的抽力进行计算，环保和安全对烟囱的要求应根据具体项目采用的标准进行确定。

烟囱抽力计算所用数据、计算公式及计算结果见表 2.9.6。

表 2.9.6　烟囱的抽力计算

序号	项目	符号	单位	计算公式及图表	数值
	基础数据				
1	环境最高空气温度	T_a	K	给定	310
2	环境大气压	p_a	kPa	给定	101.13
3	烟气进对流段温度	T_p	K	已知	1092
4	烟气进翅片管温度	T_{o1}	K	已知	1014
5	烟气出对流段温度	T_S	K	已知	634
6	烟气量	W_g	kg/h	已知	30268
			kg/s		8.41
7	烟气标准条件下密度	ρ_{Ng}	kg/Nm³	已知	1.246
8	对流段炉管外径	d_c	m	已知	0.168
9	对流段炉管管心距	S_c	m	已知	0.304
10	对流段炉管有效长度	L_c	m	已知	6.9
11	每排炉管根数	n_w	根	已知	4
	I 对流段阻力				
	①光管管排阻力				

续表

序号	项目	符号	单位	计算公式及图表	数值
12	烟气通过的管排数	N_c	排	已知	3
13	炉管管壁之间的间隙	d_p	m	$S_c - d_c$	0.136
14	光管段烟气平均温度	T_g	K	$\dfrac{T_p + T_{ol}}{2}$	1053
15	烟气黏度	μ_g	cP	$0.0162 \times \left(\dfrac{T_g}{255.6}\right)^{0.691}$ 式(2.8.3-2)	0.0431
16	烟气平均密度	ρ_g	kg/m³	$\gamma_{Ng} \times \dfrac{273}{T}$	0.323
17	质量流速	G_g	kg/(m²·s)	已知	1.75
18	光管管排的总阻力	ΔH_{1b}	Pa	$\dfrac{G_g^2}{2.6\,\gamma_g} \cdot N_c \left(\dfrac{d_p G_g}{\mu_g}\right)^{-0.2}$	7.8
	②翅片管管排阻力				
19	翅片管排数	N_c	排	已知	12
20	翅片厚度	y	m	已知	0.0013
21	翅片高度	x	m	已知	0.0019
22	翅片纵向间距	d_p'''	m	已知	0.008
23	翅片管管心距	S_c	m	已知	0.304
24	翅片管排心距	S_b	m	已知	0.263
25	烟气通过翅片管管排的长度	L'	m	$L' = S_b \cdot N_c$　式(2.8.3-8)	3.156
26	每米长的净自由体积	V_f	m³/m	$S_c \times S_b - \dfrac{\pi d_c^2}{4} - \dfrac{\pi}{4}\left[(d_c + 2h')^2 - d_c^2\right] \times \dfrac{y}{d_p'''}$	0.0556
27	每米长摩擦表面积	F_f	m²/m	$\pi d_c + \dfrac{\pi}{4}\left[(d_c + 2h')^2 - d_c^2\right] \times \dfrac{2}{d_p'''}$	3.318
28	容积水力直径	D_v	m	$\dfrac{4 \times V_f}{F_f}$	0.0670
29	翅片管段烟气平均温度	T_g	K	$\dfrac{T_{ol} + T_s}{2}$	824
30	烟气黏度	μ_g	cP	$0.0162 \times \left(\dfrac{T_g}{255.6}\right)^{0.691}$　式(2.8.3-2)	0.0364
31	烟气平均密度	ρ_g	kg/m³	$\rho_{Ng} \times \dfrac{273}{T}$	0.413
32	烟气最大流速	G_g	kg/(m²·s)	已知	1.83

序号	项目	符号	单位	计算公式及图表	数值
33	雷诺数	Re		$1000\dfrac{D_v \cdot G_g}{\mu_g}$ 式(2.8.3－14)	3368
34	翅片管摩擦系数	f'		由图2.8.3－3查得	0.63
35	通过翅片管排的总阻力	ΔH_{1f}	Pa	$0.51f'\left(\dfrac{G_g^2}{D_v\rho_g\cdot g}\right)L'\left(\dfrac{D_v}{S_c}\right)^{0.4}$ 式(2.8.3－9)	66.9
	③对流段烟气产生的抽力				
36	对流段高度	H_c	m	6	
37	对流段烟气平均温度	T_{mc}	K	$\dfrac{T_p + T_s}{2}$	863
38	对流段烟气产生的抽力	$\Delta H_1'$	Pa	$1.2H_c p_a\left(\dfrac{29}{T_a} - \dfrac{M_g}{T_{mc}}\right)$ 式(2.8.3－19)	44.6
39	④对流段产生的净阻力	ΔH_1	Pa	$\Delta H_{1b} + \Delta H_{1f} - \Delta H_1'$ 式(2.8.3－15)	30.1
	Ⅱ辐射至对流局部阻力				
40	辐射段截面积	A_1	m^2	已知	36.2
41	对流段光管截面积	A_2	m^2	$L_c(b - n_w d_c)$	4.80
42	截面积之比	A_2/A_1			0.13
43	局部阻力系数	ξ		按照截面突然收缩，查图6.6.4－1	0.32
44	对流光管段的烟气流速	G_g	kg/($m^2\cdot$s)	$\dfrac{W_g}{3600A_2}$	1.75
45	烟气进对流段密度	ρ_g	kg/m^3	$\rho_{Ng}\times\dfrac{273}{T_p}$	0.311
46	辐射进对流段局部阻力	ΔH_2	Pa	$0.51\xi G_g^2/\rho_g\cdot g$ 式(6.6.4－4)	1.6
	Ⅲ对流段至尾部烟道局部阻力			烟气从翅片管段进尾部烟道面积突然放大	
47	尾部烟道截面积	A_3	m^2	$L_c b$	10.8
48	翅片管内流通最小截面积	S_{min}	m^2	已知	4.637
49	翅片管段与尾部烟道流通面积比	$\dfrac{S_{min}}{A_3}$			0.43
50	局部阻力系数	ξ		按照截面突然放大，查图6.6.4－1	0.347
51	翅片段的烟气流速	G_{gs}	kg/($m^2\cdot$s)		1.83
52	尾部烟道处烟气密度	ρ_g	kg/m^3	$\rho_{Ng}\times\dfrac{273}{T_s}$	0.537

续表

序号	项目	符号	单位	计算公式及图表	数值
53	烟气进尾部烟道时局部阻力	ΔH_3	Pa	$0.51 \times \xi G_g{}^2 / \rho_g \cdot g$ 式(6.6.4-4)	1.1
	Ⅳ尾部烟道至烟囱局部阻力			烟气从尾部烟道进入烟囱时面积突然缩小	
54	尾部烟道截面积	A_3	m^2	$L_c b$	10.8
55	烟囱内径	D_{si}	m	选取	1.6
56	烟囱截面积	A_4	m^2	$\dfrac{\pi d_{di}^2}{4}$	2.01
57	烟囱与尾部烟道截面积之比	A_4/A_3			0.19
58	局部阻力系数			按照截面突然收缩，查图6.6.4-1	0.32
59	烟囱内的烟气流速	G_{gs}	kg/(m²·s)	$\dfrac{W_g}{3600A_4}$	4.18
60	烟气进烟囱密度	ρ_g	kg/m³	$\rho_{Ng} \times \dfrac{273}{T_s}$	0.537
61	烟气进烟囱时局部阻力	ΔH_4	Pa	$0.51 \times \xi G_g{}^2 / \rho_g \cdot g$ 式(6.6.4-4)	5.3
	Ⅴ烟囱挡板处局部阻力			按照挡板开度50%（流通面积50%）	
62	烟囱挡板开度		%	选取	50
63	挡板阻力系数	ξ		查表6.6.4-2	4
64	烟囱挡板处阻力	ΔH_5	Pa	$0.51 \times \xi G_g{}^2 / \rho_g \cdot g$ 式(6.6.4-4)	85.7
	Ⅵ烟囱中的摩擦损失				
65	烟囱高度	H_s'	m	假设	30
66	烟囱内烟平均温度	T_m	K	假定温降为0.8℃/m	622
67	烟气平均黏度	μ_g	cP	$0.0162 \times \left(\dfrac{T_g}{255.6}\right)^{0.691}$ 式(2.8.3-2)	0.030
68	雷诺数	Re		$1000 \dfrac{D_{si} \cdot G_g}{\mu_g}$	222933
69	摩擦系数	f		内衬为轻质浇注料，按相对粗糙度为0.003，查图2.7.2-1	0.028
70	烟气平均密度	ρ_g	kg/m³	$\rho_{Ng} \times \dfrac{273}{T_m}$	0.545
71	烟囱中的摩擦损失	ΔH_6	Pa	$0.51 f G_g^2 \dfrac{H_3'}{\rho_g \cdot D_s}$ 式(2.8.5-1)	8.6
	Ⅶ烟囱中的动能损失				
72	烟囱出口处温度	T_{so}	K		610

续表

序号	项目	符号	单位	计算公式及图表	数值
73	烟气密度	ρ_g	kg/m³	$\rho_{Ng} \times \dfrac{273}{T_{so}}$	0.558
74	烟囱中的动能损失	ΔH_7	Pa	$0.51\dfrac{G_g^2}{\rho_g \cdot g}$ 式(2.8.6)	16.0
75	烟囱需克服的总阻力	ΔH_s	Pa	$\sum\limits_{i=7} \Delta H_i + 25$	154.1
76	满足抽力的烟囱最小高度	H_s	m	$\dfrac{\Delta H_s}{1.2\,p_a\left(\dfrac{29}{T_a} - \dfrac{M_g}{T_m}\right)}$ 式(2.8.8)	26.0

经过以上计算，得知烟囱高度选用30m是能满足抽力需要的。

参考文献

[1]翟国华，李锐，李出和，等．延迟焦化工艺与工程[M]．2版．北京：中国石化出版社，2018．

[2]冯俊凯，沈幼庭，杨瑞昌．锅炉原理与计算[M]．3版．北京：科学出版社，2003．

[3]钱家麟．管式加热炉[M]．2版．北京：中国石化出版社，2003．

[4]API RP 535—2014，Burners for Fired Heaters in General Refinery Services[S]．

[5]SH/T 3036—2012，一般炼油装置用火焰加热炉[S]．

[6]SH/T 3045—2003，石油化工管式炉热效率设计计算[S]．

[7]曹家牲．翅片管翅片温度分布及翅顶温度的计算[J]．余热锅炉，1991(3)：34－36，33．

第3章 炉管系统

3.1 概述

加热炉的炉管系统指加热炉设计范围内的受压元件和炉管支承件。受压元件包括水平、竖直或螺旋状的单根炉管,有光管和扩面管;连接单根炉管的急弯弯管、铸造回弯头和集合管等。

加热炉炉管管内为高温、高压介质,介质可能含有硫化物、环烷酸、氯化物等腐蚀物质。管外部承受火焰的直接辐射和烟气的冲刷,对于超高温炉管还存在渗碳引起材料脆化的问题,所以炉管的操作条件十分苛刻。因此加热炉炉管的材质应根据介质的特性和操作条件适当选用,并根据管壁温度和承压情况计算炉管壁厚。

所有的炉管应是无缝钢管。一般不允许采用环焊缝拼接到要求的长度。如需拼接,焊缝的位置应由买方同意。焊缝不得采用闪光焊。炉管的平均壁厚应符合相应的偏差规定,以确保所需的最小壁厚。

急弯弯管的设计应力应不高于 SH/T 3037—2016《炼油厂加热炉炉管壁厚计算》或 API STANDARD 530—2019 *Calculation of Heater – tube Thickness in Petroleum Refineries* 中同类材料的许用应力。如是铸造材料应乘以铸造系数,铸造系数应按 ISO 15649 *Petroleum and natural gas industries—Piping*,或按 ASME B31.3—2020 *Process Piping* 确定。

急弯弯管的材质应与相连的炉管相同。

根据用途和操作条件来确定炉管间连接是采用焊接急弯弯管还是采用铸造堵头式回弯头。如要求对炉管进行机械清焦或清污,应选用双孔的堵头式回弯头,如只对炉管进行检测和排污,可选用单孔堵头式回弯头。

以下条件宜采用急弯弯管:

a)介质干净,炉管结焦或结垢的可能性很小;

b)泄漏后有危险;

c)炉管采用蒸汽–空气烧焦;

d)当机械清管器作为指定的清焦方法时。

堵头式回弯头应放置在弯头箱内,其设计压力与所连接的炉管相同,设计温度应为该处介质的最高操作温度至少再加上 30℃。

炉内的急弯弯管,其设计压力和温度应与所连接的炉管相同。弯头箱内的急弯弯管,其设计压力与所相连的炉管相同,设计温度应等于该处介质的最高操作温度至少再加上 30℃。急弯弯管的壁厚至少与所连接的炉管壁厚相同。

3.2 材料的选择

选择炉管材料时应考虑其可靠性和经济性。

当遮蔽管和辐射管加热同一种介质时,直接受火焰辐射的遮蔽管应采用与其相连的辐射管同样的材质。

当对流至辐射间的转油线在炉膛外部时,可采用与其前段炉管相同的材质;当转油线位于炉膛内部时,应采用与辐射炉管相同的材质。

常用炉管的材料类别、国内标准牌号和 ASTM 标准牌号见表 3.2 – 1。

国内管式炉急弯弯管加工常用材料见表 3.2 – 2,铸造堵头式回弯头和锻制、轧制急弯弯管的常用国外制造标准见表 3.2 – 3。

炉管材料的极限设计金属温度、抗氧化极限温度和临界下限温度、最高使用温度见表 3.2 – 4。其中最高使用温度仅作为参考,具体使用温度应根据使用情况和设计寿命确定。

炼油装置加热炉炉管推荐用材见表 3.2 – 5。

炉管扩面部分的材质应根据算出的最高顶部温度按表 3.2 – 6 选取。

表 3.2 – 1 常用炉管材料及其标准

材料类别	国内标准	ASTM 标准 Pipe 管	ASTM 标准 Tube 管
碳钢	GB 9948 10 20	A53、A106 Gr. B	A210 Gr. A – 1
碳钢 – $\frac{1}{2}$Mo		A335 Gr. P1	A209 Gr. T1
$1\frac{1}{4}$Cr – $\frac{1}{2}$Mo	12Cr1Mo	A335 Gr. P11	A213 Gr. T11
$2\frac{1}{4}$Cr – 1Mo	12Cr2Mo	A335 Gr. P22	A213 Gr. T22
3Cr – 1Mo		A335 Gr. P21	A213 Gr. T21
5Cr – $\frac{1}{2}$Mo	12Cr5MoI 12Cr5MoNT	A335 Gr. P5	A213 Gr. T5
5Cr – $\frac{1}{2}$Mo – Si		A335 Gr. P5b	A213 Gr. T5b
9Cr – 1Mo	12Cr9MoI 12Cr9MoNT	A335 Gr. P9	A213 Gr. T9
9Cr – 1Mo – V		A335 Gr. P91	A213 Gr. T91
18Cr – 8Ni	07Cr19Ni10	A312、A376 TP304、TP304H	A213 TP304、TP304H
16Cr – 12Ni – 2Mo	022Cr17Ni12Mo2	A312、A376 TP316、TP316H 和 TP316L	A213 TP316、TP316H 和TP316L
18Cr – 10Ni – 3Mo		A312 TP317 和 TP317L	A213 TP317 和 TP317L
18Cr – 10Ni – Ti	07Cr19Ni11Ti	A312、A376 TP321 和 TP321H	A213 TP321 和 TP321H
18Cr – 10Ni – Nb	07Cr18Ni11Nb	A312、A376 TP347 和 TP347H	A213 TP347 和 TP347H
镍合金 800H/800HT[a]		B407	B407
25Cr – 20Ni		A608 GrHK 40	A213 TP310H

注:[a]最小晶粒规格为 ASTM #5 或更粗。

表 3.2-2　急弯弯管常用材料及相关标准

钢类	材料公称成分	国产材料		ASTM 材料	
		材料牌号	相关标准	材料牌号	相关标准
碳钢		10	GB/T 9948		
		20 20G	GB/T 9948 GB/T 5310		
				Gr. B	A106
合金钢	$\frac{1}{2}$Cr–$\frac{1}{2}$Mo	12CrMo 12CrMoG	GB/T 9948 GB/T 5310	T2 P2	A213 A335
	1Cr–$\frac{1}{2}$Mo	15CrMo 15CrMoG	GB/T 9948 GB/T 5310	T12 P12	A213 A335
	1$\frac{1}{4}$Cr–$\frac{1}{2}$Mo	12Cr1Mo	GB/T 9948	T11 P11	A213 A335
	1$\frac{1}{4}$Cr–$\frac{1}{2}$Mo–V	12Cr1MoV 12Cr1MoVG	GB/T 9948 GB/T 5310		
	2$\frac{1}{4}$Cr–1Mo	12Cr2Mo 12Cr2MoG	GB/T 9948 GB/T 5310	T22 P22	A213 A335
	5Cr–$\frac{1}{2}$Mo	12Cr5MoI 或 12Cr5MoNT	GB/T 9948	T5 P5	A213 A335
	9Cr–1Mo	12Cr9MoI 或 12Cr9MoNT	GB/T 9948	T9 P9	A213 A335
	9Cr–1Mo–V			T91 P91	A213 A335
不锈钢	19Cr–10Ni （低碳）	022Cr19Ni10		TP304L	A213、 A312 或 A376
	19Cr–10Ni	06Cr19Ni10		TP304	A213、 A312 或 A376
	19Cr–10Ni （高碳）	07Cr19Ni10	GB/T 9948 或 GB/T 5310	TP304H	A213、 A312 或 A376
	18Cr–11Ni–Ti	06Cr18Ni11Ti	GB/T 33167	TP321	A213、 A312 或 A376
	19Cr–11Ni–Ti （高碳）	07Cr19Ni11Ti	GB/T 9948、 GB/T 5310 或 GB/T 33167	TP321H	A213、 A312 或 A376
	18Cr–11Ni–Nb	06Cr18Ni11Nb	GB/T 33167	TP347	A213、 A312 或 A376
	18Cr–11Ni–Nb （高碳）	07Cr18Ni11Nb	GB/T 9948、 GB/T 5310 或 GB/T 33167	TP347H	A213、 A312 或 A376
	17Cr–12Ni–2Mo （低碳）	022Cr17Ni12Mo2	GB/T 9948 或 GB/T 33167	TP316L	A213 或 A312
	17Cr–12Ni–2Mo	06Cr17Ni12Mo2		TP316	A213、 A312 或 A376
	19Cr–13Ni–3Mo （低碳）	022Cr19Ni13Mo3	GB/T 33167	TP317L	A213 或 A312
	19Cr–13Ni–3Mo	06Cr19Ni13Mo3		TP317	A213 或 A312
				UNS N08810	B407
				UNS N08811	B407

表 3.2-3 堵头式回弯头和急弯弯管的常用国外制造标准

材料	ASTM 规范		
	锻件	轧制或冷拔件	铸件
碳钢	A 105	A 234 WPB	A 216 WCB
	A 181，60 或 70 级		
C – ½Mo	A 182 F1	A 234 WP1	A 217 WC1
1 ¼Cr – ½Mo	A 182 F11	A 234 WP11	A 217 WC6
2 ¼Cr – 1Mo	A 182 F22	A 234 WP22	A 217 WC9
3Cr – 1Mo	A 182 F21	—	—
5Cr – ½Mo	A 182 F5	A 234 WP5	A 217 C5
9Cr – 1Mo	A 182 F9	A 234 WP9	A 217 C12
9Cr – 1Mo – V	A 182 F91	A 234 WP91	A 217 C12A
18Cr – 8Ni Type 304	A 182 F304	A 403 WP304	A 351 CF8
18Cr – 8Ni Type 304H	A 182 F304H	A 403 WP304H	A 351 CF8
18Cr – 8Ni Type 304L	A 182 F304L	A 403 WP304L	A 351 CF8
16Cr – 12Ni – 2Mo Type 316	A 182 F316	A 403 WP316	A 351 CF8M
16Cr – 12Ni – 2Mo Type 316H	A 182 F316H	A 403 WP316H	A 351 CF8M
16Cr – 12Ni – 2Mo Type 316L	A 182 F316L	A 403 WP316L	A 351 CF3M
18Cr – 10Ni – 3Mo Type 317	A 182 F317	A 403 WP317	—
18Cr – 10Ni – 3Mo Type 317L	A 182 F317L	A 403 WP317L	—
18Cr – 10Ni – Ti Type 321	A 182 F321	A 403 WP321	—
18Cr – 10Ni – Ti Type 321H	A 182 F321H	A 403 WP321H	—
18Cr – 10Ni – Nb Type 347	A 182 F347	A 403 WP347	A 351 CF8C
18Cr – 10Ni – Nb Type 347H	A 182 F347H	A 403 WP347H	A 351 CF8C
Nickel alloy 800H/800[a]	B564	B366	A 351 CT – 15C
25Cr – 20Ni	A 182 F310	A 403 WP310	A 351 CK – 20 A 351 HK 40

[a] 最小晶粒规格为 ASTM #5 或更粗。

表 3.2-4 炉管材料的各种温度限制

炉管材质	极限设计金属温度[a]/℃	临界下限温度[b]/℃	抗氧化极限温度[c]/℃	最高使用温度/℃（参考值）
碳钢	540	720	565	450
1¼Cr – ½Mo	650	775	590	550
2¼Cr – 1Mo	650	805	635	600
5Cr – ½Mo	650	820	650	600
9Cr – 1Mo	705	825	705	650
18Cr – 8Ni（304 或 304H）	815	—	850 ~ 900	815
18Cr – 8Ni（304L）	593[d]	—		
16Cr – 12Ni – 2Mo（316 或 316H）	815	—	850 ~ 900	815
16Cr – 12Ni – 2Mo（316L）	593[d]	—		815

续表

炉管材质	极限设计金属温度[a]/℃	临界下限温度[b]/℃	抗氧化极限温度[c]/℃	最高使用温度/℃（参考值）
18Cr – 12Ni – 3Mo(317L)	593[d]			
18Cr – 10Ni – Ti(321 或 321H)	815	—	850 ~ 900	815
18Cr – 10Ni – Nb(347 或 347H)	815	—	850 ~ 900	815
18Cr – 10Ni – Nb(347LN)	593			
25Cr – 20Ni(HK40)	1010	—	1050 ~ 1100	1000
Ni – Te – Cr(Alloy 800)	815	—	—	
Ni – Te – Cr(Alloy 800H)	900			
Ni – Te – Cr(Alloy 800HT)	1010			

注：[a] 极限设计金属温度是蠕变 – 断裂强度可靠值的上限，对于操作温度很高，而内压很低且达不到断裂强度控制设计范围的炉管，可按此温度选材，该系列数据来源于 API 530 – 2019。
　　[b] 短期操作，如蒸汽 – 空气烧焦或再生期间，可允许炉管在低于临界下限 30℃ 的高温下操作，在较高温度下操作时会导致合金显微结构的变化。
　　[c] 抗氧化极限温度是指金属氧化速率急剧上升开始时的温度。
　　[d] 对于由断裂设计或蠕变控制的设计，最高温度应限制在 593℃。

表 3.2 – 5　炼油装置加热炉炉管推荐用材

加热炉名称	介质种类[a]		炉管系统材质
常压炉	低硫低酸原油		碳钢，1Cr5Mo
	高硫低酸原油	对流	碳钢(管壁温度 <240℃)/1Cr5Mo
		辐射	1Cr5Mo/1Cr9Mo
	低硫高酸原油 高硫高酸原油	对流	1Cr5Mo，06Cr18Ni10Ti
		辐射	022Cr17Ni12Mo2[b]
减压炉	低硫低酸原油		碳钢，1Cr5Mo
	高硫低酸原油	辐射	1Cr9Mo/06Cr18Ni10Ti
		对流	1Cr5Mo
	低硫高酸原料 高硫高酸原油	对流	06Cr18Ni10Ti
		辐射	022Cr17Ni12Mo2[b]
焦化炉	低硫低酸原料		碳钢，1Cr5Mo，1Cr9Mo
	高硫低酸原料		碳钢，1Cr5Mo，1Cr9Mo
	低硫高酸原料 高硫高酸原料	对流	1Cr5Mo 和/或 06Cr18Ni10Ti
		辐射	1Cr9Mo、06Cr18Ni10Ti 和/或 022Cr17Ni12Mo2[b]
加氢裂化反应进料炉			TP321H 或 TP347H
加氢裂化分馏塔进料炉			碳钢，1Cr5Mo[c]
加氢精制反应进料炉	高硫低酸原料		TP321H 或 TP347H
	高硫高酸原料		TP316H 或 TP321H 或 TP347H

加热炉名称	介质种类[a]	炉管系统材质
加氢精制分馏塔进料炉[b]		碳钢，1Cr5Mo[c]

注：[a]低硫低酸：总硫含量(质量分数)小于 1.0%，按 GB 264—1983 规定的方法测定的原油酸值小于 0.5mg KOH/g 的原油。

高硫低酸：总硫含量(质量分数)大于或等于 1.0%，按 GB 264—1983 规定的方法测定的原油酸值小于 0.5mg KOH/g 的原油。

高硫高酸：总硫含量(质量分数)大于或等于 1.0%，按 GB 264—1983 规定的方法测定的原油酸值大于或等于 0.5mg KOH/g 的原油。

低硫高酸：按 GB 264—1983 规定的方法测定的原油酸值大于或等于 0.5mg KOH/g，总硫含量(质量分数)小于 1.0% 的原油。

[b]流速大于或等于 30m/s 的常压炉或减压炉或焦化炉炉管采用 022Cr17Ni12Mo2 时，材料中的钼含量应不小于 2.5%，或采用 022CR19Ni13Mo3。

[c]根据装置的具体工艺流程和实际生产情况，也可选用 06Cr18Ni10Ti。

表3.2-6 炉管扩面部分材质

材质	钉头材料牌号	翅片材料牌号	钉头顶部最高温度/℃	翅片顶部最高温度/℃
碳钢	10	08F	510	454
$2\frac{1}{4}$Cr-1Mo，5Cr-$\frac{1}{2}$Mo			593	—
11Cr 至 13Cr		06Cr13	649	593
18Cr-8Ni 不锈钢		06Cr19Ni10	815	815
25Cr-20Ni 不锈钢		06Cr25Ni20	982	982

3.3 厚度计算

3.3.1 概述

炉管壁厚计算国内外采用的通用标准是 API RP530，国内行业标准 SH/T 3037 是修改采用的 API RP530，在石化行业得到了广泛的应用。本节只论述其要点，对设计计算时应注意问题、关键数据的选用进行了叙述。对其许用应力数据或曲线及其公式的推导没有摘入。

在较高温度下工作的钢材，应力低于屈服强度也会发生蠕变或永久变形。甚至在腐蚀或氧化还未起到作用时，管子最终也会由于蠕变断裂而失效。在较低温度下工作的钢材，蠕变效果不存在或可忽略，除非超过设计压力或存在腐蚀、氧化作用使管子减薄，造成应力超过许用值，否则管子将可长期使用下去。

因为在高、低两种温度下材料的性能有根本区别，所以炉管有两种不同的设计方法，即"弹性设计"和"蠕变-断裂设计"。弹性设计是在较低温度下的弹性范围内的设计，其许用应力是根据屈服强度确定的。蠕变-断裂设计(以下简称"断裂设计")是在较高温度下的蠕变-断裂范围内的设计，其许用应力是根据断裂强度确定的。

区分炉管弹性范围和蠕变-断裂范围的温度不是单一的数值，而是根据合金确定的一个温度范围。对碳钢，该温度范围的下限约为 425℃。对 347 型不锈钢，该温度范围的下限约为590℃。例如，重整加热炉的 P9 炉管和制氢转化炉的离心浇铸炉管，都是断裂设计。加氢装置的反应进料加热炉，大都采用 TP347/TP347H，基本是弹性设计。

在接近或高于弹性许用应力和断裂许用应力曲线交叉点的温度范围内，应使用弹性设计和断裂设计两种计算公式，选厚度计算的较大值作为设计值采用。

3.3.2 设计条件

(1) 设计压力

弹性范围内采用弹性设计压力，弹性设计压力是加热炉盘管短期内可能承受的最高压力。典型的是数小时，也可能是数天。该压力通常与安全阀定压、泵的最大压力等有关。

断裂范围内采用断裂设计压力，断裂设计压力是炉管在正常操作期间的最高操作压力。断裂设计压力总是小于弹性设计压力。断裂设计压力是一个能相对均匀地保持数年的长期荷载条件。

(2) 设计金属温度

用于设计的炉管金属温度或管壁温度。弹性设计时，为整个操作期间最高计算管子金属温度加温度裕量；断裂设计时，为最高管子温度加温度裕量，或当量管子金属温度加温度裕量。

当量管子金属温度是在给定时间内，与呈线性变化的金属温度产生相同蠕变破坏的计算的恒定金属温度。

如果没有特别要求，设计金属温度采用最高金属温度。如果采用当量温度概念，应知道操作初期和操作末期的操作条件。

(3) 腐蚀裕量

腐蚀裕量是在受压元件的设计寿命期间，因考虑材料损失而增加的材料厚度。腐蚀裕量是根据设计使用寿命、腐蚀速率确定的。

各种钢在高温硫中的腐蚀速率与温度的关系及腐蚀速率系数见图 3.3.2 - 1。以管内介质中总硫的含量和炉管内膜温度为参数，按图 3.3.2 - 1 估算材料的腐蚀速率。

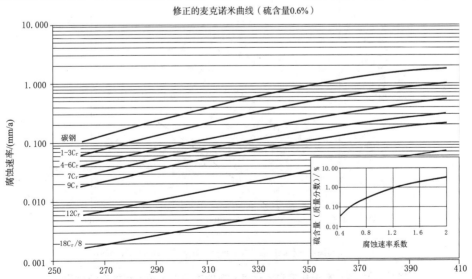

图 3.3.2 - 1　各种钢在高温硫中的腐蚀速率与温度的关系及腐蚀速率系数

高温氢气和硫化氢共存时油品中各种钢材的腐蚀曲线见图 3.3.2 - 2。图中主要列出了常用的几种炉管材料，即碳钢、1.25Cr 钢、2.25Cr 钢、5Cr 钢、7Cr 钢、9Cr 钢、12Cr 钢和 18Cr 钢在石脑油和瓦斯油中的腐蚀曲线。

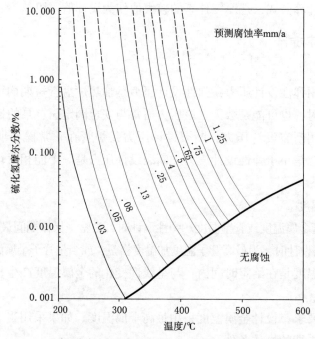

(a)高温氢气和硫化氢共存时油品中碳钢的腐蚀曲线(石脑油)

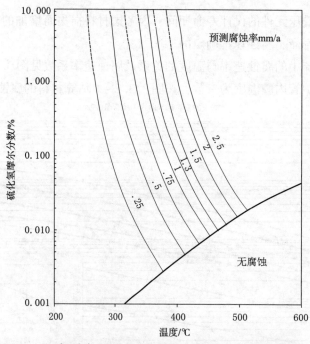

(b)高温氢气和硫化氢共存时油品中碳钢的腐蚀曲线(瓦斯油)

图 3.3.2 - 2 高温氢气和硫化氢共存时油品中各种钢材的腐蚀曲线

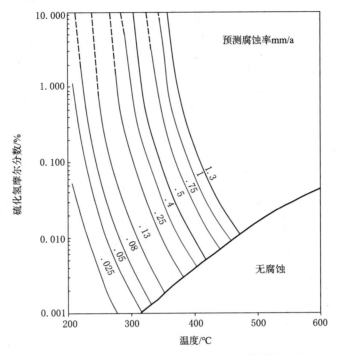

(c)高温氢气和硫化氢共存时油品中1.25Cr钢的腐蚀曲线(石脑油)

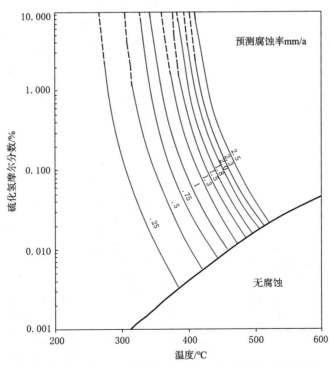

(d)高温氢气和硫化氢共存时油品中1.25Cr钢的腐蚀曲线(瓦斯油)

图 3.3.2 −2　高温氢气和硫化氢共存时油品中各种钢材的腐蚀曲线(续)

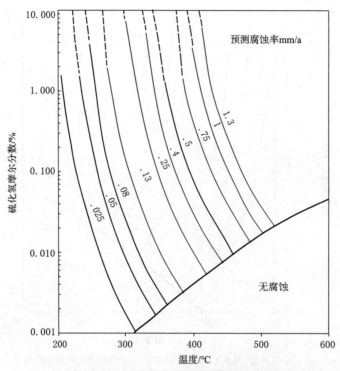

(e)高温氢气和硫化氢共存时油品中2.25Cr钢的腐蚀曲线(石脑油)

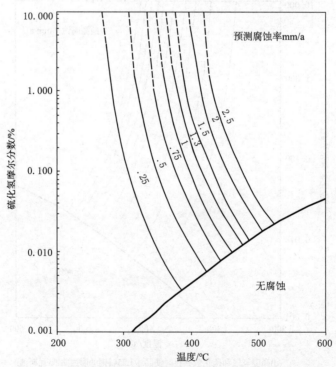

(f)高温氢气和硫化氢共存时油品中2.25Cr钢的腐蚀曲线(瓦斯油)

图3.3.2-2　高温氢气和硫化氢共存时油品中各种钢材的腐蚀曲线(续)

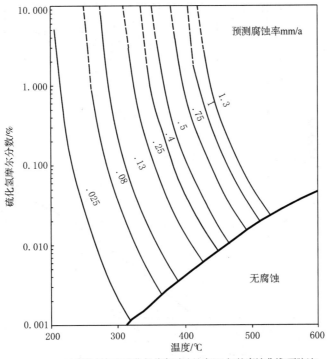

(g)高温氢气和硫化氢共存时油品中5Cr钢的腐蚀曲线(石脑油)

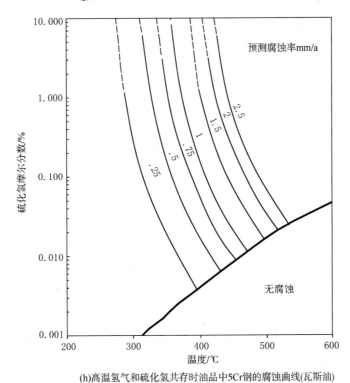

(h)高温氢气和硫化氢共存时油品中5Cr钢的腐蚀曲线(瓦斯油)

图 3.3.2−2　高温氢气和硫化氢共存时油品中各种钢材的腐蚀曲线(续)

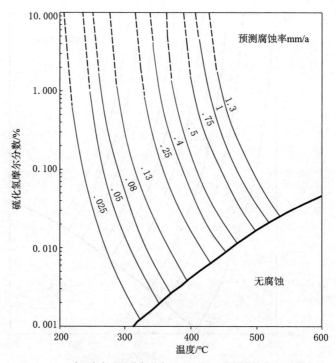

(i)高温氢气和硫化氢共存时油品中7Cr钢的腐蚀曲线(石脑油)

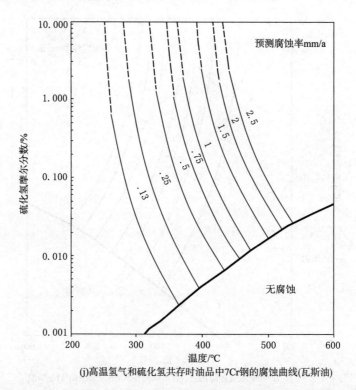

(j)高温氢气和硫化氢共存时油品中7Cr钢的腐蚀曲线(瓦斯油)

图3.3.2-2　高温氢气和硫化氢共存时油品中各种钢材的腐蚀曲线(续)

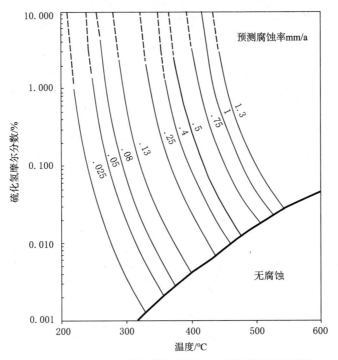

(k)高温氢气和硫化氢共存时油品中9Cr钢的腐蚀曲线(石脑油)

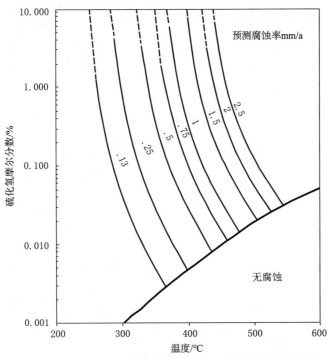

(l)高温氢气和硫化氢共存时油品中9Cr钢的腐蚀曲线(瓦斯油)

图 3.3.2 -2　高温氢气和硫化氢共存时油品中各种钢材的腐蚀曲线(续)

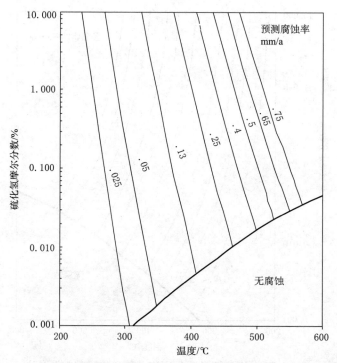

(m)高温氢气和硫化氢共存时油品中12Cr钢的腐蚀曲线(石脑油、瓦斯油)

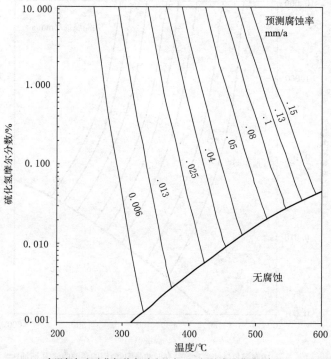

(n)高温氢气和硫化氢共存时油品中18Cr钢的腐蚀曲线(石脑油、瓦斯油)

图3.3.2－2 高温氢气和硫化氢共存时油品中各种钢材的腐蚀曲线(续)

计算腐蚀裕量时应考虑管内介质的流速、流态及相变等因素对材料腐蚀速率的影响。当计算的腐蚀裕量大于 4.0mm 时应进行综合经济评价，以确定是否进行材料升级，选用耐蚀性更好的材料。

计算腐蚀裕量时应以正常操作条件下管内介质中的含硫量和酸值为依据，并考虑最苛刻操作条件下可能达到最大含硫量与最高酸值组合时对炉管造成的腐蚀。

对于没有明确管内介质腐蚀情况的炉管，按照国内外标准，在计算炉管厚度时采用的最小腐蚀裕量如下：

a) 碳钢，$C - \frac{1}{2} Mo$：3.0 mm；

b) 低合金钢，$9Cr - 1Mo$：2.0 mm；

c) 高于 $9Cr - 1Mo$ 奥氏体钢：1.0 mm。

(4) 设计寿命

如果没有特别要求，炼油装置加热炉炉管的设计寿命为 $10 \times 10^4 h$。制氢转化炉、乙烯裂解炉有时专门指定。

(5) 温度裕量

温度裕量是设计金属温度的一部分。温度裕量加上计算得出的最高管子金属温度或当量管子金属温度，可得出设计金属温度。温度裕量是考虑了工艺流体或烟气的不均匀分配、操作中的未知因素及设计不确定因素等。

(6) 腐蚀分数

在蠕变 - 断裂范围设计炉管时考虑了由腐蚀裕量引起的应力减小的影响，为了计算该影响采用了腐蚀分数的概念，该腐蚀分数的推导见参考文献[1]或参考文献[6]。如果采用保守设计，可选取腐蚀分数为 1。

(7) 热应力限制

在加热炉管内，影响最大的热应力是沿管壁的径向温度分布而产生的热应力。该应力对受高热强度的厚壁不锈钢钢管特别重要，例如高压加氢进料加热炉炉管。对热应力有两种限制，即一次应力加二次应力强度限制和热应力棘齿限制，两个条件均需满足。这些限制仅适用于弹性范围。在断裂范围内，对热应力尚未作出合适的限制。

3.3.3　设计方法的限制

炉管壁厚计算采用的计算方法有以下的限制或前提：

a) 许用应力仅按屈服强度和断裂强度考虑，未考虑塑性应变或蠕变应变。在一些应用中采用这些许用应力可能会产生小的永久性变形，但这些小的变形不会影响炉管的安全或操作能力。

b) 未考虑不利环境的影响，如石墨化、渗碳或氢侵蚀。由氢侵蚀产生的限制可按图 3.3.3 所示纳尔逊曲线的规定。

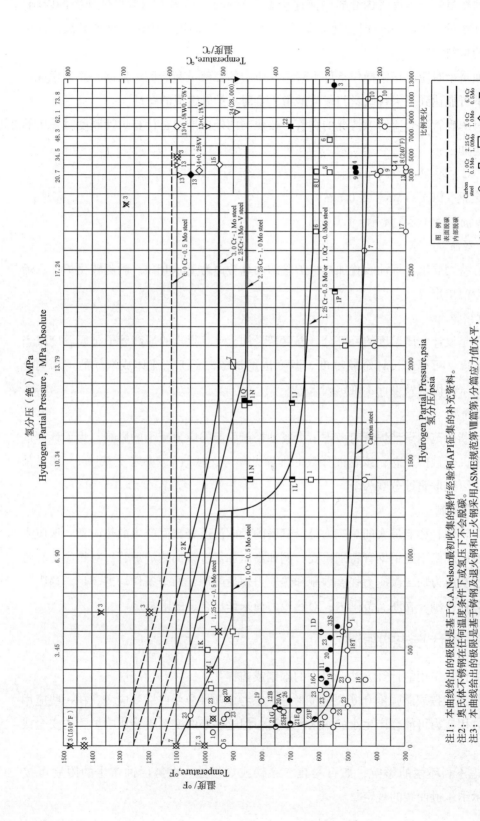

图3.3.3　临氢作业用钢防止脱碳和微裂的操作极限

注1：本曲线给出的极限是基于G.A.Nelson最初收炉集的操作经验和API征集的补充资料。

注2：奥氏体不锈钢在任何温度条件下或氢压下不会脱碳。

注3：本曲线给出的极限是基于退火钢及退火钢和正火钢和正火钢采用ASME规范第Ⅷ篇第1分篇应力值水平。补充资料见API 941—2008第5.3节和第5.4节。

注4：曾报道1.25Cr-1MoV钢在安全范围内发生若干裂纹，详见API 941—2008附录B。

注5：包括2.25Cr-1MoV级钢是建立在10000h实验室的试验数据，这些合金至少等于3Cr-1Mo钢性能，详见API 941—2008中相关内容。

c)这些设计方法是根据无缝管推导出来的。不适用于有纵向焊缝的管子。对于中间有环焊缝的炉管，如果焊接焊缝满足相应标准的要求，不需要再乘焊接接头系数。

d)这些设计方法是用薄壁管(管子厚度与外径之比 δ_{min}/D_o 小于 0.15)推导出来的，对厚壁管的设计需另作考虑。

e)未考虑交变压力或交变热荷载的影响。

f)设计压力仅包括内部压力。由质量、支架、端部连接等引起的应力限制未考虑在内。并且只考虑了弹性热应力限制，断裂范围内的热应力没有限制。

g)参考文献[6]中给出的拉森 – 米勒尔参数曲线，大部分不是拉森 – 米勒尔的传统曲线，是按 100000h 断裂强度推导出来的。因此，这些曲线不适用于估算设计寿命小于20000h 或大于 200000h 的断裂强度。

h)该计算方法适用于加热炉炉管内压超过外压的情况。有些情况下，炉管承受的外压可能大于内压。例如，加热炉停车或误操作时，特别是装置冷运或排空运行时，易使炉管内部形成真空。炉管的壁厚可能受制于外压超过内压时的工况。本计算不包括该条件下(例如，负压设计)壁厚的计算。当缺乏地方或国家规范时，建议采用压力容器规范，例如参考文献[9]或参考文献[10]，这些规范内有适用于外压设计的计算方法。

3.3.4 应力公式

内压设备，如内压容器、工艺管道、动力管道和炉管的应力厚度计算公式都是由平均直径公式推导出来的，只是设计压力、许用应力、腐蚀裕量的取值原则不同。

平均直径公式可以准确估计薄壁管内整个管壁产生屈服时的压力，平均直径公式也提供了受压管的蠕变 – 断裂和单轴试样之间的准确关系。所以，它是在弹性范围和蠕变 – 断裂范围两种条件下的理想应用式。计算应力的平均直径公式如下：

$$\sigma = \frac{p}{2}\left(\frac{D_o}{\delta} - 1\right) = \frac{p}{2}\left(\frac{D_i}{\delta} + 1\right) \qquad (3.3.4)$$

式中　σ——应力，MPa；

　　　p——压力，MPa；

　　　D_o——外径，mm；

　　　D_i——包括腐蚀裕量在内的内径，mm；

　　　δ——厚度，mm。

3.3.5 弹性设计

弹性设计基础为：腐蚀裕量用尽之后，接近设计寿命末期时，防止在最高压力状态下(压力接近 p_{el})因破裂而损坏。应力厚度 δ_σ 和最小厚度 δ_{min} 按下列公式计算：

$$\delta_\sigma = \frac{p_{el}D_o}{2\sigma_{el} + p_{el}} \quad \text{或} \quad \delta_\sigma = \frac{p_{el}D_i^*}{2\sigma_{el} - p_{el}} \qquad (3.3.5-1)$$

$$\delta_{\min} = \delta_{\sigma} + \delta_{CA} \qquad (3.3.5-2)$$

式中 δ_{σ}——应力厚度，mm；

$\delta_{\min}$——最小厚度，不应小于表 3.3.8 所列数值；

D_i^*——去掉腐蚀裕量后的内径，mm；

σ_{el}——设计金属温度下的弹性许用应力，MPa；

δ_{CA}——腐蚀裕量，mm，应根据所选炉管材料的腐蚀速率和设计寿命，按 $\delta_{CA} = \phi_{corr} t_{DL}$ 计算；

ϕ_{corr}——腐蚀速率，mm/a；

t_{DL}——设计寿命，a；

p_{el}——弹性设计压力，MPa，加热炉盘管短期内可能承受的最高压力。该压力与安全阀定压、泵的最大压力等有关，由工艺专业根据工艺过程的运行工况确定。当此数据不能确定时，可按下式估算：

$$p_{el} = X p_0 \qquad (3.3.5-3)$$

式中 p_0——管内介质最大压力，MPa；

X——系数，对于液相介质，$X = 1.1$；对于气相介质，$X = 1.1 \sim 1.25$。

3.3.6 断裂设计

断裂设计基础为：在设计寿命期间，防止由于蠕变 - 断裂而损坏。在断裂设计中，应力厚度 δ_{σ} 和最小厚度 $\delta_{\min}$ 按下列公式计算：

$$\delta_{\sigma} = \frac{p_r D_o}{2\sigma_r + p_r} \quad 或 \quad \delta_{\sigma} = \frac{p_r D_i^*}{2\sigma_r - p_r} \qquad (3.3.6-1)$$

$$\delta_{\min} = \delta_{\sigma} + f_{corr} \delta_{CA} \qquad (3.3.6-2)$$

式中 δ_{σ}——应力厚度，mm；

$\delta_{\min}$——最小厚度，不应小于表 3.3.8 所列数值；

σ_r——设计金属温度及设计寿命下的断裂许用应力，MPa；

f_{corr}——腐蚀分数，和腐蚀裕量、应力厚度及断裂指数有关，如要求更保守的设计，则腐蚀分数可采用 1 ($f_{corr} = 1$)。

3.3.7 中间温度范围

温度接近或高于材料的弹性许用应力和断裂许用应力曲线交点时，可以按弹性，也可以按断裂考虑设计。在这个温度范围内，应采用弹性设计和断裂设计两种设计，取计算出的最小厚度 ($\delta_{\min}$) 的较大值作为设计值。

3.3.8 最小厚度

新炉管 (包括腐蚀裕量) 的最小厚度 ($\delta_{\min}$) 不应小于表 3.3.8 的规定。这些最小值是根据工业实践确定的。最小许用厚度不是在役管子的报废厚度或更换厚度。

表 3.3.8　新炉管最小许用厚度

炉管外径/mm	最小厚度	
	铁素体钢/mm	奥氏体钢/mm
60.3	3.4	2.4
73.0	4.5	2.7
76.0	4.5	2.7
88.9	4.8	2.7
101.6	5.0	2.7
114.3	5.3	2.7
127.0	5.7	3.0
141.3	5.7	3.0
152.0	6.2	3.0
168.3	6.2	3.0
219.1	7.2	3.3
273.1	8.1	3.7

最小厚度($\delta_{\min}$)是按本章公式计算的。根据最小厚度订货的管子,平均厚度应较大。厚度偏差在钢管的各个相应标准中均有规定。

所有规定的厚度均应指明是最小厚度还是平均厚度。用于确定最小厚度和平均厚度的偏差,应为所订管子相应标准中规定的偏差。

3.3.9　弯管

急弯弯管或弯管的应力变化远比直管复杂。在相同厚度的情况下,弯管内半径处的环向应力高于直管。弯管内半径处所需最小厚度就可能大于与之相连炉管的厚度。

因为推制急弯弯管的制造方法使内半径处的厚度较大,所以在大部分情况下,该处能承受较高的应力而不致破坏。急弯弯管和弯管几何图形见图 3.3.9。

弯管的设计应力应不高于同类材料的许用应力。如是铸造材料应乘以铸造系数,铸造系数应按参考文献[7]或参考文献[11]确定。

炉内的急弯弯管,其设计压力和温度应与所连接的炉管相同。弯头箱内的急弯弯管,其设计压力与所连的炉管相同,设计温度应等于该处介质的最高操作温度至少再加上30℃。

内半径处的应力厚度由式(3.3.9-1)计算:

$$\delta_{\sigma i} = \frac{D_o p}{2 N_i \sigma + p} \tag{3.3.9-1}$$

$$N_i = \frac{4\dfrac{r_{cl}}{D_o} - 2}{4\dfrac{r_{cl}}{D_o} - 1} \tag{3.3.9-2}$$

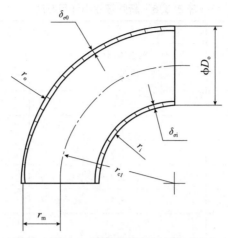

说明：r_o——外半径；r_i——内半径；r_{cl}——中心线半径；r_m——平均半径；

$\delta_{\sigma i}$——内半径处的应力厚度；$\delta_{\sigma 0}$——外半径处的应力厚度。

图3.3.9　急弯弯管和弯管几何图形

式中　$\delta_{\sigma i}$——弯管内半径处的应力厚度，mm；

　　　p——弹性设计压力和断裂设计压力，MPa；

　　　σ——设计金属温度下的许用应力，MPa。

外半径处的应力厚度由式(3.3.9－3)计算：

$$\delta_{\sigma 0} = \frac{D_o p}{2 N_0 \sigma + p} \qquad (3.3.9-3)$$

$$N_0 = \frac{4\dfrac{r_{cl}}{D_o} + 2}{4\dfrac{r_{cl}}{D_o} + 1} \qquad (3.3.9-4)$$

式中　$\delta_{\sigma 0}$——弯管外半径处的应力厚度，mm；

　　　p——表示弹性设计压力和断裂设计压力，MPa；

　　　σ——设计金属温度下的许用应力，MPa。

急弯弯管的厚度应分别采用弹性设计压力和断裂设计压力计算，得出的厚度应是在内半径处和外半径处厚度的较大值。

最小计算厚度为应力厚度再加上腐蚀裕量(δ_{CA})，该裕量不得小于炉管的采用值。

沿弯管中性轴上的最小厚度应与直管相同。

3.3.10　集合管

位于弯头箱内的集合管，其设计压力与所连的炉管相同，设计温度等于该处的最高介质温度至少加上30℃的温度裕量。

炉膛外的联箱(集合管)及进出口总管，在不受火焰直接加热时，根据管内介质的种类，可按参考文献[7]、参考文献[12]或参考文献[9]的规定进行。但应考虑管内介质的腐蚀情况。

3.4 制造、检验及验收

3.4.1 炉管

所有的炉管应是无缝钢管。除非买方同意，不允许采用环焊缝拼接到要求的长度。如需拼接，焊缝的位置应由买方同意。焊缝不得采用闪光焊。

加热烃类介质的炉管可选用表 3.2-1 中的炉管，并根据使用条件，增加附加要求，如在苛刻条件下的高合金炉管采用国产钢管时，可以要求补充高温强度试验，对有害化学成分、金属夹杂物进行限制等。

锅炉给水预热、发生蒸汽和过热蒸汽的炉管，宜优先采用符合 GB 3087、GB 5310 或 GB 13296 的钢管。

3.4.2 扩面管

对流段扩面管常用翅片管和钉头管。

扩面管的基管与炉管的要求相同。基管不宜有中间焊缝，如果有中间焊缝，中间焊缝应与管壁齐平。焊缝为全部熔透焊缝，对于根部焊道应使用惰性气体保护焊。不允许采用闪光焊。

翅片管的制造、检验及验收可按照 SH/T 3415《高频电阻焊螺旋翅片管》的规定。根据翅片顶部温度确定翅片材质，一般碳钢材质采用 GB/T 699《优质碳素结构钢》的 08F 或 10 号钢，尺寸偏差符合 GB 3522 的规定。06Cr13、12Cr13 或 06Cr19Ni10 等耐热钢翅片材质采用 GB/T 4238《耐热钢钢板和钢带》的标准，其尺寸偏差符合 GB/T 3280《不锈钢冷轧钢板和钢带》的规定。

钉头管的焊接制造、检验及验收可按照 SH/T 3422《石油化工管式炉钉头管技术标准》的规定。根据钉头顶部温度确定钉头材质，一般碳钢材质采用 GB/T 699《优质碳素结构钢》的规定，06Cr13、12Cr13 或 06Cr19NI10 等耐热钢钉头材质采用 GB/T 1221《耐热钢棒》的规定。

扩面部分的尺寸应符合表 3.4.2 的规定。

表 3.4.2 扩面部分尺寸规定

燃料	钉头		翅片		
	最小直径/mm	最大高度/mm	最小公称厚度/mm	最大高度/mm	最大密度/(片/m)
气体	12.5	25	1.3	25.4	197
油	12.5	25	2.5	19.1	118

翅片管和钉头管的制造标准中，都要求对加工好的扩面管进行逐根水压试验，但没有具体的水压试验压力，水压试验压力由设计文件确定。一般炼厂管式炉的水压试验压力宜

与单根炉管的试验压力相同，即采用基管材质标准上的单根管试验压力值。

3.4.3 急弯弯管或堵头式回弯头

急弯弯管一般采用热加工或冷加工(推制)成形，急弯弯管应是整体形式，不允许采用组焊成型。国产急弯弯管的制造、检验和验收可按照 SH/T 3065《石油化工管式炉急弯弯管技术标准》的要求。铬钼钢铸造弯头的制造、检验和验收可按照 SH/T 3127《石油化工管式炉铬钼钢焊接回弯头技术标准》。

不同材质的进口急弯弯管或铸造堵头式圆弯头制造标准见表3.2－3。

3.4.4 集合管

位于弯头箱内的集合管，采用的设计压力与相连的炉管相同。设计温度各个工程公司取值不同，建议有可能受到火焰或烟气高温辐射的炉底或炉顶保温箱内的集合管，设计温度等于该处的最高介质温度加上30℃的温度裕量。位于炉膛外部，和高温烟气没有接触可能的集合管采用该处的最高介质温度加上15℃的温度裕量。

根据集合管的流通面积大于相连支炉管流通面积之和确定集合管直径。

加热炉用集合管用钢管尽量采用无缝钢管制造，制造集合管用的无缝钢管宜与连接的炉管材料相同。当集合管外径较大，一般超过406mm 的外径时，其筒体可采用钢板卷制焊接。对于碳钢和合金钢用集合管可采用符合 ASTM A 691 *Standard specification for carbon and alloy steel pipe, electric - fusion - welded for high - pressure service at high temperatures* 的钢管制造。

集合管与炉管的连接可以采用加强接头或集合管拔制接头方式，不得采用直接对接方式。

集合管的纵向焊缝不应位于支承位置、炉管拔制或加强接头焊接区域。

分段焊接的集合管其纵向焊缝应相互错开。

工艺流体用集合管可按 GB/T 150《压力容器》或 ASME B31.3 *Process Piping* 进行设计、制造、检验和验收；水汽系统集合管可按照 GB/T 16507《水管锅炉》进行设计、制造、检验和验收。

3.4.5 盘管焊接

各种材质的炼厂管式加热炉盘管焊接，基本都有相应的标准规范，具体要求比较完善。设计文件中可以根据炉管材质和炉管操作条件，直接引用相应的标准。

对于碳钢和铬钼钢炉管的焊接应符合 SH/T 3085《石油化工管式炉碳钢和铬钼钢炉管焊接技术条件》的规定。对于合金含量在18Cr－8Ni 及合金含量更高的奥氏体钢轧制炉管、离心铸造合金炉管、轧制管件或静态铸造合金管件的焊接、检验及验收应符合 SH/T 3417《石油化工管式炉高合金炉管焊接工程技术条件》的规定。对于超出以上标准的异种钢炉管焊接，可参照 SH/T 3526《石油化工异种钢焊接规范》的规定，SH/T 3526 适用于石油化工、煤化工、天然气化工设备和管道的异种钢焊接，如炉管焊接引用该标准，应根据相焊材质的特点和使用情况提出特殊要求，例如对于探伤比例，可按照相焊炉管材料标准中较严者一方执行等。

炉管的焊接不允许采用永久性衬环。

对于 $2\frac{1}{4}Cr - 1Mo$ 或更高合金的钢材用钨极气体保护焊焊接根部焊道时，内部应通入氩气或氦气保护，不建议采用氮气保护。氮气保护只可用于奥氏体不锈钢焊接。

盘管制造时，每条焊缝的宽度和余高，在全长范围内应均匀。除在相关规范中允许存在的缺陷外，每条焊缝应平滑，且无熔渣、夹杂物、裂纹、气孔、未熔合和咬边存在，此外，焊缝盖面层不应有叠层、不规则表面、不均匀焊波、弧坑、凹凸不平等缺陷。

焊缝的返修应按设计文件或指定规范中规定的返修工艺进行。返修时不应伤及相邻的母材。

焊后热处理应按相应标准的规定进行。凡要求射线检测的，应在热处理后进行。

盘管的焊接检查，应符合引用标准的要求，在 SH/T 3036 中还有以下要求：

a) 每名焊工所焊的奥氏体钢根部焊道的 10% 应在表面预处理后随即按相应标准，如 JB/T 4730 的规定行液体渗透检测，当液体渗透检测发现缺陷时，应做进一步检查。

b) 所有铬钼钢和奥氏体钢焊缝应进行 100% 射线检测。

c) 每名焊工所焊的碳钢焊缝数量的 10% 应进行 100% 射线检测。如射线检测发现缺陷，应按 GB/T 20801 或 ISO 15649 或 ASME B31.3 的规定进行累进检查。

d) 集合管上的纵向焊缝应进行 100% 射线检测，另外焊缝还应进行液体渗透检测（对奥氏体材料）或磁粉检测（对铁素体材料）。

e) 对焊缝或材料外形、位置难于或不能进行射线检测的，如管嘴焊缝（角焊缝），可以用超声检测代替。当超声检测也不能实行时，可以用液体渗透检测（对奥氏体材料）或磁粉检测（对铁素体材料）代替。

3.4.6　压力试验

组装好的盘管应进行水压试验，试验压力至少相当于盘管设计压力 1.5 倍乘以管材在 38℃下的许用应力与炉管金属设计温度下许用应力的比值。同时还应符合下列试验要求：

a) 最大试验压力应限制在最薄弱部件的应力不超过该材料在环境温度下屈服强度的 90%。薄弱部件通常是在有开口的集合管处，集合管设计计算时应验算其是否能满足系统的水压试验压力。系统的水压试验压力一般是根据工艺管路系统的试压范围内所包含的设备和管道综合确定的。

b) 水压试验压力至少保持 1h 以检查是否泄漏。

对不能进行水压试验或气压试验的盘管系统部件，经过业主同意，可对其相关的所有焊缝 100% 射线检测并用空气或无毒不燃气体进行气体泄漏性试验。气体泄漏性试验压力为430kPa(表压)或最大许用设计压力的15%，取两者中的较小值。气体泄漏性试验压力应保持足够时间以检查泄漏，但任何情况下不得少于15min。应使用发泡表面活化剂在焊缝处目测检查是否泄漏。

水压试验应使用饮用水。对奥氏体材料，水中的氯化物含量应不超过50mg/kg。

如果采用水压试验，试验完成后应从加热炉所有部件中清除干净。不得使用加热汽化法去除奥氏体不锈钢炉管中的水。

3.5 炉管支承件

3.5.1 概述

管式炉的炉管支承件主要由铸件或钢板焊接件组成，用于辐射段的基本是铸件，用于对流段的端管板是钢板焊接件，中间管板是铸件。

设计炉管支承件时应考虑腐蚀裕量，所有与烟气相接触的管架和导向架表面腐蚀裕量最小的为：奥氏体材料1.3mm；铁素体材料2.5mm。

参考文献[3]规定：对于水平支承的炉管，两个支承点之间炉管的最大悬空长度为35倍炉管外径或6m，取其较小值。

中间管板的设计应防止管板对扩面管造成机械损坏，应易于炉管的抽出和插入且不能咬合，所以支承面处应有足够的宽度：对于钉头管，每个管板上至少应支承3排钉头；对于翅片管，每个管板上至少应支承5圈翅片。

与烟气接触的支承件，其设计温度是根据加热炉操作条件按下列规定确定：

a)位于辐射段、遮蔽段且暴露于耐火材料外的支承件，设计温度等于烟气温度加100℃且最低设计温度不小于870℃；

b)位于对流段的支承件，设计温度等于相接触的烟气温度加55℃；

c)被管排遮蔽的铸造辐射管架，设计温度可采用火墙温度。用耐火材料覆盖中间管架或炉管导向架的保护效果应忽略不计。

位于弯头箱内的端管板是放在横梁上的，大多不进行强度计算，而是根据设计温度和结构要求进行选材和设计。端管板设计温度超过425℃应选用合金材料；端管板用钢板的最小厚度应为12mm；端管板与烟气相接触侧应采用浇注料进行隔热，其浇注料最小厚度为75mm；为防止炉管移动损坏耐火材料，管板上每个管孔应焊上套管，其套管内径至少比炉管或扩面管的外径大12mm，套管材质为奥氏体不锈钢。

辐射段的炉管吊架和对流段中间管板需要进行强度计算。

3.5.2 材料

炉管支承件的材料应根据最高设计温度按表3.5.2选择，暴露在辐射段和遮蔽段的管架，应采用 ZG40Cr25Ni20(HK40) 或更高级别的合金材料，例如 ZG45Ni35Cr25Nb(通常称为 HP40 – Nb)铸造合金。

当炉管支承件设计温度超过 650℃ 且燃料中钒和钠的总含量超过 100mg/kg 时，应采用下述方法之一设计，采用何种方法，应与业主沟通确定：

a)不用任何涂料，使用稳定化的 50Cr – 50Ni – Nb 合金；

b)对于辐射或易拆修的管架，覆盖一层厚度为 50mm、密度至少为 2080kg/m³ 的耐火浇注料。

表 3.5.2　炉管支承件材料的最高设计温度

材料	SH/T 3087—2017	GB/T 8492—2014	ASTM 标准		最高设计温度/℃
	铸钢	铸钢	铸件	钢板	
碳钢	—	—	A 216 Gr WCB	A 283 Gr C	425
2¼Cr – 1Mo	ZG10Cr3Mo	—	A 217 Gr WC9	A 387 Gr 22 Class 1	650
5Cr – ½Mo	ZG20Cr5Mo	—	A 217 Gr C5	A 387 Gr 5 Class 1	650
19Cr – 9Ni	ZG30Cr20Ni10	—	A 297 Gr HF	A 240 Type 304H	815
25Cr – 12Ni	—	—	—	A 240 Type 309H	870
25Cr – 12Ni	ZG35Cr25Ni12	ZG40Cr25Ni12Si2	A 447 TypeⅡ	—	980
25Cr – 20Ni	—	—	—	A 240 Type 310H	870
25Cr – 20Ni	ZG40Cr25Ni20	ZG40Cr25Ni20Si2	A351 Gr HK40	—	1090
25Cr – 35Ni – Nb	ZG45Ni35Cr25Nb	ZG40Ni35Cr26Si2Nb1	—	—	—
50Cr – 50Ni – Nb	ZG10Cr50Ni50Nb	—	A560 Gr50Cr – 50Ni – Nb	—	980

管式加热炉对流段中间管板、支架和导向架最常用的铸件材料是参考文献[3] SH/T 3087 中的 ZG40Cr25Ni20 和 ZG35Cr25Ni12 牌号，温度较高或跨度较大的个别情况会采用 ZG45Ni35Cr25Nb 材料。

3.5.3　荷载和许用应力

对管板进行强度计算时，管板荷载应按下列规定确定：

a)按多点支承连续梁的分析方法计算荷载。计算摩擦荷载时，摩擦系数至少应取 0.30。

b)计算摩擦荷载时应按所有炉管向相同的方向膨胀和收缩计算，不考虑管子反向移动引起的荷载抵消或减少。

炉管支承件的许用应力与材料和设计温度有关，其取值为设计温度下下列数值的最小者：

(1)对静荷载：

a)抗拉强度的⅓；

b)屈服强度(0.2% 残余变形)的⅔；

c)10000h 产生 1% 蠕变时平均应力的 50%；

d）10000h 发生断裂时平均应力的50%。

（2）对静荷载加摩擦荷载：

a）抗拉强度的⅓；

b）屈服强度（0.2%残余变形）的⅔；

c）10000h 产生1%蠕变时的平均应力；

d）10000h 发生断裂的平均应力。

对于铸件，确定铸造厚度时许用应力应乘以0.8的铸造系数。

SH/T 3036 表3.5.2 中有各材质的应力曲线，对于 ZG45Ni35Cr25Nb 合金，至今还没有找到权威标准或期刊公布的应力曲线，SH/T 3087—2017 附录 A 中有 ZG45Ni35Cr25Nb 的参考应力曲线。实际设计计算时尽可能采用铸件供应商提供的具体数据。

3.5.4 制造

铸钢炉管支承件的制造、检验、标志和包装可按照 SH/T 3087《石油化工管式炉耐热钢铸件工程技术条件》的规定。该标准规定了耐热钢铸件的制造方法、材料牌号和化学成分、力学性能、尺寸及允许偏差、外观质量、缺陷的焊补、热处理及交货状态等技术要求，规定了检验项目、检验位置和检验规则等常规要求。

对于需要进行射线检测的危险部位，设计文件上应注明危险部位的具体位置和范围，例如，对所有加强筋与主梁相交的交叉面应 100% 进行液体渗透检测（对奥氏体材料）或磁粉检测（对铁素体材料），对应力比较高的部位进行射线探伤检查等。如果需要增加高温力学性能试验、冲击试验等特别检测项目时，设计文件上也应注明。

参考文献

[1] SH/T 3037—2016，炼油厂加热炉炉管壁厚计算[S].

[2] SH/T 3065—2005，石油化工管式炉急弯弯管技术标准[S].

[3] SH/T 3036—2012，一般炼油装置用火焰加热炉[S].

[4] SH/T 3096—2012，高硫原油加工装置设备和管道设计选材导则[S].

[5] SH/T 3129—2012，高酸原油加工装置设备和管道设计选材导则[S].

[6] API STANDARD 530，Calculation of Heater－tube Thickness in Petroleum Refineries[S].

[7] ISO 15649，Petroleum and natural gas industries—Piping[S].

[8] API RP941，Steels for Hydrogen Service at Elevated Temperatures and Pressures in Petroleum Refineries and Petrochemical Plants[S].

[9] GB/T 150—2010，压力容器[S].

[10] ASME Ⅷ（Division 1，UG－28）.

[11] ASME B31.3 Process piping.

[12] GB/T 16507.1~8，水管锅炉[S].

[13] SH/T 3087—2017，石油化工管式炉耐热钢铸件工程技术条件[S].

第4章 钢结构

4.1 概述

加热炉根据辐射段外形分为圆筒炉、箱式炉两大炉型，如图4.1所示。

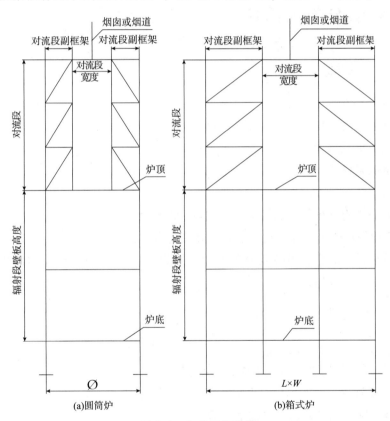

图 4.1 加热炉钢结构

本章采用以概率论为基础的极限状态设计方法，以可靠度指标度量结构构件的可靠度，以荷载、材料性能等代表值、结构重要性系数、分项系数、组合值系数的设计表达式进行计算。

承重钢结构应按下列承载能力极限状态和正常使用极限状态进行设计：

a)承载能力极限状态包括：构件和连接的强度破坏和因过度变形而不适于继续承载，结构和构件丧失稳定，结构转变为机动体系和结构倾覆；

b)正常使用极限状态包括：影响结构、构件和非结构构件正常使用或外观的变形，影响正常使用的振动，影响正常使用或耐久性能的局部损坏。

加热炉石油化工管式炉及其烟囱、烟风道系统的钢结构安全等级应取为二级。

按承载能力极限状态设计钢结构时，应考虑荷载效应的基本组合，必要时尚应考虑荷载效应的偶然组合。

按正常使用极限状态设计钢结构时，应考虑荷载效应的标准组合。

对于直接承受动力荷载的结构，在计算强度和稳定性时，动力荷载设计值应乘以动力系数。

钢结构的内力宜按结构静力学方法进行弹性分析。在进行构件强度、稳定验算时，不考虑截面部分发生塑性变形。

4.2 荷载分类与组合

4.2.1 恒荷载

加热炉恒荷载包括以下荷载：

a)炉管自重及由加热炉承担的外部管道重量；

b)钢结构自重及维护结构；

c)衬里及保温材料；

d)平台自重；

e)由加热炉结构支承的附属设备或大型管件的自重；

f)当加热炉加热的工艺介质为液态时，介质的自重；

g)在荷载组合工况中，恒荷载分项系数分别为1.2（当活荷载起控制作用时）和1.35（当恒荷载起控制作用时）。

4.2.2 活荷载

加热炉活荷载包括以下荷载：

a)平台活荷载（检修平台采用350kg/m²，操作平台采用250kg/m²）；

b)水压试验荷载：当加热炉内正常操作介质为气体时，且介质的重量远小于水压试验时的充水荷载，则水压试验荷载宜按活荷载考虑；

c)荷载组合值系数$\varphi_c=0.7$、频遇值系数$\varphi_f=0.6$、准永久值系数$\varphi_q=0.5$；

d)平台上的活荷载按照 GB 50009—2012《建筑结构荷载规范》中的等效均布活荷载的方法确定；

e)雨棚均布活荷载：在制氢炉辐射段顶部常常设有雨棚，雨棚所承受的活荷载按照不上人的屋面活荷载考虑，其活荷载标准值为50kg/m²，组合值系数$\varphi_c=0.7$、频遇值系数$\varphi_f=0.6$、准永久值系数$\varphi_q=0$。

4.2.3　雪荷载

雪荷载的计算应考虑以下因素：

a）基本雪压应按项目实施计划中有关内容执行，如无资料，可参考 GB 50009 的规定；

b）加热炉钢结构设计，仅应计算炉顶棚（制氢炉）和操作棚上的雪荷载；

c）雪压的分布形式系数 μ_r 详见 GB 50009 的规定；

d）在冬季停炉或者冬季施工过程中宜考虑雪荷载。

4.2.4　风荷载

（1）基本风压

a）风压取值标准条件

① 距地面 10m 的高度处测定风速；

② 测风速处地貌要求空旷平坦；

③ 以 10min 平均年最大风速作为一个统计样本基本数据；

④ 最大风速的重现期采用 50 年；

⑤ 历年最大风速的概率分布曲线直接采用极值 I 型。

b）风压的计算

根据风压取值标准条件所得的重现期为 50 年的最大风速作为基本风速，按照下式计算当地的基本风压：

$$w_0 = \frac{1}{2}\rho v_0^2 = \frac{v_0^2}{1600} \tag{4.2.4-1}$$

式中　w_0——基本风压，kN/m^2；

　　　v_0——平均最大风速（一般应有 25 年以上的资料，至少不宜少于 10 年风速资料），m/s；

　　　ρ——标准空气密度，一般取 $1.25kg/m^3$。

c）基本风压的取值

基本风压应按全国风压分布图或 GB 50009—2012《建筑结构荷载规范》附录 E.5 中给出的风压（$n = 50$）采用，但不得小于 $0.35kN/m^2$。

（2）风荷载标准值

a）垂直于加热炉表面上的风荷载标准值，应按下列规定确定：

计算主要受力结构时，应按下式计算：

$$w_k = \beta_z \mu_s \mu_z w_0 \tag{4.2.4-2}$$

式中　w_k——风荷载标准值，kN/m^2；

　　　β_z——高度 z 处的风振系数；

　　　μ_s——风荷载体型系数；

　　　μ_z——风压高度变化系数；

　　　w_0——基本风压，kN/m^2。

b)风荷载各种组合系数

风荷载各种组合系数见表 4.2.4 – 1。

表 4.2.4 – 1　风荷载各种组合系数

类别	组合值系数 ψ_c	频遇值组合系数 ψ_f	准永久值系数 ψ_q
取值	0.6	0.4	0.0

(3)风压高度变化系数 μ_z

a)对于平坦或稍有起伏的地形,风压高度变化系数应根据地面粗糙度类别,按表 4.2.4 – 2 确定。

表 4.2.4 – 2　风压高度变化系数 μ_z

离地面或海平面高度/m	地面粗糙度类别			
	A 近海海面、海岛、海岸、湖岸及沙漠地区	B 田野、乡村、丛林、丘陵以及房屋比较稀疏的乡镇和城市郊区	C 有密集建筑群的城市市区	D 有密集建筑群且房屋较高的城市市区
	变化系数公式			
	$\mu_z^A = 1.284\left(\dfrac{z}{10}\right)^{0.24}$	$\mu_z^B = 1.000\left(\dfrac{z}{10}\right)^{0.30}$	$\mu_z^C = 0.544\left(\dfrac{z}{10}\right)^{0.44}$	$\mu_z^D = 0.262\left(\dfrac{z}{10}\right)^{0.60}$
5	1.09	1.00	0.65	0.51
10	1.28	1.00	0.65	0.51
15	1.42	1.13	0.65	0.51
20	1.52	1.23	0.74	0.51
30	1.67	1.39	0.88	0.51
40	1.79	1.52	1.00	0.60
50	1.89	1.62	1.10	0.69
60	1.97	1.71	1.20	0.77
70	2.05	1.79	1.28	0.84
80	2.12	1.87	1.36	0.91
90	2.18	1.93	1.43	0.98
100	2.23	2.00	1.50	1.04

b)对于远海海面和海岛的加热炉,风压高度变化系数除可按 A 类粗糙度类别由表 4.2.4 – 2 确定时,还应考虑表 4.2.4 – 3 中给出的修正系数 η。

表 4.2.4 – 3　远海海面和海岛风压调整的修正系数

距海岸距离/km	η
<40	1.0
40~60	1.0~1.1
60~100	1.1~1.2

(4)风荷载体型系数 μ_s。

a)常用的风荷载体型系数见 GB 50009—2012 第 8.3 节的规定；

b)对于烟囱，破风圈的体型系数按照 GB 50051—2013 的有关要求设置；

c)当烟囱上设置盘梯或直梯时，体型系数应乘以表 4.2.4 – 4 中的扩大系数。

表 4.2.4 – 4　体型扩大系数

D/m	0.6	0.7	0.8	0.9	1.0	1.2	1.4	1.6
直梯	1.47	1.43	1.40	1.38	1.35	1.30	1.29	1.28
盘梯	2.07	1.96	1.88	1.81	1.74	1.66	1.61	1.55
D/m	1.8	2.0	2.2	2.4	2.6	2.8	3.0	3.2
直梯	1.26	1.24	1.23	1.23	1.22	1.21	1.20	1.20
盘梯	1.51	1.47	1.43	1.41	1.40	1.37	1.35	1.35
D/m	3.4	3.6	3.8	4.0	4.5	5.0	5.5	≥6.0
直梯	1.19	1.19	1.19	1.18	1.17	1.17	1.16	1.15
盘梯	1.33	1.31	1.31	1.30	1.27	1.26	1.24	1.22

注：D——烟囱直径；

当 D 为中间值时，可以插值。

(5)顺风向风振和风振系数

a)自振周期 T_1 大于 0.25s 的各种加热炉及余热回收系统，应考虑风压脉动对结构产生顺风向风振影响。

b)对于加热炉及余热回收系统，均可仅考虑结构第一振型的影响，结构的顺风向风荷载可按公式(4.2.4 – 3)计算。z 高度处的风振系数 β_z 可按下式计算：

$$\beta_z = 1 + 2gI_{10}B_z \sqrt{1 + R^2} \qquad (4.2.4 – 3)$$

式中　g——峰值因子，可取 2.5；

I_{10}——10m 高度名义湍流强度，对应 A、B、C 和 D 类地面粗糙度，可分别取 0.12、0.14、0.23 和 0.39；

R——脉动风荷载的共振分量因子；

B_z——脉动风荷载的背景分量因子。

c)脉动风荷载的共振分量因子可按下列公式计算：

$$R = \sqrt{\frac{\pi}{6\zeta_1} \frac{x_1^2}{(1 + x_1^2)^{4/3}}} \qquad (4.2.4 – 4)$$

$$x_1 = \frac{30f_1}{\sqrt{k_w w_0}}, \quad x_1 > 5 \qquad (4.2.4-5)$$

式中 f_1——结构第 1 阶自振频率，Hz；

　　　k_w——地面粗糙度修正系数，对 A 类、B 类、C 类和 D 类地面粗糙度分别取 1.28、1.0、0.54 和 0.26；

　　　ζ_1——结构阻尼，应按实际数据取用，当无数据时，可按照以下数据选用，对于方箱炉炉体及预热器本体阻尼比为 0.04，圆筒炉为 0.03，有衬里（厚度 ≥ 50mm）的钢烟囱或烟道为 0.02，无衬里的钢烟囱或冷风道为 0.01。

d) 脉动风荷载的背景分量因子可按下列规定确定。

①对体型和质量沿高度均匀分布的高层建筑和高耸结构，可按下式计算：

$$B_z = kH^{\alpha_1}\rho_x \rho_z \frac{\phi_1(z)}{\mu_z} \qquad (4.2.4-6)$$

式中 $\phi_1(z)$——结构第 1 阶振型系数；

　　　H——结构的总高度；

　　　ρ_x——脉动风荷载水平方向相关系数；

　　　ρ_z——脉动风荷载垂直方向相关系数；

　　k、α_1——系数，见表 4.2.4-5，加热炉炉体部分宜按照高层考虑，烟囱或者竖向烟道按照高耸结构考虑。

表 4.2.4-5　系数 k、α_1

粗糙度类别		A	B	C	D
高层建筑	k	0.944	0.670	0.295	0.112
	α_1	0.155	0.187	0.261	0.346
高耸结构	k	1.276	0.910	0.404	0.155
	α_1	0.186	0.218	0.292	0.376

②对于迎风面和侧风面的宽度沿高度按直线或接近直线变化。而质量沿高度按连续变化的高耸结构，式(4.2.4-6)计算的 B_z 应乘以修正系数 θ_B 和 θ_v。θ_B 为构筑物在 z 高度处迎风面宽度 $B_{(z)}$ 与底部宽度 $B_{(0)}$ 的比值；θ_v 可按表 4.2.4-6 确定。

表 4.2.4-6　修正系数 θ_v

$B_{(z)}/B_{(0)}$	1	0.9	0.8	0.7	0.6	0.5	0.4	0.3	0.2	≤0.1
θ_v	1.00	1.10	1.20	1.32	1.50	1.75	2.08	2.53	3.30	5.60

e) 脉动风荷载的空间相关系数可按下列规定确定。

①竖直方向的相关系数可按下式计算：

$$\rho_z = \frac{10\sqrt{H + 60e^{-H/60} - 60}}{H} \qquad (4.2.4-7)$$

式中 H——结构总高度。

②水平方向相关系数可按下式计算：

$$\rho_{x} = \frac{10\sqrt{B + 50e^{-B/50} - 50}}{B} \qquad (4.2.4-8)$$

式中　B——结构迎风面宽度，m，$B \leqslant 2H$。

③对于引风面宽度较小的高耸结构，水平方向相关系数可取 $\rho_x = 1$。

（6）振型系数 ϕ_z

a）结构振型系数应按实际工程由结构动力学计算得出。一般情况下对于顺向风响应可仅考虑第 1 振型的影响，对圆截面高层建筑及构筑物横风向的共振响应，应验算第 1 至第 4 振型的响应。

b）对于高耸结构，振型应按表 4.2.4-7 取用。

表 4.2.4-7　高耸结构的振型系数

相对高度 z/H	振型序号			
	1	2	3	4
0.1	0.02	-0.09	0.23	-0.39
0.2	0.06	-0.30	0.61	-0.75
0.3	0.14	-0.53	0.76	-0.43
0.4	0.23	-0.68	0.53	0.32
0.5	0.34	-0.71	0.02	0.71
0.6	0.46	-0.59	-0.48	0.33
0.7	0.59	-0.32	-0.66	-0.40
0.8	0.79	0.07	-0.40	-0.64
0.9	0.86	0.52	0.23	-0.05
1.0	1.00	1.00	1.00	1.00

注：可进行插值。

对于 1 阶也可采用式（4.2.4-9）：

1 阶振型　　　$$\phi_z = 2\left(\frac{z}{H}\right)^2 - \frac{4}{3}\left(\frac{z}{H}\right)^3 + \frac{1}{3}\left(\frac{z}{H}\right)^4 \qquad (4.2.4-9)$$

c）迎风面宽度较大的加热炉炉体，其振型系数可按表 4.2.4-8 取用。

表 4.2.4-8　振型系数

相对高度 z/H	振型序号			
	1	2	3	4
0.1	0.02	-0.09	0.22	-0.38
0.2	0.08	-0.30	0.58	-0.73
0.3	0.17	-0.50	0.70	-0.40

相对高度 z/H	振型序号			
	1	2	3	4
0.4	0.27	−0.68	0.46	0.33
0.5	0.38	−0.63	−0.03	0.68
0.6	0.45	−0.48	−0.49	0.29
0.7	0.67	−0.18	−0.63	−0.47
0.8	0.74	0.17	−0.34	−0.62
0.9	0.86	0.58	0.27	−0.02
1.0	1.00	1.00	1.00	1.00

d) 对截面变化沿高度规律变化的高耸结构,其第一振型系数可按表4.2.4−9取用。

表4.2.4−9　第1振型系数

相对高度 z/H	高耸结构				
	$\dfrac{B_{(H)}}{B_{(0)}}=1.0$	0.8	0.6	0.4	0.2
0.1	0.02	0.02	0.01	0.01	0.01
0.2	0.06	0.06	0.05	0.04	0.03
0.3	0.14	0.12	0.11	0.09	0.07
0.4	0.23	0.21	0.19	0.16	0.13
0.5	0.34	0.32	0.29	0.26	0.21
0.6	0.46	0.44	0.41	0.37	0.31
0.7	0.59	0.57	0.55	0.51	0.45
0.8	0.79	0.71	0.69	0.66	0.61
0.9	0.86	0.86	0.85	0.83	0.80
1.0	1.00	1.00	1.00	1.00	1.00

注:表中 $B_{(H)}$、$B_{(0)}$ 分别为结构顶部和底部的宽度。

e) 对于加热炉装置,一般情况下加热炉炉体体型系数按照高层,较高的烟道和烟囱按照高耸结构体型系数取值。

(7) 横向风和横向风振

a) 对于横向风振作用效应较为明显的高层建筑和细长圆形截面的构筑物,宜考虑横向风振的影响。

b) 雷诺数(惯性力与黏性力的比值)是判定横向风振的关键指标之一,雷诺数与横向风振机理有着密切的联系,如图4.2.4所示。

（a）	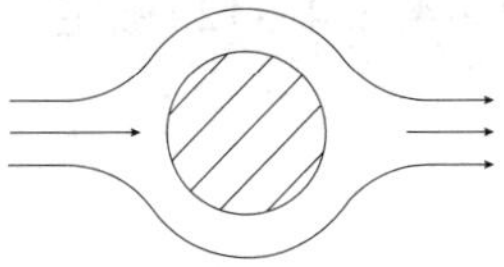	$Re<5$，无分离流动阶段
（b）	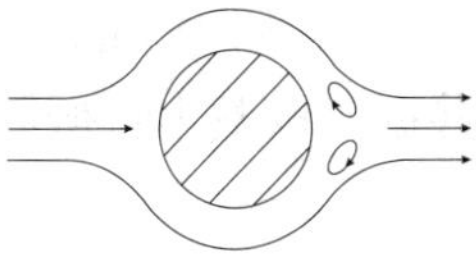	$5\leqslant Re<40$，尾流中一对稳定的旋涡
（c）	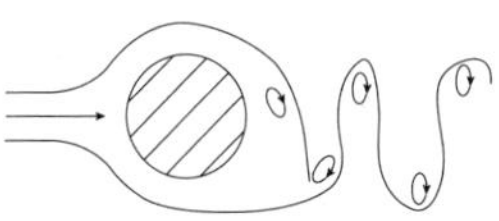	$40\leqslant Re<150$，涡流呈层流的两个阶段
（d）	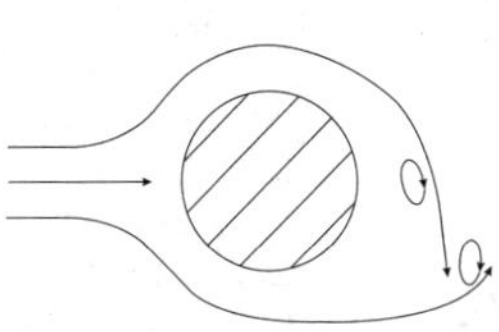	$150\leqslant Re<300$，旋涡内部向湍流过渡阶段，旋涡脱落很不规则 $300\leqslant Re<3\times10^5$，旋涡全部变为湍流，旋涡脱落重新变得规则和周期性
（e）	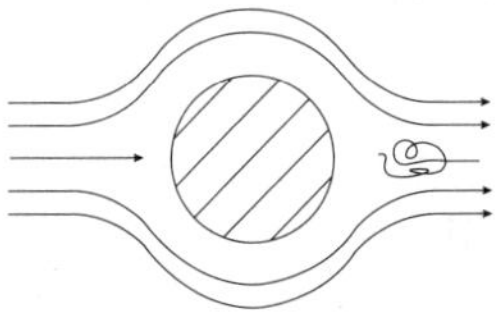	$3\times10^5\leqslant Re<3.5\times10^6$，层状附面层经历了湍流转变，尾流变窄，而且变得凌乱无规则
（f）	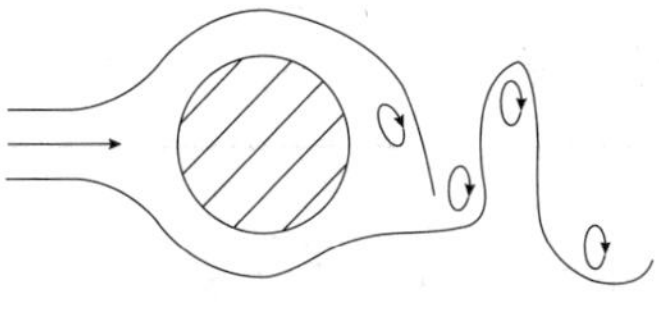	$Re\geqslant3.5\times10^6$，湍流涡道重新建立

图 4.2.4　雷诺数与横向风振机理的联系

（8）对于圆形截面的结构，应按照下列规定对不同的雷诺数 Re 的情况进行横向风振（旋涡脱落）的校核：

a）当 $Re<3\times10^5$ 且结构顶部风速 v_H 大于 v_{cr} 时，可发生亚临界的微风共振。此时，可在构造上采取防振措施，或控制结构的临界风速 v_{cr} 不小于 15m/s。

b）当 $Re\geqslant3.5\times10^6$ 且结构顶部风速 v_H 的 1.2 倍大于 v_{cr} 时，可发生跨临界的强风共振，此时应考虑横风向风振的等效风荷载。

c）当 $3\times10^5\leqslant Re<3.5\times10^6$ 时，则发生超临界范围的风振，可不作处理。

d）Re 可按下列公式确定

$$Re=69000vD \qquad (4.2.4-10)$$

式中　v——计算所用的风速，可取临界风速 v_{cr}；

　　　D——结构截面的直径，m，当结构的截面沿高度方向缩小时（倾斜度不大于 0.02），可近似取⅔结构高度处的直径。

e) 临界风速 v_{cr} 和结构顶部风速 v_H 可按式 (4.2.4 - 11 ~ 4.2.4 - 12) 确定:

$$v_{cr} = \frac{D}{T_i \text{Sr}} \quad (4.2.4 - 11)$$

$$v_H = \sqrt{\frac{2000 \mu_H w_0}{\rho}} \quad (4.2.4 - 12)$$

式中　T_i——结构第 i 振型的自振周期, 验算亚临界微风共振时取基本自振周期 T_1;

$\quad$ Sr——斯特劳哈尔数, 对圆形截面结构取 0.2;

$\quad \mu_H$——结构顶部风压高度变化系数;

$\quad w_0$——基本风压, kN/m^2;

$\quad \rho$——空气密度, kg/m^3。

(9) 圆形截面结构横风向风振等效风荷载

跨临界强风共振 (即当 $Re \geqslant 3.5 \times 10^6$ 且结构顶部风速 v_H 的 1.2 倍大于 v_{cr} 时) 引起在 z 高度处振型 j 的等效风荷载标准值可按下列规定确定:

a) 等效风荷载标准值 $w_{Lk,j}(\text{kN/m}^2)$ 可按下式计算:

$$w_{Lk,j} = \left| \lambda_j \right| v_{cr}^2 \phi_j(z) / 12800 \zeta_j \quad (4.2.4 - 13)$$

式中　λ_j——j 振型计算系数, 根据 "锁住区" 起点高度 H_1 或终点高度 H_2 烟囱整个高度 H 的比值按表 4.2.4 - 10 选用;

$\quad v_{cr}$——临界风速, 按照式 (4.2.4 - 11) 计算;

$\quad \phi_j(z)$——结构在第 j 振型系数, 按 4.2.4.6 节内容取用;

$\quad \zeta_j$——第 j 振型的阻尼比。

表 4.2.4 - 10　$\lambda_i \left(\dfrac{H_1}{H} \right)$ 计算系数

振型序号	H_1/H										
	0	0.1	0.2	0.3	0.4	0.5	0.6	0.7	0.8	0.9	1.0
1	1.56	1.55	1.54	1.49	1.42	1.31	1.15	0.94	0.68	0.37	0
2	0.83	0.82	0.76	0.60	0.37	0.09	-0.16	-0.33	-0.38	-0.27	0
3	0.52	0.48	0.32	0.06	-0.19	-0.30	-0.21	0	0.20	0.23	0

注: 中间值可采用线性插值计算。

b) 临界风速起始点高度 H_1 可按式 (4.2.4 - 14) 计算:

$$H_1 = H \times \left(\frac{v_{cr}}{1.2 v_H} \right)^{1/\alpha} \quad (4.2.4 - 14)$$

式中　α——地面粗糙度指数, 对于 A、B、C 和 D 四类地面粗糙度分别取 0.12、0.15、0.22 和 0.30;

$\quad v_H$——结构顶部风速, m/s, 按照式 (4.2.4 - 12) 计算。

c) 临界风速终止点高度 H_2 可按式 (4.2.4 - 15) 计算:

$$H_2 = H \times \left(\frac{1.3 v_{cr}}{v_H} \right)^{1/\alpha} \quad (4.2.4 - 15)$$

d) 当 H_1 趋近于零，则 H_2 也趋近于零，此时应降低基本风压，使得 H_2 等于 H，此时计算出来的从 H_1 到 H 高度范围内将发生横向风振，将其综合效应与基本风压下的顺向风荷载作比较，选择最不利的结果。

e) 横向风振下的总效应，应按式 (4.2.4 – 16) 计算：

$$S = \sqrt{S_C^2 + S_A^2} \qquad (4.2.4 - 16)$$

式中 S——横向风振时风荷载总效应；

S_C——横向风振时横向风荷载效应；

S_A——横向风振时顺向风荷载效应。

(10) 矩形截面结构横向风振的计算详见 GB 50009—2012 附录 H。

4.2.5 荷载组合

加热炉所用荷载基本上分为恒荷载、活荷载、风荷载、地震作用及可能出现的雪荷载，按照 GB 50009—2012《建筑结构荷载规范》的要求进行荷载组合，常用组合公式如下：

标准组合：

$$1.0D + 1.0LL \qquad (4.2.5 - 1)$$

$$1.0D + 1.0W + 0.6LL \text{ 或 } 1.0D + 1.0LL + 0.4W \qquad (4.2.5 - 2)$$

$$1.0D + 1.0E_x + 0.5E_y + 0.2W + 0.6LL \qquad (4.2.5 - 3)$$

基本组合：

$$1.2D + 1.4LL \qquad (4.2.5 - 4)$$

$$1.2D + 1.4W + 0.98LL \text{ 或 } 1.2D + 1.4LL + 0.56W \qquad (4.2.5 - 5)$$

$$1.2D + 1.3E_x + 0.28W + 0.98LL \qquad (4.2.5 - 6)$$

抗倾覆：

$$0.9D + 1.4W \qquad (4.2.5 - 7)$$

式中，D——恒荷载、LL——活荷载、W——风荷载、E_x，E_y——两方向地震作用。以上组合仅包含大部分荷载，如雪荷载和温度作用组合可以按照 GB 50009 的要求组合在一起，并且上述组合公式中第一可变荷载具有针对性，但是在实际中的组合，应考虑更全面。另外在实际组合工况中应注意荷载的方向性。对于恒荷载起到控制作用时，其荷载组合也应按照 GB 50009 的要求进行组合。

其荷载值的含义、分类及术语均与 GB 50009 所阐述的内容一致。

4.3 地震作用

4.3.1 抗震设计的基本要求

(1) 加热炉抗震分类

a) 加热炉主体及自立式预热器及其顶部附属烟道，应按照乙类设防；

b) 炉底风道的支承结构，可按照丁类设防；

c）加热炉主体结构的抗震计算应按照 GB 50011《建筑抗震设计规范》中的有关内容计算。

（2）结构抗震体系

a）加热炉结构体系应符合下列各项要求：

①应具有明确的、当前计算手段能运算的平面或空间计算简图。

②应具有合理的、直接的或基本直接的地震作用的传力途径。

③避免因部分结构或少数脆弱构件或节点等薄弱环节的破坏而导致整个结构传力路线中断，使整个结构丧失抗震能力或对重力荷载的承载能力。因此不宜采用下列各种对抗震不安全的构件：非成对设置的单斜杆竖向支承、弱柱型框架、不合理的水平转换构件。

④应具备足够的抗侧刚度、较强的抗震承载力、良好的变形能力、吸收和消耗较多地震能量的能力。

b）结构抗震体系还宜满足下列各项要求：

①宜采用具有多道抗震防线的剪切型构件和弯曲型构件并用双重或多重结构体系。

②沿结构平面和竖向，各抗侧力构件宜具有合理的刚度和承载力分布，避免在刚度不连续不均匀的部位，因局部削弱或突变形成薄弱部位，产生过大的应力集中或塑性变形集中。

③结构在两个主轴方向的动力特征宜相近。地震作用可能来自任何方向，两个主轴方向的抗侧力构件的刚度和承载力宜相近，避免弱轴出现严重破坏或倒塌。各种斜向地震作用，亦可由刚度相近的两主轴抗侧力构件共同承担。

④宜具有尽可能多的超静定次数，确保结构具有较大裕量和内力重分配功能，使整个结构在地震作用下能形成总体屈服体系而不发生局部屈服。总体屈服机制型构件如强柱型框架、偏心支承、强剪型支承等。

c）结构各构件之间的连接，应符合下列要求：

①构件节点的破坏，不应先于其连接构件，如提高节点剪力承载力设计值。

②装配式结构构件的连接，应能保证结构的整体性。

4.3.2　地震作用和结构抗震验算

（1）水平地震作用

加热炉水平地震作用分析方法可按表 4.3.2 – 1 选用。

表 4.3.2 – 1　加热炉水平地震作用分析方法及适用范围

作用	分析方法	适用范围
水平地震作用	底部剪力法	①烟囱； ②纯辐射加热炉
	振型分解反应谱法	圆筒炉、结构平面相对尺寸差距不大，且荷载分布不均匀的方箱炉

（2）重力荷载代表值的计算

计算地震作用时，建筑的重力荷载代表值应取结构和构配件自重标准值与各可变荷载组合值之和，见表 4.3.2-2。

表 4.3.2-2　重力荷载代表值

计算公式	$G_E = G_k + \sum \Psi_{Ei} Q_{ik}$　　　　　　　（4.3.2-1）	
符号说明	G_k	加热炉恒荷载
	Q_{ik}	加热炉活荷载
	Ψ_{Ei}	相关可变荷载的地震组合系数见下
	可变荷载种类	荷载组合系数
	顶棚荷载　雪荷载	0.5
	顶棚荷载　屋面活荷载	不考虑
	平台活荷载　按实际情况计算的楼面活荷载	1.0
	平台活荷载　按等效均布荷载计算的楼面活荷载	0.5

（3）地震作用影响系数

加热炉结构的地震影响系数根据烈度、场地类别、设计地震分组和结构自振周期以及阻尼比按表 4.3.2-3 确定。

表 4.3.2-3　地震影响系数

	α	地震影响系数，按表中各线段表达式求算			
符号说明	α_{max}	水平地震影响系数最大值，见下表			
	设防烈度	6 度	7 度	8 度	9 度
	设计基本地震加速度	0.05g	0.10g　　0.15g	0.20g　　0.30g	0.40g
	多遇地震	0.04	0.08　　0.12	0.16　　0.24	0.32
	罕遇地震	0.28	0.50　　0.72	0.90　　1.20	1.40
	T	结构自振周期			

符号说明	T_{g}	特征周期值(s)(影响系数曲线中,反映地震震级、震中距离和场地类别等因素的下降段起始点对应的周期值),根据场地类别(见2.3.1)和设计地震分组按下表确定					

设计地震分组	场地类别				
	I_0	I_1	Ⅱ	Ⅲ	Ⅳ
第一组	0.20	0.25	0.35	0.45	0.65
第二组	0.25	0.30	0.40	0.55	0.75
第三组	0.30	0.35	0.45	0.65	0.90

γ	曲线下降段的衰减指数按下式确定
	$$\gamma = 0.9 + \frac{0.05 - \zeta}{0.5 + 5\zeta} \qquad (4.3.2-2)$$
ζ	阻尼比,见风荷载章节中的有关要求
η_1	直线下降段的下降斜率调整系数按下式确定,小于零时可取零
	$$\eta_1 = 0.02 + (0.05 - \zeta)/8 \qquad (4.3.2-3)$$
η_2	阻尼调整系数,按下式确定,当小于0.55时取0.55
	$$\eta_2 = 1 + \frac{0.05 - \zeta}{0.08 + 1.6\zeta} \qquad (4.3.2-4)$$

(4)水平地震作用计算

a)底部剪力法

底部剪力法的基本概念是假定结构的底部总地震剪力与等效的单质点的水平地震作用相当,以此确定结构总水平地震作用,然后再将总水平地震作用沿高度按倒三角形分布到重力荷载集中质点。

①结构总水平地震标准值计算如下:

$$F_{\mathrm{Ek}} = \alpha_1 G_{\mathrm{eq}} \qquad (4.3.2-5)$$

式中　α_1——结构基本自振周期的水平地震影响系数,按表4.3.2-3进行计算;

G_{eq}——结构等效总重力荷载,单质点取总重力荷载代表值;多质点取总重力荷载代表值乘以0.85的等效系数。

②水平地震作用沿高度的分布如下:

$$F_i = \frac{G_i H_i}{\sum_{j=0}^{n} G_j H_j} F_{\mathrm{Ek}} (1 - \delta_n) \quad (i = 1, 2, \cdots, n) \qquad (4.3.2-6)$$

$$\Delta F_n = \delta_n F_{\mathrm{Ek}} \qquad (4.3.2-7)$$

式中　F_i——质点i的水平地震作用标准值;

G_i,G_j——分别为集中于质点i、j的重力荷载代表值;

H_i、H_j——分别为质点i、j的计算高度;

ΔF_n——顶部附加水平地震作用;

δ_n——顶部附加地震作用系数,按表4.3.2-4选用。

表 4.3.2 - 4　顶部附加地震作用系数

结构类型			δ_n
钢结构	结构基本周期 $T_1 > 1.4T_g$	$T_g \leqslant 0.35s$	$0.08T_1 + 0.07$
		$0.35s < T_g \leqslant 0.55s$	$0.08T_1 + 0.01$
		$T_g > 0.55s$	$0.08T_1 - 0.02$
	$T_1 \leqslant 1.4T_g$		0
集中为单质点的结构			0

b）振型分解反应谱法

平动的振型分解反应谱法是常用的振型分解法。平动的含义是只考虑单向的地震作用且不考虑结构的扭转振型；反应谱将动力问题转换为等效的静力作用。

按动力学原理，求得结构振动的自振周期和振型，每一个自振周期和振型即对应于一个等效单自由度体系。由地震反应谱可求得该振型的地震作用，并求得相应的地震作用效应（弯矩、剪力、轴向力和位移、变形等）。

然后根据随机理论，将地震作用效应用平方和开平方根的方法得到内力和位移的最大可能的组合，以此作为抗震设计的依据。

①任一质点 i，在 j 振型时水平地震标准值，按表 4.3.2 - 5 确定。

表 4.3.2 - 5　j 振型水平地震标准值

计算公式	
$F_{ji} = \alpha_j \gamma_j X_{ji} G_i \, (i = 1, 2, \cdots, n, \ j = 1, 2, \cdots, m)$	(4.3.2 - 8)
$\gamma_j = \dfrac{\sum_{i=1}^{n} X_{ji} G_i}{\sum_{i=1}^{n} X_{ji}^2 G_i}$	(4.3.2 - 9)

F_{ji}——j 振型时，i 质点的水平地震作用标准值；

α_j——相应于 j 振型自振周期的地震影响系数，按表 4.3.2 - 3 确定；

X_{ji}——j 振型时，i 质点的水平相对位移；

γ_j——j 振型的参与系数，表示结构振动时，j 振型所占比重；

G_i——集中于 i 质点的重力荷载代表值。

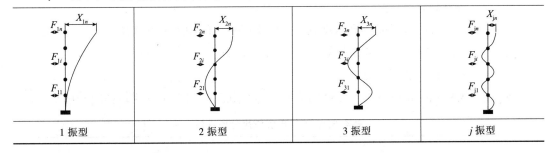

1 振型	2 振型	3 振型	j 振型

②各振型地震作用效应组合。

确定每个振型的地震作用标准值后，从而求得结构（或构件）在此振型地震作用下的作用效应 S_j（如弯矩 M_j、剪力 V_j、轴向力 N_j 和变形、位移 μ_j），然后按照公式（4.3.2 - 10）进行效应组合，得出此结构（或构件）的地震作用效应 S_{Ek}。

$$S_{Ek} = \sqrt{\sum_{j=1}^{m} S_j^2} \qquad (4.3.2-10)$$

式中　S_{Ek}——结构或构件水平地震作用标准值的效应；

$\quad\quad\quad S_j$——j 振型水平地震作用标准值的效应，按结构力学方法确定；

$\quad\quad\quad m$——振型数，对于普通的加热炉或预热器钢结构可仅考虑前 $2 \sim 3$ 个振型。

（5）竖向地震作用计算

9 度时的竖向地震作用以第一振型为主，可采用类似底部剪力法的简化法进行下列计算：

a）竖向地震作用标准值 F_{Evk} 按式（4.3.2-11）计算：

$$F_{Evk} = \alpha_{vmax} G_{eq} \qquad (4.3.2-11)$$

式中　α_{vmax}——竖向地震影响系数的最大值，取水平地震影响系数最大值的 65%；

$\quad\quad\quad G_{eq}$——结构等效重力荷载，可取其重力荷载代表值的 75%。

b）竖向地震作用沿高度的分布。

由总竖向地震作用标准值近似按倒三角形分布，集中于各质点处的竖向地震标准值按式（4.3.2-12）计算：

$$F_{vi} = \frac{G_i H_i}{\sum G_j H_j} F_{Evk} \qquad (4.3.2-12)$$

式中　G_i、G_j——集中于 i、j 质点处的重力荷载代表值；

$\quad\quad\quad H_i$、H_j——集中质点 i、j 的高度。

（6）结构构件截面抗震验算

a）结构构件的地震作用效应和其他荷载效应的基本组合应按式（4.3.2-13）计算：

$$S = \gamma_G S_{GE} + \gamma_{Eh} S_{Ehk} + \gamma_{Ev} S_{Evk} + \gamma_{Ev} S_{Evk} + \psi_w \gamma_w S_{wk} \qquad (4.3.2-13)$$

式中　S——结构构件内力组合的设计值，包括组合的弯矩、轴向力和简力设计值等；

$\quad\quad\quad \gamma_G$——重力荷载分项系数，一般情况下为 1.2，当重力荷载效应对构件承载力有利时，不应大于 1.0；

γ_{Eh}、γ_{Ev}——分别为水平、竖向地震作用分项系数，应按表 4.3.2-6 采用；

$\quad\quad\quad \gamma_w$——风荷载分项系数，应采用 1.4；

$\quad\quad\quad S_{GE}$——重力荷载代表值；

S_{Ehk}——水平地震作用标准值的效应，尚应乘以相应的增大系数或调整系数；

S_{Evk}——竖向地震作用标准值的效应，尚应乘以相应的增大系数或调整系数；

S_{wk}——风荷载标准值效应；

$\quad\quad\quad \psi_w$——风荷载组合系数，一般结构取零，风荷载起控制作用的建筑物应采用 0.2。

表 4.3.2-6　地震作用分项系数

地震作用	γ_{Eh}	γ_{Ev}
仅计算水平地震作用	1.3	0
仅计算竖向地震作用	0	1.3
同时计算水平地震与竖向地震作用（水平地震为主）	1.3	0.5
同时计算水平地震与竖向地震作用（水平地震为主）	0.5	1.3

b）构件截面抗震验算应按下式进行

$$S \leqslant R/\gamma_{RE} \tag{4.3.2 - 14}$$

式中　γ_{RE}——对于梁、柱、支撑、节点板、螺栓、焊缝强度计算取 0.75，稳定计算取 0.8；

　　　R——结构构件承载力设计值。

c）当结构仅计算竖向地震作用时，各类结构构件承载力抗震调整系数均采用 1.0。

（7）结构抗震变形验算

多遇地震作用下的弹性层间变形验算，多遇地震时加热炉层间位移不得超过以下限值

$$\Delta u_e = [\theta_e] h \tag{4.3.2 - 15}$$

式中　Δu_e——多遇地震作用标准值产生的层内最大弹性层间位移；

　　　h——层高，可取上下大梁之间的距离；

　　　$[\theta_e]$——弹性层间位移角限值，对于加热炉来讲可取 1/300。

4.3.3　抗震构造措施

a）中心支承框架宜采用交叉支承，也可采用"人"字形支承或单斜杆支承，不宜采用"K"形支承；支承的轴线宜交会于梁柱构件轴线的交点，偏离交点时的偏心距不应超过支承杆件宽度，并应计入由此产生的附加弯矩。当中心支承采用只能受拉的单斜杆体系时，应同时设置不同倾斜方向的两组斜杆，且每组中不同方向单斜杆的截面面积在水平方向的投影面积之差不应大于 10%。

b）钢结构抗侧力构件的连接计算，应符合下列要求：

①钢结构抗侧力构件连接的承载力设计值，不应小于相连构件的承载力设计值；高强度螺栓连接不得滑移。

②钢结构抗侧力构件连接的极限承载力应大于相连构件的屈服承载力。

c）加热炉框架等级一般情况下宜按照三级框架考虑，如加热炉总体较小，也可下调至 4 级。

d）加热炉框架中斜承与立柱的夹角宜控制在 35°~55°。

e）当结构在地震作用下的重力附加弯矩大于初始弯矩的 10%，应计入重力二阶效应的影响。

f）加热炉框架结构的抗震构造措施应满足 GB 50011—2010《建筑抗震设计规范》中 8.3 节中的有关要求。

g）当框架梁采用高强螺栓摩擦型拼接时，其拼接位置应避开最大应力区（1/10 梁净跨和 1.5 倍梁高的较大值）。梁翼缘拼接时，在平行与内力方向的高强度螺栓不宜少于 3 排，拼接板的截面模量应大于被拼接截面模量的 1.1 倍。

加热炉须根据加热炉总高度和设防烈度确定立柱的长细比，如表 4.3.3 所示。

表 4.3.3　立柱的长细比

加热炉总高度/m	设防烈度	框架立柱长细比/($\times \sqrt{235/f_{ay}}$)
≤50	7	120
	8	100
>50	7	100
	8	80

4.4　钢结构设计

4.4.1　圆筒炉各部位结构的作用

圆筒炉的主要结构见图 4.4.1。各部位结构的作用如下：

a)立柱，承担所用上部结构传下来的所有荷载；

b)炉底圈梁，在整个结构体系中主要起到保证结构整体稳定的效果；

c)辐射段筒体，与筒体立柱组合成一个圆柱形结构，具有良好的抗侧能力；

d)辐射段中间圈梁，主要能够减少筒体立柱的长细比；

e)吊管梁，承担辐射段的炉管的重量和合金钢吊钩的重量；

f)炉顶圈梁，主要起到保证结构整体稳定的效果，当对流底部大梁直接安放到此圈梁上时，应考虑圈梁的抗弯刚度是否能够满足这一特殊要求；

g)对流底大梁，承担对流段及其以上的全部荷载；

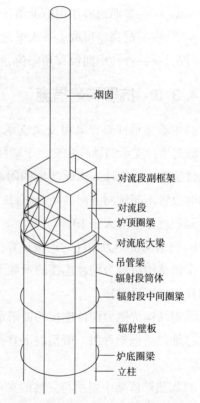

图 4.4.1　圆筒炉主要结构示意图

h)对流段副框架，当对流顶部设置较高的烟囱时，宜设置此框架，有良好的抗侧能力，并且能够大大提高对流段的抗侧刚度，从而降低自振周期。

4.4.2　箱式炉各部位结构的作用

箱式炉的主要结构见图 4.4.2。其各部位结构的作用如下：

a)立柱，承担上部结构传下来的所有荷载；

b)炉底圈梁，在整个结构体系中主要起到保证结构整体稳定的效果；

c）辐射段壁板，与焊接在壁板上立柱组合成一个水平抗侧力构件，对平行于壁板方向的水平力具有良好的抗侧能力；

d）辐射段圈梁，主要能够减少立柱平面内的长细比；

e）炉顶圈梁，主要起到保证结构整体稳定的效果；

f）辐射顶过渡段，对于方炉，大多数情况下都有烟道从辐射室过渡进入对流室，这一段没有壁板提供抗侧能力，类似于高层结构中的转换层，故在设计这方面的内容时，在不影响正常操作、检修的情况下，尽量多提供抗侧能力的构件，尽量匹配对流段和辐射段抗侧能力；

g）对流段副框架，当对流顶部设置较高的独立烟囱时，宜设置此框架，有良好的抗侧能力，并且能够大大提高对流段的抗侧刚度，从而降低自振周期。

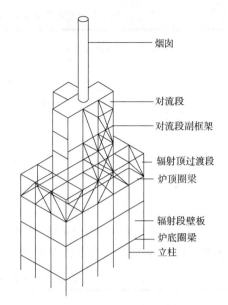

图 4.4.2　箱式炉主要结构示意图

4.4.3　加热炉结构选用材料及型号

a）加热炉钢结构材料一般采用 Q235，也可使用 Q345；

b）方炉立柱一般选用 HW、HM 热轧型钢或者宽翼缘的焊接型钢；

c）圆炉立柱受到筒体曲率的影响，尽可能选择工字钢或者 HN 热轧型钢；

d）加热炉横梁宜选用抗弯模量大，自重较轻的 HN 型钢。

4.4.4　常用钢材的性能指标

（1）碳素结构钢（GB/T 700—2006）

Q235 碳素结构钢的化学成分、力学性能分别见表 4.4.4 - 1、表 4.4.4 - 2。

表 4.4.4 - 1　Q235 钢的化学成分（GB/T 700—2006）

牌号	等级	化学成分（质量分数）/%，不大于					脱氧方法
		C	Mn	Si	S	P	
Q235	A	0.22	1.40	0.35	0.050	0.045	F、Z
	B	0.20			0.045		
	C	0.17			0.040	0.040	Z
	D				0.035	0.035	TZ

注：F 为沸腾钢，Z 为镇静钢，TZ 为特殊镇静钢。

表 4.4.4 - 2　Q235 钢的力学性能

牌号	等级	屈服强度 R_{eH}/(N/mm^2)，不小于				抗拉强度 R_m/ (N/mm^2)	断后伸长率 A/%，不小于			冲击试验 (V 形缺口)	
		厚度（或直径）/mm					厚度（或直径）/mm			温度/ ℃	冲击功（纵向）/J 不小于
		≤16	>16 ~ 40	>40 ~ 60	>60 ~ 100		≤40	>40 ~ 60	>60 ~ 100		
Q235	A	235	225	215	195	370 ~ 500	26	25	24	—	—
	B									+ 20	27
	C									0	
	D									− 20	

（2）低合金高强度结构钢（GB/T 1591—2018）

Q355 钢的化学成分、力学性能分别见表 4.4.4 - 3、表 4.4.4 - 4。

表 4.4.4 - 3　Q355 钢的化学成分

牌号	质量 等级	化学成分（质量分数）/%									
		C，不大于		Mn	Si	P≤	S≤	Cr	Ni	Cu	N
		厚度（或直径）/mm									
		≤16	>40								
Q355	B	0.24		1.60	0.55	0.035	0.035	0.30	0.30	0.40	0.012
	C	0.20	0.22			0.030	0.030				
	D	0.20	0.22			0.025	0.025				—

表 4.4.4 - 4　Q355 钢的力学性能

牌号	质量 等级	屈服强度 R_{eH}/(N/mm^2)，不小于					抗拉强度 R_m/ (N/mm^2)	断后伸长率 A/%，不小于						冲击试验 (V 形缺口)		
		厚度（或直径）/mm						厚度（或直径）/mm						温度/ ℃	冲击功/J 不小于	
								≤40		>40 ~ 63		>63 ~ 100			纵 向	横 向
		≤16	>16 ~ 40	>40 ~ 63	>63 ~ 80	>80 ~ 100	≤100	纵向	横向	纵向	横向	纵向	横向			
Q355	B	355	345	335	325	315	470 ~ 630	22	20	21	19	20	18	20	34	27
	C													0	34	27
	D													− 20	34	27

4.4.5　连接材料

（1）焊接材料

用于焊条电弧焊连接的焊条，应符合现行国家标准 GB/T 5117《非合金钢及细晶粒钢焊条》或 GB/T 5118《热强钢焊条》的规定，选择的焊条型号与主体金属强度相适应。对直接承受动力荷载或振动荷载或需验算疲劳的结构，宜采用低氢型焊条。

对于采用强度级别为 Q235 钢的结构宜采用 E43 型焊条，对采用强度级别为 Q355 钢的结构宜采用 E50 型焊条。

自动焊接和半自动焊接采用的焊丝和焊剂，除应与主体金属的强度相适应外，其相互间的含锰量尚应对应，并应符合现行国家标准中焊接用焊丝和焊剂的规定。

若需采用电渣焊和气体保护焊时，其采用的焊接材料和焊接工艺，应经实验后确定。

(2)普通螺栓和锚栓

a)普通螺栓：普通螺栓分为 A 级、B 级和 C 级，应分别符合现行国家标准 GB/T 5780《六角头螺栓 C 级》和 GB/T 5782《六角头螺栓 A 级和 B 级》的有关规定，一般钢结构中常用 C 级螺栓。其与母材连接时，螺栓孔的允许偏差及孔壁表面粗糙度，均应符合现行国家标准 GB 50205《钢结构工程施工质量验收规范》的要求。

b)锚栓：锚栓可采用符合国家标准 GB/T 700《碳素结构钢》中规定的 Q235 钢或 GB/T 1591《低合金高强度结构钢》中规定的 Q355 钢制成。

(3)高强度螺栓和铆钉

a)高强度螺栓：按螺栓施工时所采用的工艺，分为大六角头螺栓和扭剪型螺栓两种，应分别符合现行国家标准 GB/T 1231《钢结构用高强度大六角头螺栓、大六角头螺母、垫圈技术条件》和 GB/T 3632《钢结构用扭剪型高强度螺栓连接副》的规定，其材质要求见表 4.4.5。

表 4.4.5　高强度螺栓材质的选用

	大六角头螺栓连接副			扭剪型螺栓连接副		
	螺栓	螺母	垫圈	螺栓	螺母	垫圈
8.8 级螺栓	45 号钢	35 号钢	45 号或 35 号	—	—	—
10.9 级螺栓	20MnTiB 35VB	45 号钢	45 号钢	20MnTiB	35 号钢	45 号钢

注：①当连接副为大六角头螺栓时，由 1 个螺母、1 个螺栓、2 个垫圈组成；连接副为扭剪型螺栓时，由 1 个螺栓、1 个螺母、1 个垫圈组成。
②35 号钢、45 号钢应符合国家标准 GB/T 699《优质碳素钢》的规定，35VB 应符合 GB/T 1231 的规定，20MnTiB 应符合 GB/T 3077 的规定。
③扭剪型螺栓的直径不宜大于 24mm；大六角头螺栓当为 8.8 级时，直径不宜大于 22mm；当为 10.9 级，若采用 40B 时，螺栓直径不宜大于 24mm，采用 35VB 时直径不宜大于 30mm。

b)铆钉：目前已很少采用此种连接，其材质应采用《标准件用碳素钢热轧圆钢》(GB 715—1989)中规定的 BL2 或 BL3 号钢，并应满足热顶锻试验合格。

4.4.6　设计基本规定

a)按结构分析所得的内力(即荷载效应)，进行构件截面和连接的稳定和强度验算，即承载能力极限状态的设计。

b)按结构所承受的荷载，对结构或构件的变形进行验算，并控制不超过某项规定限值，即正常使用极限状态。

c) 结构的安全等级按照二级设计。

d) 钢结构构件设计应考虑的内容：

①构件强度：按强度公式计算判定，对压弯、拉弯和弯曲构件，尚应根据其受压翼缘的局部稳定情况，分别按截面为弹性或弹塑性进行校核。对轴心受压和受拉构件应考虑截面削弱的影响，若连接为摩擦型高强螺栓可考虑孔前传力的有力影响。

②构件的整体稳定：对轴压、压弯、弯曲构件按整体稳定公式计算判定。

③构件的局部稳定：是对构件中的受压部件在杆件受力过程中，保证其部件不产生变形即局部失稳，使之能充分发挥全截面强度。对压杆、压弯杆件、受弯构件的受压翼缘通常以部件的宽厚比表示；压杆为与杆件长细比有关的数值；压弯杆件为与长细比和截面应力状态有关的数值；受弯构件受压翼缘是按截面应力状态分为三个定值数值表示；设计确定截面时，即需按拟定的杆件状态，来确定宽厚比，以保证局部稳定，最后予以复验，对受弯构件腹板局部稳定应根据板面尺寸、应力状态，经计算予以确定。

④构件和结构的变形：按变形计算公式及限值规定，计算判定。

4.4.7　钢结构设计计算采用的指标

(1) 钢材和连接的强度设计值

钢材的强度设计值、焊缝的强度设计值和螺栓连接的强度设计值见表 4.4.7.1 ~ 表 4.4.7.3。

表 4.4.7 – 1　钢材的强度设计值　　　　　　　　　　N/mm²

钢材		抗拉、抗压和抗弯 f	抗剪 f_v	端面承压（刨平顶紧）f_{ce}
牌号	厚度或直径/mm			
Q235	≤16	215	125	320
	>16 ~ 40	205	120	
	>40 ~ 100	200	115	
Q355	≤16	305	175	400
	>16 ~ 40	295	170	
	>40 ~ 63	290	165	
	>63 ~ 80	280	160	

注：表中厚度系指计算点的钢材厚度，对轴心受力构件应按截面中较厚板件取用。

表 4.4.7 – 2　焊缝的强度设计值　　　　　　　　　　N/mm²

焊接方法和焊条型号	构件钢材		对接焊缝			角焊缝
	牌号	厚度或直径/mm	抗压 f_c^w	焊缝质量为下述等级时，抗拉 f_t^w		抗拉、抗压和抗弯 f_f^w
				一级、二级	三级	抗剪 f_v^w
自动焊、半自动焊、E43 型焊条的手工焊	Q235	≤16	215	215	185	125
		>16 ~ 40	205	205	175	120
		>40 ~ 100	200	200	170	115

表中角焊缝列：160

续表

焊接方法和焊条型号	构件钢材		对接焊缝				角焊缝
	牌号	厚度或直径/mm	抗压 f_c^w	焊缝质量为下述等级时，抗拉 f_t^w		抗剪 f_v^w	抗拉、抗压和抗弯 f_f^w
				一级、二级	三级		
自动焊、半自动焊、E50型焊条的手工焊	Q355	≤16	310	310	305	175	200
		>16~40	295	295	250	170	
		>40~63	290	290	225	165	
		>63~80	280	280	210	160	

注：①自动焊和半自动焊所采用的焊丝和焊剂，应保证其熔敷金属的力学性能不低于相应手工焊焊条的数值。

②焊缝质量等级应符合现行国家标准 GB 50025《钢结构工程施工质量验收规范》的规定；其中厚度小于 6mm 的钢材其对接焊缝不应采用超声波探伤确定焊缝质量等级。

③对接焊缝在受拉区抗弯强度设计值取 f_t^w，在受压区抗弯强度设计值取 f_c^w。

表 4.4.7-3　螺栓连接的强度设计值　　　　　　N/mm²

螺栓的牌号或性能等		受力类别	构件钢材牌号			
			Q235 钢	Q355 钢	Q390 钢	Q420 钢
普通螺栓	4.6级 4.8级（C级螺栓）	承压 f_c^b	305	385	400	425
		抗拉 f_t^b	170			
		抗剪 f_v^b	140			
	5.6级（C级螺栓）	承压 f_c^b	305	385	400	425
		抗拉 f_t^b	210			
		抗剪 f_v^b	190			
	8.8级（A级、B级螺栓）	承压 f_c^b	405	510	530	560
		抗拉 f_t^b	400			
		抗剪 f_v^b	320			
承压型高强螺栓	8.8级	承压 f_c^b	470	590	615	655
		抗剪 f_v^b	250			
		抗拉 f_t^b	400			
	10.9级	承压 f_c^b	470	590	615	655
		抗剪 f_v^b	310			
		抗拉 f_t^b	500			
锚栓	Q235 钢	抗拉 f_t^a	140			
	Q355 钢	抗拉 f_t^a	180			

注：①普通螺栓8.8级仅用于 A 级与 B 级螺栓。A 级螺栓用于直径 $d \leqslant 24mm$ 和 $l \leqslant 10d$ 或 $l \leqslant 150mm$（按较小值）的螺栓；B 级螺栓用于 $d > 24mm$ 和 $l > 10d$ 或 $l > 150mm$（按最小值）的螺栓。d 为公称直径，l 为螺杆公称长度。

②普通螺栓中 A、B 级螺栓孔的精度和孔壁表面粗糙度，C 级螺栓孔的允许偏差和孔壁粗糙度，均应符合现行国家标准 GB 50205《钢结构工程施工质量验收规范》的要求。

（2）构件和连接强度设计值的折减

在计算下列情况的构件和连接时，应将上述表中规定的强度设计值乘以相应的折减系数，见表4.4.7-4，当几种情况同时存在时，其折减系数应连乘。

表4.4.7-4　强度设计值的折减系数

项次	结构构件和连接情况			折减系数
1		按轴心受力(受拉或受压)计算强度和连接		0.85
2	单面连接角钢	按轴心受压计算稳定	等边角钢	$0.6 + 0.0015\lambda$ 但不大于 1.0
3			不等边角钢 短边相连	$0.5 + 0.0025\lambda$ 但不大于 1.0
4			长边相连	0.70
5	螺栓连接中螺栓承载力或强度	节点或拼接接头的一端沿受力方向的连接长度l_1	$l_1 > 15d_0$	$1.1 - \dfrac{l_0}{150d_0}$
			$l_1 > 60d_0$	0.70
6		跨度等于或大于60m桁架的受压弦杆和端压腹杆		0.95
7		无垫板的单面施焊对接焊缝		0.85
8		施工条件较差的高空安装焊缝和铆钉连接		0.90
9		沉头和半沉头铆钉连接		0.80

注：在2、3项中，对中间无联系的单角钢压杆，λ为按最小回转半径计算的长细比，当表中 λ<20 时，取 λ = 20；d_0 为螺栓孔直径。

（3）结构或构件的变形限值

为了不影响结构或构件的观感和正常使用，故对其变形(即挠度和侧移)应规定限值。变形计算，可不考虑连接或节点处螺栓孔引起的截面削弱。对横向构件的挠度影响，可采用预起拱的方法消除，起拱值一般取恒荷载标准值加1/2的活荷载标准值所引起的挠度值，此时构件挠度应取扣除起拱值。

a)受弯构件的挠度允许值，见表4.4.7-5。

表4.4.7-5　受弯构件的挠度允许值

构件名称	允许挠度	
	$[\nu_T]$	$[\nu_Q]$
吊炉管的大梁	$L/400$	$L/500$
主框架大梁	$L/400$	$L/500$
圆筒炉对流室底大梁	$L/450$	$L/550$
烟囱底座大梁	$L/400$	$L/500$
炉底梁	$L/360$	$L/450$
其他梁	$L/250$	—
操作棚檩条	$L/200$	—
炉顶风机底座梁	$L/400$	—

注：①L 为受弯构件跨度，对于悬臂梁应取2倍的伸出长度；
　　②$[\nu_T]$为全部荷载标准值产生的挠度允许值；
　　③$[\nu_Q]$为可变荷载引起的挠度允许值。

b)加热炉结构的水平位移允许值,见表4.4.7-6。

表4.4.7-6 加热炉结构的水平位移允许值

项次	位移种类	允许值	备注
1	柱顶位移—多层框架	$H/500$	H 为自基础顶面至柱顶的高度;
2	相邻横梁间相对位移—多层框架	$h/400$	h 为相邻横梁间高度

(4)钢材和钢铸件的物理性能指标

钢材和钢铸件的物理性能指标见表4.4.7-7。

表4.4.7-7 钢材和钢铸件的物理性能指标

弹性模量 $E/(\text{N/mm}^2)$	剪切模量 $G/(\text{N/mm}^2)$	线膨胀系数 α	质量密度 $\rho/(\text{kg/m}^3)$	泊松比 υ
206×10^3	79×10^3	12×10^{-6}	7850	0.3

4.4.8 加热炉钢结构计算

(1)设计规范

加热炉钢结构应按照 GB 50017—2017《钢结构设计标准》及 SH/T 3070—2005《石油化工管式炉钢结构设计规范》有关内容进行。

(2)计算长度

a)方箱炉辐射段立柱计算长度取值:

①强轴方向取横梁间的距离,弱轴方向取加强圈之间的距离;

②中间立柱长度,强轴取炉底与炉顶大梁之间的距离,弱轴方向取加强圈之间的距离;

③对于辐射段设有平台的方箱炉,如果在辐射段中间设置有平台,且平台梁设计成为具有一定能力的抗水平桁架,那么立柱主轴方向的计算长度应给予合理的折减。

b)圆筒形加热炉辐射段计算长度取值:

①强轴方向取炉底与炉顶圈梁之间的距离乘以0.7;

②弱轴方向取加强筋之间的距离;

③如果辐射段设有卧放的 H 形或工字形圈梁,则主轴方向取圈梁与炉底、炉顶或者圈梁之间距离并乘以1.2的系数。

c)其他构件的计算长度取值应符合 SH/T 3070—2005 第7.6条之规定。

(3)构造要求

a)在钢结构的受力构件及连接中,不宜采用厚度小于4mm的钢板;壁厚小于3mm的钢管;截面小于∠45×4或∠56×36×4的角钢(对焊结构),或截面小于∠50×5的角钢。

b)在对接焊缝的拼接处:当焊件的宽度不同或厚度在一侧相差4mm以上,应分别在宽度方向或厚度方向从一侧或两侧做成坡度不大于1:2.5的斜角;当厚度不同时,焊缝坡口形式应根据较薄焊接厚度按照相关国家标准的要求选用。

c)高强螺栓孔应采用钻成孔。摩擦型连接的高强度螺栓的孔径比螺栓公称直径 d 大1.5~2mm;承压型连接的高强度螺栓的孔径比螺栓公称直径 d 大1.0~1.5mm。

d)在高强度螺栓的连接范围内,构件接触面的处理方法应在施工图中说明。

e)C级螺栓宜用于沿杆轴方向受拉的连接，在下列情况下也可以用于受剪连接：

①承受静力荷载或间接承受动力荷载构件中的次要连接；

②承受静力荷载的可拆卸结构的连接；

③临时固定构件用的安装连接。

f)柱脚锚栓不宜用以承受柱脚底部的水平反力，此水平反力由地板与混凝土基础间的摩擦力(摩擦系数可取0.4)或设置抗剪件承受。

g)圆筒形加热炉钢结构应符合以下要求：

①筒体直径小于4m时，宜采用无立柱的筒体结构；

②筒体直径等于或大于4m时，应采用有立柱的筒体结构，立柱的根数应为偶数，相邻两立柱之间的筒体外壁弧长宜为1.6~2.7m；

③筒体中间环梁上下间距宜为2~3m；

④有立柱的筒体，筒体壁厚不应小于5mm，无立柱的筒体壁厚，不应小于6mm；

⑤对流室副框架中的横梁与立柱弱轴之间可采用铰接。

h)方箱型加热炉，钢结构应符合下列要求：

①侧向柱列相邻两柱的间距不大于6m；

②对流室副框架中的横梁与立柱之间可采用铰接；

③穿过炉膛的梁，立柱应采用降温隔热处理。

i)计算要点：

①对于立式方箱炉，侧壁板应进行网格划分，并且网格划分后每块板的长边与短边之比不宜大于4，或者将壁板简化成平面抗侧构件亦可；

②对于圆筒形加热炉筒体壁板应进行网格划分，并且网格划分后每块板的长边与短边之比不宜大于4。

4.4.9　加热炉柱脚计算

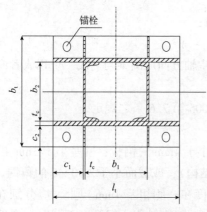

图4.4.9-1　柱脚底板示意图

(1)底板

a)底板尺寸b_t、l_t：底板尺寸先按构造要求确定，图4.4.9-1中b_1、b_2为柱截面尺寸；t_c为靴板和加劲肋厚度，按计算或构造要求；c_1、c_2的尺寸要考虑到锚栓安装时净空尺寸的要求。

b)底板厚度δ_t可按下式计算：

$$\delta_t = \sqrt{\frac{6M_{max}}{f}} \qquad (4.4.9-1)$$

式中　M_{max}——根据底板上靴板、加劲肋布置的情况，分别按照4边支承、3边支承、相邻两边支承及悬臂支承计算的最大底板弯矩。

c)4边支承板弯矩M_4可按下式计算：

$$M_4 = \alpha q a^2 \qquad (4.4.9-2)$$

式中　α——由长边 b 与短边 a 的比值，见表4.4.9－1；

　　　a——底板短边尺寸；

　　　q——计算范围内基础的底板的压应力，柱为轴心受压时，压应力取均布压应力。

表4.4.9－1　系数 α

b/a	1.0	1.1	1.2	1.3	1.4	1.5
α	0.048	0.055	0.063	0.069	0.075	0.081
b/a	1.6	1.7	1.8	1.9	2.0	>2.0
α	0.086	0.091	0.094	0.098	0.100	0.125

d)3 边支撑板弯矩 M_3 可按下式计算：

$$M_3 = \beta q a^2 \qquad (4.4.9-3)$$

式中　β——b/a 的比值，见表4.4.9－2；

　　　a——自由边。

表4.4.9－2　系数 β

b/a	0.3	0.35	0.45	0.5	0.55	0.60	0.65	0.70	0.75	0.80	0.85
β	0.027	0.036	0.052	0.06	0.068	0.074	0.081	0.088	0.092	0.097	0.102
b/a	0.90	0.95	1.0	1.1	1.2	1.3	1.4	1.5	1.75	2.0	>2.0
β	0.107	0.109	0.112	0.117	0.120	0.124	0.126	0.128	0.130	0.132	0.133

注：当 $b/a < 0.3$ 时，按悬挑长度为 b 的悬臂板计算。

e)相邻两边支承板可近似按照3 边支承板计算，a、b 的取值如图4.4.9－2 所示。

f)简支板的弯矩 M_2 可按下式计算：

$$M_2 = 0.125 q a_1^2 \qquad (4.4.9-4)$$

式中　a_1——简支板跨度。

g)悬臂板弯矩 M_1 可按下式计算：

$$M_1 = 0.5 q a_2^2 \qquad (4.4.9-5)$$

式中　a_2——悬臂长度。

注意，底板尺寸不得小于18mm 且不应小于立柱较厚件的厚度。

（2）地脚螺栓所在处的冲切破坏计算

$$\delta_t \sqrt{\frac{6NL}{(\phi + 2L)f}} \qquad (4.4.9-6)$$

式中　N——单个螺栓拉力，N；

ϕ——螺栓孔直径，mm；

L——螺栓中心到靴板的距离，mm，见图4.4.9 - 3；

f——底板抗压设计强度，Pa。

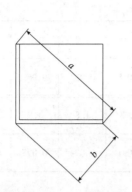

图4.4.9 - 2　3边支承板

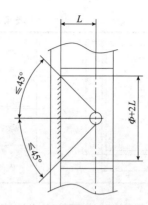

图4.4.9 - 3　地脚螺栓结构尺寸示意图

当为高台底座时，4.4.9 条中(1)所计算出的底板厚度为基础相接的底板厚度，4.4.9 条中(2)所计算出的底板厚度为地脚螺栓的螺母所接触的锚栓支撑托座的厚度；当为非高台底座时，柱脚底板厚度取4.4.9 条中(1)和4.4.9 条中(2)两条所计算出的底板厚度的最大值。

(3)靴板

靴板为柱的扩大板，其作用是加大柱脚底部承压面积，使柱内力扩散到基础上。靴板有两种做法：一种是将翼缘扩大直接连于底板上，此时靴板上部与翼缘等宽，采用对接焊。另一种是用角焊缝将靴板贴在立柱的翼缘处，此时，靴板上部宽度可取柱宽加 3 ~ 4cm，下部与底板同宽，靴板高度不宜小于 150mm，其厚度不宜小于 10mm，且不得小于立柱翼缘的厚度，多数情况下一般靴板厚度取立柱翼缘的厚度。

靴板的计算方法如下：

a)轴心受压时

$$N_{c1} = \frac{N_c}{4} \qquad (4.4.9 - 7)$$

式中　N_c——柱脚处的总轴力。

b)偏心受压时

$$N_{c1} = \frac{N_c}{4} + \frac{M_x}{2a} + \frac{M_y}{2b} \qquad (4.4.9 - 8)$$

式中　M_x、M_y——柱脚处绕 x、y 轴的弯矩；

　　　a、b——M_x、M_y 弯矩作用方向两肢间的距离。

c)靴板焊接高度的计算

$$h_s = \frac{N_{c1}}{0.7 h_f f_f^w} + 10\text{mm} \qquad (4.4.9 - 9)$$

式中　h_f——为焊缝高度，一般取靴板厚。

(4)地脚螺栓的选取

当 M/N 小于 $L/6 + S/3$ 时，表示全截面受压或者地脚螺栓还未参加工作，这时只需要构造配置螺栓即可。

柱脚受拉区锚栓的总净截面面积 A_1 可按下式计算：

$$A_1 \geqslant \frac{M - Na_{\mathrm{m}}}{f_{\mathrm{f}}^{\mathrm{w}} x} \qquad (4.4.9-10)$$

式中　M、N——柱脚板底部的弯矩和轴力；

　　　a_{m}——由柱截面形心轴到柱脚底面受压区压力合力线的距离；

　　　x——从锚栓轴线到柱脚底面受压区压力合力线的距离；

　　　$f_{\mathrm{f}}^{\mathrm{w}}$——锚栓的抗拉强度设计值。

$$a_{\mathrm{m}} = \frac{L}{2} - \frac{L(NL+6M)}{36M} \qquad (4.4.9-11)$$

$$x = \frac{L}{2} - s + a_{\mathrm{m}} \qquad (4.4.9-12)$$

　　　L——柱底板的长度；

　　　s——锚栓孔中心到底板边缘的距离。

地脚螺栓的受力分布，如图4.4.9-4所示。

注：N、M 具有方向性。

4.5　钢烟囱

4.5.1　基本规定

钢烟囱的基本规定可参见《烟囱工程技术标准》（GB/T 50051—2021）的有关要求。

4.5.2　荷载与作用

荷载与作用可参见《烟囱工程技术标准》（GB/T 50051—2021）的有关要求。在风荷载

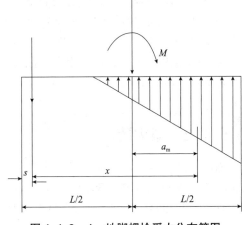

图4.4.9-4　地脚螺栓受力分布简图

一节中，当临界风速 v_{cr} 小于顶部风速 v_{H} 时，H_1 与 H_2 有可能也很小，此时应取 $H_2 = H$ 来倒推顶部风速 v_{H}，让该值作为判定横向风振的依据。

4.5.3　强度及稳定计算

烟囱强度及稳定计算可参见《烟囱工程技术标准》（GB/T 50051—2021）的有关要求。

钢烟囱的构造要求应满足《烟囱工程技术标准》（GB/T 50051—2021）的有关要求。

钢烟囱开洞：

a) 当烟囱开洞宽度大于此处烟囱直径的 0.4 倍，应设置环向加强筋和纵向加强筋。

b) 当烟囱开洞宽度小于此处烟囱直径的 0.4 倍，可仅设置纵向加强筋。

c) 为了减少烟囱开洞后而产生的应力集中，纵向加强筋每端应伸出洞口 0.5 倍的开洞宽度。

4.5.4　钢烟囱有限元分析

钢烟囱的计算宜采用有限元分析，对于变截面，开洞补强处宜进行有限元分析计算。

第5章 炉衬

5.1 耐火材料

5.1.1 概述

炉衬是由耐火和隔热材料(简称耐火材料)构成的炉子衬里的总称。炉衬因为所处的位置和承受的工况的差异,其所选用的耐火材料和结构也不同。

石油化工管式炉常用的炉衬材料有轻质浇注料、陶瓷纤维制品、耐火砖,用作保温层的有硅酸钙板、微孔纳米绝热板等,还有一些用作防止低温露点腐蚀的涂料。

常规的耐火材料产品都有相应的标准,有国外标准、国家标准或行业标准,也有大量的企业标准。为了方便应用,本节列出了炼厂加热炉常规耐火材料中常用的国内标准及性能。

5.1.2 耐火砖

炼厂加热炉常用的耐火砖类标准有 GB/T 2988—2012《高铝砖》、GB/T 3995—2014《高铝质隔热耐火砖》、GB/T 3994—2013《粘土质隔热耐火砖》等。与耐火砖标准相应的泥浆标准有 GB/T 2994—2008《高铝质耐火泥浆》和 GB/T 14982—2008《粘土质耐火泥浆》。

(1)高铝砖

高铝砖(GB/T 2988—2012)分为普通高铝砖和低蠕变高铝砖两大类。普通高铝砖是以煅烧矾土为主要原料烧成的。低蠕变高铝砖是蠕变率较低的烧成高铝制品。按其理化指标分为 LZ-48、LZ-55、LZ-65、LZ-70、LZ-75、LZ-80、LZ-55G、LZ-65G、LZ-75G 九个牌号。牌号中 L、Z 为铝、砖的汉语拼音首字母,数字为氧化铝质量分数,其后的 G 代表高炉用砖。炼厂加热炉用的是普通高铝砖,普通高铝砖的技术指标见表 5.1.2-1(高炉用砖没列出)。

表 5.1.2-1 普通高铝砖的技术指标(摘自 GB/T 2988—2012)

项目		指标					
		LZ-80	LZ-75	LZ-70	LZ-65	LZ-55	LZ-48
$\omega(Al_2O_3)$/%	≥	80	75	70	65	55	48
显气孔率/%	≤	21	24	24	24	22	22

项目		指标					
		LZ－80	LZ－75	LZ－70	LZ－65	LZ－55	LZ－48
常温耐压强度/MPa	≥	60	50	45	40	35	30
0.2MPa荷重软化开始温度/℃	≥	1530	1520	1510	1500	1450	1420
加热永久线变化/%	1500℃×2h	－0.4～0.2			—		
	1450℃×2h	—			－0.4～0.1		

（2）高铝质隔热耐火砖

高铝质隔热耐火砖（GB/T 3995—2014）按化学成分分为低铁高铝质隔热耐火砖和普通高铝质隔热耐火砖两类，如表5.1.2－2所示。型号中D、L、G分别是低、铝、隔的汉语拼音首字母；170、160、……、125等分别代表砖的分级温度（加热永久线变化的试验温度）的前三位数；1.3、1.0、……、0.5等分别代表砖的体积密度；末尾的L表示该牌号的体积密度低于GB/T 16763《定形隔热耐火制品分类》的规定值。低铁高铝质隔热耐火砖、普通高铝质隔热耐火砖的技术指标见表5.1.2－3、表5.1.2－4。

表5.1.2－2　高铝质隔热耐火砖的分类及型号（摘自GB/T 3995－2014）

分类	型号					
低铁高铝质	DLG170－1.3L	DLG160－1.0L	DLG150－0.8L	DLG140－0.7L	DLG135－0.6L	DLG125－0.5L
普通高铝质	LGl40－1.2	LGl40－1.0	LGl40－0.8L	LGl35－0.7L	LG135－0.6L	LG125－0.5L

表5.1.2－3　低铁高铝质隔热耐火砖的技术指标（摘自GB/T 3995—2014）

项目		指标					
		DLG170－1.3L	DLG160－1.0L	DLG150－0.8L	DLG140－0.7L	DLG135－0.6L	DLG125－0.5L
$\omega(Al_2O_3)$/%	≥	72	60	55	50	50	48
$\omega(Fe_2O_3)$/%	≤	1.0					
体积密度/（g/cm³）	≤	1.3	1.0	0.8	0.7	0.6	0.5
常温耐压强度/MPa	≥	4.5	2.5	2.0	1.5	1.2	1.0
加热永久线变化/%（T，℃×12h）	试验温度 T/℃	1700	1600	1500	1400	1350	1250
	范围	－1.0～0.5				－2.0～1.0	
导热系数（平均温度350℃±25℃）/[W/(m·K)]	≤	0.60	0.50	0.35	0.30	0.25	0.20

表 5.1.2－4　普通高铝质隔热耐火砖的技术指标（摘自 GB/T 3995—2014）

项目		指标					
		LG140－1.2	LG140－1.0	LG140－0.8L	LG135－0.7L	LG135－0.6L	LG125－0.5L
$\omega(Al_2O_3)$/%	≥	48					
$\omega(Fe_2O_3)$/%	≤	2.0					
体积密度/（g/cm³）	≤	1.2	1.0	0.8	0.7	0.6	0.5
常温耐压强度/MPa	≥	4.0	3.0	2.2	12.0	1.5	1.0
加热永久 线变化/%	试验条件	1400℃×12h			1350℃×12h		1250℃×12h
	范围	－2.0～1.0					
导热系数（平均 温度350℃± 25℃）/[W/(m·K)]	≤	0.55	0.50	0.35	0.30	0.25	0.20

（3）黏土质隔热耐火砖

黏土质隔热耐火砖（GB/T 3994—2013）按理化指标分为：NG140－1.5、NG135－1.3、NG135－1.2、NG130－1.0、NG125－0.8、NG120－0.6、NG115－0.5 七个牌号，其中 N、G 分别代表黏、隔汉字的汉语拼音首字母；140、135、……、115 等分别代表黏土质加热永久线变化试验温度的前三位数；1.5、1.3、……、0.5 等分别代表砖的体积密度。其理化指标见表 5.1.2－5。

表 5.1.2－5　黏土质隔热耐火砖理化指标（摘自 GB/T 3994—2013）

项目		指标						
		NG140－1.5	NG135－1.3	NG135－1.2	NG130－1.0	NG125－0.8	NG120－0.6	NG115－0.5
体积密度/ （g/cm³）	≤	1.5	1.3	1.2	1.0	0.8	0.6	0.5
常温耐压 强度/MPa	≥	5.5	4.5	4.0	3.0	2.0	1.0	0.8
加热永久 线变化/%	试验条件	1400℃×12h	1350℃×12h		1350℃×12h	1250℃×12h	1200℃×12h	1150℃×12h
	范围	－2～1						
导热系数 平均温度 (350±25)℃/ [W/(m·K)]	≤	0.65	0.55	0.50	0.40	0.35	0.25	0.23

（4）高铝质耐火泥浆

高铝质耐火泥浆（GB/T 2994—2008）按 Al_2O_3 含量分为三类七个牌号：

a）普通高铝质耐火泥浆：LN－55、LN－65、LN－75；

b）磷酸盐结合高铝质耐火泥浆：LN－65P、LN－75P；

c）磷酸盐结合刚玉质耐火泥浆：GN－85P、GN－90P。

L、N、G 分别为铝、泥、刚（玉）的汉语拼音首字母，其后的数字代表主要成分的质量分数，P 代表磷酸盐结合耐火泥浆。

炼厂加热炉常用的是砌筑高铝质耐火砖用的高铝质耐火泥浆，高铝质耐火泥浆的理化指标见表 5.1.2 - 6。

表 5.1.2 - 6　高铝质耐火泥浆的理化指标（摘自 GB/T 2994—2008）

项目		指标						
		LN - 55	LN - 65	LN - 75	LN - 65P	LN - 75P	GN - 85P	GN - 90P
$\omega(Al_2O_3)/\%$　不小于		55	65	75	65	75	85	90
耐火度/℃　不低于		1760	1780	1780	1780	1780	1780	1800
常温抗折粘结强度/MPa 不小于	110℃ 干燥后	1.0	1.0	1.0	2.0	2.0	2.0	2.0
	1400℃ ×3h 烧后	4.0	4.0	4.0	6.0	6.0	—	—
	1500℃ ×3h 烧后	—					6.0	6.0
0.2MPa 荷重软化温度 T_2/℃ 不低于		—			1400		1600	1650
加热永久线变化率/%	1400℃ ×3h 烧后	−5 ~ +1					—	
	1500℃ ×3h 烧后	—					−5 ~ +1	
粘结时间/min		1 ~ 3						
粒度/%	<1.0mm	100						
	>0.5mm，不大于	2						
	<0.075mm，不小于	50					40	

注：如有特殊要求，粘结时间由供需双方协议确定。

（5）黏土质耐火泥浆

黏土质耐火泥浆（GB/T 14982—2008）按理化性能分为 NN - 30、NN - 38、NN - 42、NN - 45、NN - 45P 五个牌号。N、N 分别代表黏、泥的汉语拼音首字母，其后的数字代表主要成分的质量分数，P 代表磷酸盐结合耐火泥浆。

黏土质耐火泥浆的理化指标见表 5.1.2 - 7。

表 5.1.2 -7　黏土质耐火泥浆的理化指标（摘自 GB/T 14982—2008）

项目		指标				
		NN - 30	NN - 38	NN - 42	NN - 45	NN - 45P
$\omega(Al_2O_3)/\%$　不小于		30	38	42	45	45
耐火度/℃　不低于		1620	1680	1700	1720	1720
常温抗折粘结强度/MPa	110℃ 干燥后	1.0	1.0	1.0	1.0	2.0
	1200℃ ×3h 烧后	3.0	3.0	3.0	3.0	6.0
0.2MPa 荷重软化温度 T_2/℃　不低于		—				1200
加热永久线变化率/%	1200℃ ×3h 烧后	−5 ~ +1				
粘结时间/min		1 ~ 3				

项目		指标				
		NN－30	NN－38	NN－42	NN－45	NN－45P
粒度/%	＜1.0mm	100				
	＞0.5mm，不大于	2				
	＜0.075mm，不小于	50				

注：如有特殊要求，粘结时间由供需双方协议确定。

（6）几种定形耐火砖的导热系数和比热容

表5.1.2－8为常用几种定形耐火砖的导热系数和比热容，可作为参考。

表5.1.2－8　几种定形耐火制品的导热系数及比热容

耐火制品名称	导热系数/[W/(m·℃)]	比热容/[kJ/(kg·℃)]
黏土质耐火砖	$0.84 + 0.58 \times 10^{-3}t$	$0.879 + 0.23 \times 10^{-3}t$
高铝砖(LZ－65)		$0.796 + 0.418 \times 10^{-3}t$
高铝砖(LZ－55)	$2.09 + 1.861 \times 10^{-3}t$	$0.92 + 0.25 \times 10^{-3}t$
高铝砖(LZ－48)		
黏土质隔热耐火砖 NG 135－1.3	$0.407 + 0.349 \times 10^{-3}t$	$0.837 + 0.264 \times 10^{-3}t$
黏土质隔热耐火砖 NG 135－1.0	$0.291 + 0.256 \times 10^{-3}t$	
黏土质隔热耐火砖 NG 135－0.8	$0.22 + 0.426 \times 10^{-3}t$	—

注：t——耐火制品平均温度，℃。

5.1.3　轻质浇注料

国内炼厂加热炉常用轻质浇注料标准主要有《石油化工管式炉轻质浇注料衬里工程技术标准》(SH/T 3115)和《石油化工管式炉高强低导浇注料工程技术条件》(SH/T 3427—2017)，见表5.1.3－1、表5.1.3－2。

表5.1.3－1　轻质浇注料(摘自 SH/T 3115)

牌号(种类)	Q－1.3	Q－1.2	Q－1.0	Q－0.9	Q－0.8	Q－0.7	Q－0.5
相应于 ASTM C401	Class S	Class R	Class Q	Class P	Class O	ClassN	—
体积密度/(kg/m³)，±30kg/m³（在110℃±5℃烘干16h后）	1300	1200	1000	900	800	700	500
分级温度/℃	1480	1370	1260	1200	1100	1000	900
永久线变化/%在815℃下烧3h后	－0.3～0	－0.4～0	－0.4～0	－0.4～0	－0.5～0	－0.5～0	－0.6～0

续表

牌号（种类）		Q-1.3	Q-1.2	Q-1.0	Q-0.9	Q-0.8	Q-0.7	Q-0.5
耐压强度，MPa/≥	在110℃±5℃烘干16h后	6.0	5.0	4.0	3.0	2.6	2.2	1.5
	在815℃烧3h后	5.0	4.5	3.5	2.5	2.1	1.8	1.2
抗折强度/MPa ≥（在110℃±5℃烘干16h后）		2.0	1.5	1.3	1.0	0.8	0.7	0.6
导热系数/W/(m·K) ≤（平均温度）	350℃	0.35	0.3	0.25	0.23	0.21	0.17	0.15
	450℃	—	—	—	—	0.22	0.19	0.17
	600℃	0.37	0.32	0.27	0.25	—	—	—

表 5.1.3-2　高强低导浇注料（摘自 SH/T 3427—2017）

项目		牌号					
		GD125-1.0	GD120-0.9	GD110-0.8	GD100-0.7	GD090-0.6	GD080-0.5
分级温度/℃（加热永久线变化5h不超过1.5%的试验温度）		1250	1200	1100	1000	900	800
体积密度/(g/cm³)（在110℃烘干24h）		0.96~1.03	0.86~0.93	0.76~0.83	0.66~0.73	0.56~0.63	0.46~0.53
耐压强度/MPa(不小于)	3d	5.5	4.5	3.5	3.0	2.5	2.0
	110℃烘干24h	5.0	4.0	3.0	2.5	2.0	1.5
烧后线变化/%（不大于）	温度下烧3h后	-0.5（815℃）	-0.6（815℃）	-0.65（815℃）	-0.65（815℃）	-0.55（540℃）	-0.6（540℃）
导热系数/[W/(m·K)]（不大于）	平均350℃	0.17	0.16	0.15	0.14	0.13	0.12
	平均450℃	0.18	0.17	0.16	0.15	0.14	0.13
	平均550℃	0.19	0.18	0.17	0.16	0.15	0.14

5.1.4　耐火纤维

GB/T 3003—2017《耐火纤维及制品》根据组成把耐火纤维分为三类：碱土硅酸盐纤维、硅酸铝纤维和多晶纤维。耐火纤维的类别及标记见表 5.1.4-1。

根据耐火制品的加热永久线变化不超过规定值的试验温度对耐火纤维制品进行分级。对于耐火纤维板及异型硬制品为：加热永久性变化不超过3%。对于耐火纤维棉、毯、毡、纸等软制品为：加热永久性变化不超过4%。范围从850℃至1750℃，每级间隔50℃，分级温度均向下修约为50的整倍数，见表 5.1.4-2。

耐火纤维制品的主要标记由对应产品的英文名称缩写、分级温度的前三位数字和类别组成，可在主标记后增加辅助性标记，见表 5.1.4-3。

表5.1.4-1　耐火纤维的类别及标记(摘自 GB/T 3003—2017)

耐火纤维类别		耐火纤维英文名称	标记
碱土硅酸盐纤维	碱土硅酸盐纤维	alkaline earth silicate fiber	AEF
硅酸铝纤维	硅酸铝纤维	aluminosilicate fiber	ASF
	含锆硅酸铝纤维	aluminosilicate containing zirconia fiber	
多晶纤维	多晶纤维	aluminum silicate fiber	PCF

表5.1.4-2　耐火纤维制品的分级

级别	加热永久线变化的试验温度/℃	级别	加热永久线变化的试验温度/℃
085	850	135	1350
090	900	140	1400
095	950	145	1450
100	1000	150	1500
105	1050	155	1550
110	1100	160	1600
115	1150	165	1650
120	1200	170	1700
125	1250	175	1750
130	1300	—	—

表5.1.4-3　耐火纤维制品的标记

产品名称	产品英文名称	标记
耐火纤维棉	refractory bulk fibre	BF - 级别 - 类别
耐火纤维毡	refractory fibre felt	RF - 级别 - 类别 - 尺寸
耐火纤维毯	refractory fibre blanket	RB - 级别 - 类别 - 标称体密 - 尺寸
耐火纤维模块	refractory fibre module	RM - 级别 - 类别 - 标称体密 - 尺寸
耐火纤维板	refractory fibre board	RBD - 级别 - 类别 - 标称体密 - 尺寸
耐火纤维异型硬制品	rigid refractory ceramic fibre	RR - 级别 - 类别
耐火纤维纸	refractory fibre paper	RP - 级别 - 类别 - 厚度
耐火纤维布	refractory fibre cloth	RC - 级别 - 类别 - 厚度
耐火纤维带	refractory fibre tape	RT - 级别 - 类别 - 厚度 - 宽度
耐火纤维绳	refractory fibre twisted rope	RTR - 级别 - 类别 - (直径/边长)(- 股数)

　　炼油装置加热炉有专用的陶瓷纤维衬里的标准为 SH/T 3128—2017《炼油装置火焰加热炉陶瓷纤维衬里技术规范》,该标准包含了陶瓷纤维衬里的设计、选材、原材料的检验、施工和工程验收的要求,该标准中产品是基于 GB/T 3003,然后结合炼厂加热炉的使用特点进行编制的,在工程实践中应用较广。其产品有陶瓷纤维毯、陶瓷纤维板、真空成形陶瓷纤维预制块、折叠陶瓷纤维模块和整体成型陶瓷纤维模块,其类型、等级温度、性能和

试验方法见表5.1.4-4~表5.1.4-8。根据国内外供货商的实际产品的情况，给出了陶瓷纤维毯、陶瓷纤维板、折叠陶瓷纤维模块和整体成形陶瓷纤维模块的导热系数供参考，见表5.1.4-9~表5.1.4-12。

表5.1.4-4 陶瓷纤维毯的类型、等级温度、性能和试验方法

项目	类型					试验方法
	CB-10	CB-11	CB-12.6	CB-14	CB-14.3	
等级温度/℃	1000	1100	1260	1400	1430	—
连续使用极限温度/℃	800	950	1100	1200	1250	—
体积密度/(kg/m³)	96、128、160					GB/T 17911—2006
加热永久线变化/%（在等级温度下保温24h）	≤-4					GB/T 17911—2006

表5.1.4-5 陶瓷纤维板的类型、等级温度、性能和试验方法

项目	类型					试验方法
	B-8	B-10	B-11	B-12.6	B-14	
等级温度/℃	800	1000	1100	1260	1400	—
连续使用极限温度/℃	600	800	950	1100	1200	—
体积密度/(kg/m³)	260、300					GB/T 17911—2006
加热永久线变化/%（在等级温度下保温24h）	≤-2					GB/T 17911—2006

表5.1.4-6 真空成形陶瓷纤维预制块的类型、等级温度、性能和试验方法

项目	类型		试验方法
	VF-12.6	VF-14	
等级温度/℃	1260	1400	—
连续使用极限温度/℃	1100	1200	—
体积密度/(kg/m³)	300~400		GB/T 17911—2006
加热永久线变化/%（在等级温度下保温24h）	≤-2		GB/T 17911—2006

表5.1.4-7 折叠陶瓷纤维模块的类型、等级温度、性能和试验方法

项目	类型			试验方法
	CM-12.6	CM-14	CM-14.3	
等级温度/℃	1260	1400	1430	
连续使用极限温度/℃	1150	1200	1250	
体积密度/(kg/m³)	170、190、210	170、190、210	170、190、210	GB/T 17911—2006
加热永久线变化/%（在等级温度下保温24h）	≤-4.0	≤-4.0	≤-4.0	GB/T 17911—2006

表 5.1.4 - 8　整体成形陶瓷纤维模块的类型、等级温度、性能和试验方法

项目	类型		试验方法
	M - 13.1	M - 14.3	
等级温度/℃	1310	1430	
连续使用极限温度/℃	1200	1340	
体积密度/(kg/m³)	160、192、240	160、192、240	GB/T 17911—2006
加热永久线变化/% (在等级温度下保温 24h)	≤ - 4.0	≤ - 4.0	GB/T 17911—2006

表 5.1.4 - 9　陶瓷纤维毯的导热系数

体积密度/ (kg/m³)	在平均温度℃下的导热系数/[W/(m·K)]				
	200	400	600	800	1000
96	0.06	0.10	0.18	0.27	0.36
128	0.05	0.09	0.15	0.23	0.30
160		0.09	0.13	0.18	0.25

注：本表的数据采用 ASTMC201 - 1993(2009) *Standard Test Method for Thermal Conductivity of Refractories* 的试验方法得出。

表 5.1.4 - 10　陶瓷纤维板的导热系数

体积密度/ (kg/m³)	在平均温度℃下的导热系数/[W/(m·K)]				
	300	400	600	800	1000
310	0.070	0.080	0.110	0.150	0.200

注：本表的数据摘自某公司的产品样本，采用 ASTMC201 - 1993(2009) *Standard Test Method for Thermal Conductivity of Refractories* 的试验方法得出。

表 5.1.4 - 11　折叠陶瓷纤维模块的导热系数

体积密度/(kg/m³)	在平均温度℃下导热系数/[W/(m·K)]				
	400	600	800	1000	1200
170 ± 10%	0.13	0.18	0.26	0.36	0.52
190 ± 10%	0.12	0.17	0.24	0.34	0.48
210 ± 10%	0.12	0.16	0.23	0.32	0.44

注：本表的数据根据实际的模拟试验结果推算而得到。

表 5.1.4 - 12　整体成形陶瓷纤维模块的导热系数

体积密度/(kg/m³)	在平均温度℃下导热系数/[W/(m·K)]			
	400	600	800	1000
160 ± 10%	0.11	0.18	0.25	0.34
192 ± 10%	0.10	0.16	0.23	0.31
240 ± 10%	0.09	0.14	0.20	0.28

注：本表的数据采用 ASTMC201 - 1993(2009) *Standard Test Method for Thermal Conductivity of Refractories* 的试验方法得出。

5.2 设计导则

5.2.1 概述

加热炉的不同部位炉衬的工作温度不同，受冲刷程度不同，故采用的炉衬结构和耐火材料不同。耐火材料在炉衬中的位置不同，如靠近热面或冷面，选用的材质等级也不同。所以选用的炉衬材料和结构应满足其所在部位的工作温度、耐蚀、耐磨和耐冲刷的要求。因国内炼厂燃料变化大，设计基础条件所提含硫量与将来实际操作情况相差较大，选用材料时应偏于安全。

确定炉衬材料和厚度时，还要考虑到经济性、安全、环保及使用寿命。

5.2.2 炉外壁温度

设计条件下炉壁外表面温度的大小，直接影响到炉衬厚度和材料选择，根据目前国外比较权威的加热炉标准 API 560 和国内炼厂加热炉权威标准 SH/T 3036 规定：在无风、环境温度为 27℃ 条件下，辐射段、对流段和烟风道、风机、空气预热器的外壁温度应不超过82℃；辐射段底部外表面温度应不超过 90℃。但为了提高加热炉效率减少散热损失，按照目前的燃料和耐火材料价格，在无风、环境温度为 27℃ 条件下，建议辐射段、对流段和烟风道、风机、空气预热器和其他附属设备的外壁温度在 70℃ 左右。

5.2.3 炉衬设计温度

耐火材料制造商所述的耐火材料"工作温度""最大等级温度"和"分类温度"通常是耐火材料产品的分类温度。

连续使用极限温度是制造商所规定的温度极限，在这个温度下长期使用的耐火产品不会发生退化。此温度有时也称作"推荐使用温度"。

设计温度是用来选择耐火材料的依据。设计温度等于计算的热面温度加上必要的设计裕量。如果耐火材料多于一层，设计温度等于计算的层间界面温度加上相同的设计裕量。陶瓷纤维材料的设计温度裕量应至少为 280℃。耐火砖、轻质浇注料等其他耐火材料的设计温度裕量应至少为 165℃。

热面温度是按照无风、环境温度为 27℃，所有操作条件下最高烟气温度计算出的耐火材料热表面温度。对于单层或位于炉衬热面的耐火材料可取值为与耐火材料相接触的烟气温度。采用多层结构时，界面温度是按照无风、环境温度为 27℃，所有操作条件下最高烟气温度计算出的层间交界面温度。

各层耐火材料的设计温度应不高于制造商产品数据表上所引述的最大连续使用温度。

5.2.4 设计要素

根据炉衬操作温度、炉衬位置确定好设计温度后，炉衬系统设计时，主要应考虑以下因素：

a)耐火材料的导热系数；

b)炉衬的结构形式；

c)材料的热膨胀系数，即考虑部件在温度升降时的体积变化；

d)耐火材料的机械强度；

e)炉膛内所烧燃料性质，即高温和低温露点腐蚀问题；

f)炉衬材料的耐磨性；

g)炉衬部位的气体速度，即冲刷情况。

5.3 炉衬结构

5.3.1 概述

加热炉炉衬有一种耐火材料做成的单层结构，如单层浇注料、全部层铺陶纤组成的炉衬；有两种或两种以上的材料组成的复合结构，这种结构可以全陶纤结构，如层铺陶纤毯与陶纤模块组合；双层浇注料的全浇注料结构；两层的耐火砖结构；浇注料为背衬层的陶纤结构；用陶纤、砖或保温块作背衬的耐火砖结构等。同一炉体内，不同的炉体部位其结构也不相同。

如果炉衬是由两层或两层以上结构组成的，其结构要求如下：

a)锚固系统应对每一层都具有固定和支承作用。

b)背衬保温材料，如有机保温块和纤维材料，应具有憎水性，否则应采取防水措施。

c)用作背衬保温层的纤维板、纤维块、保温块和保温砖的密度应不小于 $240kg/m^3$，当热面层上采用需要防水的耐火材料时应密封保温层的材料，以防止水迁移。

d)单层炉衬的最小厚度应为 75mm。

当浇注料直接接触壁板时，不需要其他腐蚀保护。如果保温块、保温砖、耐火砖或纤维直接接触壁板，应满足以下要求：

a)如果燃料中含硫量超过 10mg/kg，在酸露点温度下运行的壁板和锚固件应涂敷防腐蚀涂料。防护涂层的连续使用温度应大于 175℃。在锚固钉焊接到壁板后再涂防腐涂层。

b)如果燃料中含硫量超过 500mg/kg，除涂防腐涂料外，还应设置 0.05mm(50μm)厚的奥氏体不锈钢箔作为阻气层。阻气层的位置应使得在所有操作工况下，阻气层处的温度至少高出计算酸露点 55℃。阻气层边缘应至少重叠 175mm，边缘和穿(开)孔处应采用硅酸钠或胶体二氧化硅密封。

c)保温用的矿物棉板不应直接接触壳体。

人孔门应采用至少与周围耐火层有同样隔热性能的耐火材料进行防护以避免直接

辐射。

炉底的热面层应采用 65mm 厚的高强耐火砖或 75mm 厚的浇注衬里，衬里的耐用温度应达到 1370℃ 或更高。炉底耐火砖不用抹灰浆，每隔 1.8m 应留出一条宽 13mm 的膨胀缝，该缝填塞条状而不是散装的纤维质耐火材料。

表 5.3.1 介绍了八种常用炉衬结构，并将它们相互对比，作为常规结构/材料的选择导则。

表 5.3.1　常用炉衬结构性能对比

炉衬系统	操作条件								
	抗灰性能	抗腐蚀	耐温性能	耐磨(冲刷)性能	易于维修	设计寿命	节能效果	结构重量减轻程度	安装速度
全陶瓷纤维结构	低	低	低	低	高	低	高	高	高
带有阻气层的陶瓷纤维结构	低	中等	低	低	高	低	高	高	中等
浇注料为背衬层的陶瓷纤维结构	低	高	低	低	高	低	中等	高	中等
双层浇注料	中等	高	中等	高	中等	中等	中等	中等	低
单层浇注料	中等	高	高	高	中等	高	低	中等	中等
用陶瓷纤维、砖或保温块作背衬的耐火砖	高	低	高	高	低	高	中等	低	低
浇注料作背衬的耐火砖	高	高	高	高	低	高	中等	低	低
全部耐火砖	中等	低	中等	中等	低	中等	高	中等	中等

5.3.2　砖结构

承重墙、炉底或立面墙的热面层、对流段折流体、门类内衬、燃烧器火道用材料等，可采用耐火砖结构。

砖墙应由附着在炉壁上的支承件支承，支承件间的垂直距离宜为 1.8m 左右，最大不超过 3m，具体高度应根据计算荷载和热膨胀确定。支承件结构应便于热膨胀。支承件用材质可根据计算工作温度按照表 5.3.5－1 选用。

位于竖向壁板上的所有热面砖墙，背面应予牵拉，并支承在钢结构框架上。所有拉砖件应为奥氏体合金材料。对圆筒形壳体，如壳体的曲率半径能啮合耐火砖可不用拉砖件。

在砖墙的垂直和水平两个方向上，在墙的边缘、燃烧器砖、门和接头的周围等均应留出膨胀缝。膨胀缝处应填充耐火陶瓷纤维，充分压缩以保持到位，但应能吸收所需的膨胀。

位于竖向壁板上的所有热面砖墙，背面应予牵拉，并支承在钢结构框架上。除位于背衬层内的导管可采用碳钢外，所有拉砖件应为奥氏体合金材料。至少应有 15% 的砖背面被拉住。对圆筒形壳体，如壳体的曲率半径能啮合耐火砖可不用拉砖件或适当减少拉砖杆数量。拉砖件的材质选择见 5.3.5。

辐射段承重墙的高度应不超过 7.3m，砖的耐火度和强度应满足其使用要求。底部的最小宽度应为墙高的 8%，每段墙的高宽比应不超过 5∶1，如图 5.3.2 所示。墙应是自支

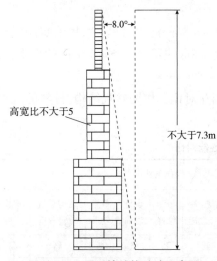

高宽比不大于5

← 8.0° →

不大于7.3m

图5.3.2 承重墙结构尺寸示意图

承式，墙基应直接置于炉底钢板上，不应置于其他耐火材料上。

承重墙在端部和所要求的中间位置应留竖向膨胀缝，所有的膨胀缝应是敞开结构且胀缩自由。膨胀缝处耐火砖采用插接形式时，应干砌，不得用耐火泥。

砌筑耐火砖的耐火泥应为空气硬化，不含熔渣，化学成分和等级温度应与耐火砖相匹配。耐火泥应覆盖所有接触面，灰缝最厚为3mm。

附墙火焰用砖墙、两侧有火焰且火焰与墙之间无吸热面遮蔽的砖墙（如辐射段中间火墙），应采用等级温度不小于1540℃的耐火砖砌筑，且宜为低铁材料（$Fe_2O_3 \leqslant 1.0\%$，质量分数），例如，可采用型号为 DLG160 – 1.0L – GB/T 3995—2014 的低铁高铝质隔热耐火砖或 LZ – 65 – GB/T 2988—2012 的高铝砖，或 ASTM C155 的 28 级别的砖砌筑。膨胀缝应填塞等级温度为1400℃的条状耐火陶瓷纤维材料。

单侧有火焰且火焰与墙之间无吸热面遮蔽的砖墙，应采用等级温度不小于1430℃的耐火砖砌筑；单侧有火焰但火焰与墙之间有吸热面遮蔽的砖墙，应采用等级温度不小于1260℃的耐火砖砌筑。膨胀缝应填塞等级温度与砖相对应的条状耐火陶瓷纤维材料。

在检修耐火砖炉衬时，应注意支架、牵拉结构和膨胀缝是否能起到相应作用。炉衬维修通常是更换或翻修整个结构单元，例如耐火砖墙膨胀缝之间的整个支承系统。

对流段折流体采用耐火砖时，伸入对流段部分的端头，宜为与管子半径相近的半圆形。

5.3.3 浇注料结构

浇注料衬里适用于加热炉的所有部位，当用于拐角、开孔边缘等处时，表面应采用圆弧过渡。

对于辐射、过渡段和对流侧墙，可采用单层或双层组合，每层浇注料层最小厚度为75mm。

浇注料用于炉底的热面层时，浇注料应有足够的强度（冷态的耐冲压强度至少应为35kgf/cm²）以支承脚手架荷载。

单层浇注料结构的厚度不宜小于50mm。对多层浇注料衬里，用作热面层时的厚度应不小于75mm。

厚度大于100mm的衬里，沿纵、横方向均应设置伸缩缝。

对于体积密度小于1600kg/m³的浇注料，为了减少碱解粉化的可能性，在衬里安装后45天内，应对用浇注料进行烘干，烘干温度按照热面温度测量，应至少烘干到260℃，恒温8h。用于烘干的加热/冷却速度最大为55℃/h。烘干前，应对浇注料进行检查。受损、变质或影响材料性能的浇注料应在烘干之前移除并更换。烘干后，衬里应防止受潮和机械损坏。

当燃料中包括钠的重金属总量超过 250mg/kg 时，热面层应采用低铁（$Fe_2O_3 \leqslant 1.0\%$，质量分数）的或重质的浇注料。重质浇注料的密度至少应为 1800kg/m³，且骨料中 Al_2O_3 的含量应不小于 40%、SiO_2 的含量不大于 35%。

管式加热炉炉衬用浇注料从采购到施工完毕需经过多次检验，其主要质量控制点为：

a）原材料质量控制；

b）施工工艺检验；

c）施工质量检验；

d）烘炉前的检查、过程监测及烘炉后检查。

管式加热炉使用的轻质耐火浇注料的材料、性能指标、施工要求等可按照 SH/T 3115 执行。

5.3.4　陶瓷纤维结构

层状或模块化陶瓷纤维结构可用于所有辐射和对流段的侧壁和顶部。

当燃料中钠和钒混合物含量超过 100mg/kg，且设计热面温度超过 700℃时，陶瓷纤维不应作为热面层。

在层状陶瓷纤维结构中，用于热面层的陶瓷纤维毯宜厚度为 25mm、密度为 128kg/m³ 的针刺材料。若陶瓷纤维板用于热面层，纤维板的厚度应不小于 38mm 且密度应不小于 240kg/m³。用作背层的陶瓷纤维毯其体积密度应为不小于 96kg/m³ 的针刺材料。陶瓷纤维毯的最大宽度为 600mm，并采用合理的锚固系统。

当气体速度超过 12m/s 时，纤维毯不得用作热面层。当速度大于 24m/s 时，湿毯、纤维板或模块不得用作热面层，随着材料性能的改进，其耐冲刷性能得到了提高，新的标准规定，采用湿毯、纤维板或模块作为热面层时，其气体速度可达近 30m/s，遇到特殊情况时多与材料供货商沟通。

用于热面层的纤维板，当烟气温度低于 1100℃ 时，其最大尺寸为 600mm×600mm。当烟气温度超过 1100℃ 时，或任何温度下用在顶部时，其最大尺寸应为 450mm×450mm。

热面层用纤维板时应采用紧密的对接接头结构。

热面层纤维毯最大尺寸方向应与气体流动方向一致。纤维毯的热面层应采用搭接结构，通常搭接 100mm，锚固钉夹处应有 12~25mm 的压缩，如图 5.3.4-1 所示。搭接方向应为气流的方向。

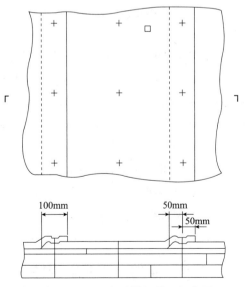

图 5.3.4-1　陶纤毯搭接锚钉布置图

背面层毯应为对接接头设计，相邻各层间的所有接缝应错开。层间错缝应不小于100mm。

层铺锚固件按矩形布置，在立墙处沿纤维毯宽度方向的间距应为250mm，中心对称。沿纤维毯长度的间距应为250~300mm。在苛刻的条件(振动或其他)下，可以采用小于250mm的间距。仰位(顶部、倾斜部位等)沿纤维毯宽度方向的间距应为250mm，中心对称。沿纤维毯长度的间距应为225~250mm。在苛刻的条件(振动或其他)下，可以采用小于225mm的间距。

纤维模块应设计为其锚固范围至少大于模块宽度的80%，见图5.3.4-2。

对于采用折叠陶瓷纤维块结构的炉衬，立墙及斜面部位应采用竖向折叠缝排列，即立砌压缝法的折叠块结构，每排折叠块应沿折叠方向顺次同向，各排之间应填塞经对折压缩的纤维毯。交错镶嵌排列的折叠块结构仅适用于炉顶，且可以不用压缝条。两种结构示例见图5.3.4-3。

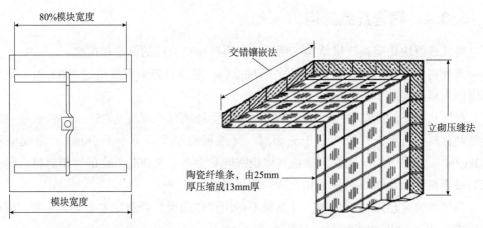

图5.3.4-2　顶部模块所需的锚固跨度　　图5.3.4-3　模块排列的典型示例

折叠块与炉壁之间应背衬陶瓷纤维毯。

折叠块内的金属附件的材质应不低于奥氏体不锈钢，锚固钉最高顶部温度应符合表5.3.5-1的规定，每个部件按照最高计算温度选取。

设有吹灰器、蒸汽喷枪或水洗设施的对流段，采用陶瓷纤维结构时，应采用防水保护措施；否则不应采用全陶纤结构。

用于含硫量大于10mg/kg的燃料时，壳体的内表面应涂防露点腐蚀涂料，防露点腐蚀涂料的最低工作温度应不小于175℃。

防露点腐蚀涂料应覆盖部分锚固件，特别要覆盖锚固件与壁板的焊缝处。未覆盖部分的温度应在酸露点温度以上55℃。

5.3.5　锚固钉和锚固组件

锚固材料应根据锚固钉或锚固件的顶部最高温度选择，锚固钉常用材质的使用温度见表5.3.5-1。

表 5.3.5 – 1　锚固件使用最高温度

锚固件材质	锚固件使用最高温度/℃
碳钢	455
18Cr – 8Ni	760
16Cr – 12Ni – 2Mo	760
23Cr – 13Ni	815
25Cr – 20Ni	927
16Cr – 35Ni	1038
Alloy 601 (UNS NO6601)	1093
陶瓷钉和垫片	>1093

当辐射侧壁采用耐火砖炉衬时，应将砖附到炉壁上，并使用砖架支承和/或背部牵拉结构。对这些锚固系统要求如下：

(1)水平支承板的强度应能达到所支承耐火砖荷载重量的 10 倍以上，支承架应能支承到至少 50% 的热面衬里厚度。

(2)支承板上应开槽以便于吸收不同的热膨胀。支承板的材料应根据计算的支承板的最高工作温度点确定。

(3)拉砖钩应至少延伸至 1/3 热面砖层厚度。

如果炉衬采用单层浇注料，对于辐射/对流顶部，锚固钉最大横向/纵向间距应为衬里厚度的 1.5 倍，不宜超过 225mm。对于炉壁和尾部烟道，锚固最大间距应为衬里厚度的 2 倍，不应超过 300mm。

对于双层衬里，应安装"Y"形锚固钉以锚固到热面层。热面层上的"Y"形锚固钉最大横向/纵向间距应为热面层衬里厚度的 1.5 倍，不宜超过 225mm。对于炉壁和尾部烟道，锚固最大间距应为热面层衬里厚度的 2 倍，不应超过 300mm。此外，在安装过程中，锚固系统应能锚固到背面保温层。

如果浇注料厚度大于或等于 75mm 时，锚固钉直径至少为 6.0mm。锚固钉长度应至少延伸至 2/3 热面衬里厚度，而距热表面的距离应不小于 12mm。

锚固钉应焊接到洁净的表面，表面应达到 GB/T 8923.1—2011《涂覆涂料前钢材表面处理　表面清洁度的目视评定　第 1 部分：未涂覆过的钢材表面和全面清除原有涂层后的钢材表面的锈蚀等级和处理等级》中规定的 St2 级或 Sa1 级。除锈后的金属表面，应采取防止雨淋和受潮的措施，并应尽快涂防腐蚀涂料或实施衬里。

焊缝金属应与锚固钉和壁板金属兼容。为保证锚固钉焊接质量，焊接前每个焊工应进行试焊样品测试。即在清洁的金属试板上焊接 5 个锚固钉，每个样品应进行锤击和弯曲试验，以确保牢固焊接。弯曲试验是把锚固钉从垂直向后弯曲 15°再返回原位，不开裂为合格。

对锚固钉进行 100% 的目视检查，并按照表 5.3.5 – 2 的频率进行锤击测试和/或弯曲试验，以确认焊接牢固，间距和外形满足要求。

表5.3.5－2　最小锤击测试/弯曲试验频率

锚固钉数量/个(每种类型/焊工)	锤击测试/弯曲试验比例
<25	100%
25～50	50%
50～500	25%
500～3000	5%

5.4　传热计算

5.4.1　炉墙散热损失

通过炉墙的散热损失可按式(5.4.1－1)计算:

$$Q_2 = qF = k(t_1 - t_a)F \tag{5.4.1-1}$$

对于平壁炉墙:

$$k = \cfrac{1}{\cfrac{\delta_1}{\lambda_1} + \cfrac{\delta_2}{\lambda_2} + \cfrac{\delta_3}{\lambda_3} + \cdots + \cfrac{1}{\alpha_n}} \tag{5.4.1-2}$$

对于圆筒壁炉墙(以单位直段长为基准):

$$k = \cfrac{1}{\cfrac{1}{2\pi\lambda_1}\ln\cfrac{d_2}{d_1} + \cfrac{1}{2\pi\lambda_2}\ln\cfrac{d_3}{d_2} + \cdots + \cfrac{1}{2\pi\lambda_n}\ln\cfrac{d_{n+1}}{d_n} + \cfrac{1}{\alpha_n\pi d_{n+1}}} \tag{5.4.1-3}$$

式中　　　　Q_2——炉墙散热量,W;

q——炉墙散热强度,W/m²;

F——炉墙面积(可取炉墙外表面积),m²;

k——总传热系数,W/(m²·K);

t_a——大气温度,℃;

t_1——炉墙内壁温度,℃;

δ_1,δ_2,$\cdots$,δ_n——多层平壁由内向外各层的厚度,m;

λ_1,λ_2,$\cdots$,λ_n——相应各层材料的导热系数,W/(m·K);

α_n——炉墙外壁对空气的放热系数,W/(m²·K);

d_1,d_2,$\cdots$,d_n,d_{n+1}——多层圆筒壁的内径,m。

当圆筒壁炉墙的$d_1/d_{n+1} > 0.5$时,可近似按平壁炉墙计算。炼油厂圆筒形管式炉和烟囱等的圆筒壁炉墙,一般均为$d_1/d_{n+1} > 0.5$,所以大都可按平壁炉墙计算。

5.4.2　平壁炉墙的散热强度计算

通过平壁炉墙的散热强度可按式(5.4.2)计算：

$$q = \frac{t_1 - t_a}{\sum \dfrac{\delta_i}{\lambda_i} + \dfrac{1}{\alpha_n}} = \frac{t_1 - t_n}{\sum \dfrac{\delta_i}{\lambda_i}} = \frac{t_n - t_a}{\dfrac{1}{\alpha_n}} \qquad (5.4.2)$$

式中　q——炉墙散热强度，W/m^2；

δ_i——多层平壁由内向外各层的厚度，m；

λ_i——相应各层材料的导热系数，$W/(m \cdot K)$；

$\sum \dfrac{\delta_i}{\lambda_i}$——炉墙热阻，$m^2 \cdot ℃/W$；

α_n——炉墙外壁对空气的放热系数，$W/(m^2 \cdot K)$；

t_a——大气温度，℃；

t_n——炉墙外壁温度，℃；

t_1——炉墙内壁温度，℃；

t_n——某中间层炉墙内侧壁温度，℃。

5.4.3　炉墙外壁对空气的放热系数

炉墙外壁对空气的放热系数可按式(5.4.3 - 1)计算：

$$\alpha_n = \alpha_{nc} + \alpha_{nr} \qquad (5.4.3 - 1)$$

$$\alpha_{nc} = c\xi \sqrt[4]{t_w - t_a} \qquad (5.4.3 - 2)$$

其中

$$\xi = \sqrt{\frac{u + 0.348}{0.348}} \qquad (5.4.3 - 3)$$

$$\alpha_{nr} = \frac{m\left[\left(\dfrac{t_w + 273}{100}\right)^4 - \left(\dfrac{t_a + 273}{100}\right)^4\right]}{t_w - t_a} \qquad (5.4.3 - 4)$$

式中　α_n——炉墙外壁对空气的放热系数，$W/(m^2 \cdot K)$；

α_{nc}——炉墙外壁对空气的对流放热系数，$W/(m^2 \cdot K)$；

α_{nr}——炉墙外壁对空气的辐射放热系数，$W/(m^2 \cdot K)$；

t_a——大气温度，℃；

t_w——炉墙外壁温度，℃；

c——与炉墙表面散热形式有关的系数；

竖直散热表面：　　　　　$c = 2.56$；

散热表面向上(如炉顶)：$c = 3.26$；

散热表面向下(如炉底)：$c = 1.63$；

ξ——风速系数；

u——风速，m/s；

m——与黑度有关的系数。当炉墙外壁黑度为0.8，外界空间黑度为1.0，绝对黑体表面辐射系数为 5. 67 时，$m = 5.67 \times 0.8 \times 1.0 = 4.536$，取 4. 54。

5. 4. 4 炉墙内壁温度

（1）无管排遮蔽的炉墙内壁温度

辐射段：可取炉墙内部温度 $t_1 =$ 辐射段烟气平均温度。

对流段：根据烟气向墙面同时进行对流和辐射传热进行计算，但考虑到墙面温度与烟气温度之差小于50℃，因此可以认为炉墙内壁温度与烟气温度相等。

（2）有管排遮蔽的辐射段炉墙内壁温度

有管排遮蔽的炉墙内壁温度可按式（5. 4. 4 - 1）计算：

$$T_1 = \sqrt[4]{2(1-\alpha)T_g^4 + (2\alpha - 1)T_w^4} \qquad (5.4.4-1)$$

式中　T_1——炉墙内壁温度，K；

　　　T_g——辐射段烟气平均温度，K；

　　　T_w——辐射段管壁平均温度，K；

　　　α——管排接受直接辐射的有效吸收因数，可从图 2. 5. 9 - 1 查取。

当管心距等于两倍管径时，$\alpha \approx 2/3$，于是式（5. 4. 4 - 1）可改写为：

$$T_1 = \sqrt[4]{\frac{2}{3}T_g^4 + \frac{1}{3}T_w^4} \qquad (5.4.4-2)$$

当已知炉墙结构，炉墙外壁温度 t_w 和大气温度 t_a 时，可由式（5. 4. 2 - 1）求出 α_n，并用式（5. 4. 2 - 1）导出炉墙内壁温度 t_1。

$$t_1 = (t_n - t_a)\alpha_n \sum \frac{\delta_i}{\lambda_i} + t_n \qquad (5.4.4-3)$$

反之，当已知炉墙内壁温度 t_1 和大气温度 t_a 时，也可由导出式（5. 4. 4 - 4）求出外壁温度 t_n。

$$t_n = \frac{t_1 + t_a \alpha_n \sum \dfrac{\delta_i}{\lambda_i}}{\alpha_n \sum \dfrac{\delta_i}{\lambda_i} + 1} \qquad (5.4.4-4)$$

式中　　$\sum \dfrac{\delta_i}{\lambda_i}$——炉墙热阻，$m^2 \cdot ℃/W$；

　　　　α_n——炉墙外壁对空气的放热系数，$W/(m^2 \cdot K)$；

　　　　t_a——大气温度，℃；

　　　　t_n——炉墙外壁温度，℃；

　　　　t_1——炉墙内壁温度，℃；

　　　　T_g——辐射段烟气平均温度，K；

　　　　T_w——辐射段管壁平均温度，K。

由于 $\sum \dfrac{\delta_i}{\lambda_i}$ 与 t_1（或 t_n）及各层间温度有关，因此各层间温度需进行猜算。

5.4.5 计算例题

条件：需要设计一炼厂圆筒形加热炉炉衬，炉体钢板内径为 7m，炉管沿墙布置，管心距等于两倍炉管直径，燃料为炼厂瓦斯，燃料中的硫含量低于 20mg/kg，设计条件下，辐射段烟气平均温度为 820℃，管壁平均温度为 380℃。要求在环境温度 27℃、无风时，设计条件下，炉外壁温度低于 70℃。

分析：因燃料为气体比较干净，可采用隔热性能好的陶瓷纤维结构，但因为燃料中还是含有少量的硫，为了避免壁板和锚固钉产生露点腐蚀，在炉衬中间适当的位置设计阻气层。炉衬采用层铺陶瓷纤维和陶瓷纤维模块组合的传统结构。因烟气温度为 820℃，与烟气接触的折叠陶瓷纤维模块的设计温度至少为 820 + 280 = 1100℃，故可选择体积密度为 190kg/m³、等级温度为 1260℃的陶瓷纤维折叠模块 CM – 12.6(SH/T 3128—2017)。需要通过计算层间温度和炉壁板外壁温度，选择合适等级的层铺陶瓷纤维材料并确定炉墙厚度。

计算：初步选择炉墙厚度为 200mm，从冷面层至热面依次为：层铺陶瓷纤维毯，厚度 50mm，材料为体积密度为 96kg/m³ CB – 10(SH/T 3128—2017)标准纤维毯；陶瓷纤维模块厚度，厚度 150mm，材料为体积密度为 190kg/m³ 陶瓷纤维折叠模块 CM – 12.6(SH/T 3128—2017)。炉墙结构示意见图 5.4.5。

由内向外，圆筒壁的内径分别为 6.6m、6.9m 和 7m，内径比为 6.6/7 = 0.94，远大于 0.5，故可按平壁炉墙计算。

a)炉内壁温度计算

辐射段烟气平均温度 $T_g = 820 + 273 = 1093K$；辐射段管壁平均温度 $T_w = 380 + 273 = 653K$；

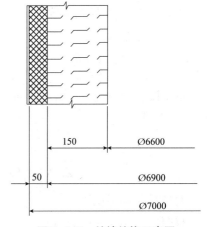

150　　　Ø6600

50　　　Ø6900

Ø7000

图 5.4.5 炉墙结构示意图

可按照式(5.4.4 – 2)求炉内壁温度 T_1：

$$T_1 = \sqrt[4]{\frac{2}{3} \times 1093^4 + \frac{1}{3} \times 653^4} = 1003K$$

$$t_1 = 1003 - 273 = 730℃$$

b)炉墙外壁对空气的放热系数

大气温度 $t_a = 27℃$

炉墙外壁温度 $t_w = 75℃$

风速 $u = 0$，式(5.4.3 – 2)中：$\xi = 1$

圆筒炉立墙，系数 $c = 2.56$；取系数 $m = 4.54$

按式(5.4.3 – 2)，炉墙外壁对空气的对流放热系数 α_{nc}：

$$\alpha_{nc} = c\xi \sqrt[4]{t_w - t_a} = 2.56 \times 1 \times \sqrt[4]{75 - 27} = 6.738W/(m^2 \cdot K)$$

按照式(5.4.3 – 4)，炉墙外壁对空气的辐射放热系数 α_{nr}：

$$\alpha_{nr} = \frac{m\left[\left(\dfrac{t_w+273}{100}\right)^4 - \left(\dfrac{t_a+273}{100}\right)^4\right]}{t_w - t_a} = \frac{4.54 \times \left[\left(\dfrac{75+273}{100}\right)^4 - \left(\dfrac{27+273}{100}\right)^4\right]}{75-27} = 6.211\,W/(m^2 \cdot K)$$

按照式(5.4.3-1)，炉墙外壁对空气的放热系数，α_n:

$$\alpha_n = \alpha_{nc} + \alpha_{nr} = 6.738 + 6.211 = 12.949\,W/(m^2 \cdot K)$$

c)校核炉外壁温度

假定层铺陶瓷纤维和折叠模块之间，层间温度 $t_2 = 600℃$，外壁温度 $t_w = 75℃$，则折叠陶瓷纤维模块平均温度为：

$$t_{cp1} = \frac{730+600}{2} = 665℃$$

查表 5.1.4-11 导热系数：$\lambda_1 = 0.193\,W/(m \cdot K)$

层铺陶瓷纤维的平均温度为：

$$t_{cp2} = \frac{600+75}{2} = 337.5℃$$

查表 5.1.4-9 导热系数：$\lambda_2 = 0.078\,W/(m \cdot K)$

炉衬热阻之和：

$$\sum \frac{\delta_i}{\lambda_i} = \frac{\delta_1}{\lambda_1} + \frac{\delta_2}{\lambda_2} = \frac{0.150}{0.193} + \frac{0.05}{0.078} = 1.418\,m^2 \cdot K/W$$

可按照式(5.4.4-4)计算炉外壁温度 t_n:

$$t_n = \frac{t_1 + t_a \alpha_n \sum \dfrac{\delta_i}{\lambda_i}}{\alpha_n \sum \dfrac{\delta_i}{\lambda_i} + 1} = \frac{730 + 27 \times 12.949 \times 1.418}{12.949 \times 1.418 + 1} = 63.3℃$$

d)校核层间温度

根据式(5.4.2-1)，有：

$$\frac{t_1 - t_a}{\sum \dfrac{\delta_i}{\lambda_i} + \dfrac{1}{\alpha_n}} = \frac{t_1 - t_2}{\sum \dfrac{\delta_1}{\lambda_1}},$$

$$\frac{t_1 - t_a}{\sum \dfrac{\delta_i}{\lambda_i} + \dfrac{1}{\alpha_n}} = \frac{t_1 - t_2}{\dfrac{\delta_1}{\lambda_1}}$$

即

$$\frac{730 - 27}{1.418 + \dfrac{1}{12.949}} = \frac{730 - t_2}{\dfrac{0.150}{0.193}}$$

求得 $t_2 = 81℃$。

根据上面的计算结果可知，炉外壁温度 t_2 和 t_w 计算结果与假定值接近，故不再重算。

因炉衬层间温度为 579.4℃，加上温度裕量 280℃，故位于保温层的层铺陶瓷纤维设计温度为 579 + 280 = 859℃，可选分类温度为 1000℃ 的陶瓷纤维毯。

第6章 空气预热系统

6.1 概述

加热炉是否需要采用空气预热系统，如何选用合适的空气预热系统，归纳如下：

a)根据加热炉目前情况，分析判断是否需要采用空气预热的方式回收烟气。如采用空气预热的方式回收烟气，应了解采用空气预热系统有哪些优点和缺点，分析增加空气预热系统后对环境的影响。

b)空气预热系统有多种类型，选择的系统应合适。

c)选用空气预热系统时主要考虑因素要周全。

d)确定合理的空气预热系统的设计原则，即工艺设计原则、燃烧设计原则、露点温度的计算、如何控制冷端温度以避免或减少露点腐蚀等。

e)采用何种空气预热器，需要给预热器供货商提供合理的数据表。

f)烟风道的设计应便于控制和调节加热炉和空气预热系统，烟风道上的主要零部件的设置应合理。

g)风机选型时，要合理确定净压差、选型流量。

h)设计时应考虑安全操作和保护措施。

i)合理确定加热炉的热效率和燃料效率。

6.2 空气预热系统的应用原则

6.2.1 主要考虑因素

加热炉采用空气预热系统通常是为了提高加热炉的热效率，节约能源。要考虑增加空气预热系统经济上是否合适，分析设置系统后对加热炉操作和维护的影响，并论述系统的设置对环境的影响。

6.2.2 经济性评价

将空气预热的经济性与其他形式的烟气热回收相对比。与增加燃料量、提高加热炉工艺介质入口温度(导致烟气温度提高)或增加热负荷相比，采用空气预热系统是否更加有利。空气预热系统经济性评价应包括系统一次性投资、操作费用、维护费用、燃料节省费用，采用空气预热系统后处理量增加的效益也应考虑。对旧加热炉改造，经济性评价要包括因安装空气预热系统造成的加热炉停工损失。

6.2.3 采用空气预热系统的优点

与自然通风系统相比，空气预热系统可能有以下优点：

a)减少燃料消耗和 CO_2 的产生；

b)改进燃烧空气的流动控制；

c)减少烧油燃烧器的积垢和灰粒的产生；

d)更好地控制火焰形状；

e)使劣质燃料更趋于完全燃烧。

在某些条件下，采用空气预热可以增加加热炉的处理量或热负荷。例如，当由于火焰外形过大或火焰形状差，或由于抽力不够而使加热炉的操作受到限制时，增加空气预热系统可以提高加热炉的处理量。

6.2.4 采用空气预热系统的缺点

增设空气预热系统后与自然通风加热炉比较，通常有以下缺点：

a)辐射段的盘管、工艺侧膜温、管架、炉衬等工作温度增加；

b)生产过程中 NO_x 的变化(由于火焰温度升高可能导致烟气中的 NO_x 量增加)；

c)空气预热器及下游部件的烟气露点腐蚀风险增加；

d)机械设备维修量增加；

e)如果燃料含硫量高，会导致烟囱排烟形成酸雾；

f)烟囱排放速度和烟气扩散性能改变；

g)增加风机运行费用。

助燃空气温度升高将造成加热炉炉膛温度升高和辐射热强度升高。因为辐射段操作温度升高，所以加热炉改造增加空气预热系统时都要重新核算机械设计和工艺设计。炉膛温度升高会导致管壁、炉管支承、导向架温度升高，或造成工艺流体侧膜温度超过规定值。

6.2.5 设置空气预热系统对环境的影响

增加空气预热系统对环境的影响主要表现在烟气排放和噪声。

(1)烟气排放

采用空气预热系统将导致排烟温度的下降，因此增加了烟囱排放酸雾的可能性。减少这种不利影响的常用方法是增加烟囱出口距地面的高度和提高出口流速。采用自然扩散和风的流动以防止酸的沉降。

对于设有引风机的系统，其引风机选型应满足流体动能具有高烟囱排放的烟气流速。

采用了空气预热系统后，在相同的处理量下，由于燃料用量下降，排放的二氧化硫 (SO_2) 量相应减少。其结果是减少了 SO_x 排放，改善了环境。

燃烧时灰粒的形成通常与燃烧器的形式和所烧的燃料有关。采用空气预热和强制送风系统可使燃烧器在烧燃料油时减少炭黑的形成。这样就可减少灰粒的形成，使灰粒量接近燃料中灰分的含量。在许多加热炉中，采用空气预热系统后，由于燃料消耗减少，灰分排放也相应减少。

加热炉烟气中的可燃物，如未燃的烃类和一氧化碳的存在，与燃料的不完全燃烧有关，可能是由于过剩空气不足引起的。采用空气预热系统可以促使燃料在尽可能低的过剩空气水平下完全燃烧。由此，采用空气预热系统时可以将未燃尽的烃类和一氧化碳污染物控制在最小值。

氧化氮的产生与燃烧某种燃料的时间、温度和氧的浓度有关。其中：

a）NO_x 的产生随炉膛温度或燃烧温度的升高而增加；

b）NO_x 的产生随过剩空气的减少而下降。

由于空气预热系统通常都采用强制送风燃烧器，不仅可在极低的过剩空气下操作，而且还可更精确地控制燃料/空气比。过剩空气是控制生成 NO_x 的最重要因素。虽然燃烧空气预热温度的升高会增加 NO_x 的形成。但是，带有强制通风燃烧器的空气预热系统改善了燃烧效率、降低了过剩空气量，因此可以部分地或大量地抵消 NO_x 增加量。在自然通风燃烧器中，为了能满足操作上的变化，以前考虑气体燃料最低过剩空气为20%，而燃料油为25%。采用强制送风燃烧器并预热空气时，对气体燃料的过剩空气可达5%，燃料油为10%，并且可进行控制，确保维持到这种水平。

（2）噪声

加热炉的主要噪声源通常是燃烧器及风机。采用空气预热系统后，增加了风机和围绕着燃烧器的风道。因此相对于自然通风系统，增加了风机噪声但减少了燃烧器噪声。在空气预热器系统设计时应综合考虑。

6.3　空气预热系统的分类

为全面定义空气预热系统的形式，通常采用以下两种方式分类，即空气和烟气通过系统的流动方式和空气预热器的传热方式。

6.3.1　按空气和烟气流动形式分

（1）平衡通风式空气预热系统

平衡通风式空气预热系统是常用的形式，系统具有送风机和引风机。送风机供给加热炉燃烧用空气，引风机抽走烟气，送风和排烟处于平衡状态。根据加热炉的"负荷"来控制送风机，其设定值由加热炉的 O_2 分析仪确定。根据炉膛顶部压力控制引风机。

（2）鼓风式空气预热系统

鼓风式空气预热系统只有送风机供给加热炉燃烧用空气。全部烟气靠烟囱抽力抽出。当烟气温度低时烟囱抽力较小，要求预热器烟气侧的压力降应尽量低。由此会增加空气预热器的尺寸和费用。

（3）引风式空气预热系统

引风式空气预热系统仅用引风机从加热炉中排出烟气并保持适当的系统抽力。燃烧用空气靠加热炉的负压吸入。在这种情况下，预热器设计应在满足所需传热性能的条件下尽量减小燃烧空气侧压力降。

6.3.2 按空气预热器的传热方式分

(1)直接换热式空气预热系统(见图6.3.2-1)

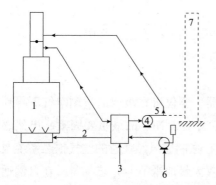

图6.3.2-1 直接换热式(平衡通风)空气预热系统
1. 火焰加热炉；2. 空气；3. 空气预热器；
4. 引风机；5. 烟气；6. 鼓风机；7. 独立烟囱

直接换热式空气预热系统采用一个间壁式、热管式或蓄热式预热器，将热量直接从排出的烟气中传给外来的燃烧用空气。

间壁换热式空气预热器的烟气通道和空气通道是分开的。热烟气的热量通过预热器的通道壁传给冷空气。其典型形式是管式或板式预热器，预热器中通道为固定在外壳内的管子、板或管、板组合体。间壁换热式空气预热器有碳钢、铸铁和玻璃元件。

热管式空气预热器包括一组密闭的热管管束，传热介质在管子的热端(在烟气流中)汽化，并在管子的冷端(在空气流中)冷凝，将热量从热烟气传递给冷空气。

蓄热式空气预热器包括一系列金属基体或非金属蓄热元件，蓄热元件可以是固定的或活动的，蓄热元件将热烟气的热量传给冷空气。加热炉上应用的蓄热式空气预热器的蓄热元件通常放置在转动轮上的框内。也有蓄热元件固定，使空气和烟气交替通过蓄热元件。该元件交替地在烟气中加热，并在进入的空气中冷却。

直接式系统包括平衡通风式系统、送风式系统及引风式系统。

(2)间接换热式空气预热系统(见图6.3.2-2)

间接换热式空气预热系统采用两个换热器和一种中间导热介质，导热介质从排出的烟气中吸收热量，再将热量释放给外来的燃烧空气。这种系统需要一个导热介质循环回路系统才能完成一个单独的直接预热器的工作。例如，由除氧水作为导热介质的水热媒空气预热系统。

(3)鼓风式外界热源空气预热系统(见图6.3.2-3)

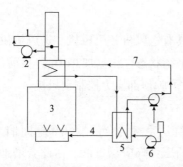

图6.3.2-2 间接换热式(平衡通风)空气预热系统
1. 烟气；2. 引风机；3. 火焰加热炉；4. 空气；
5. 空气预热器；6. 鼓风机；7. 导热介质

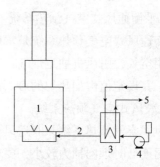

图6.3.2-3 鼓风式外界热源空气预热系统
1. 火焰加热炉；2. 空气；3. 空气预热器；
4. 鼓风机；5. 工艺或公用工程物流

外界热源式空气预热系统是利用公用工程物流(如低压蒸汽、低温热水)或工艺介质加热助燃空气，常称为前置空气预热器。该系统常用于加热环境温度较低的空气，可以减少空气管道外部积雪和下游烟气/空气预热器的"冷端"腐蚀。

6.4　选用原则

6.4.1　选用系统时的考虑因素

在设置空气预热系统时，采用何种型式的空气预热系统应从以下几个方面考虑：

a)空气预热系统可利用的占地面积；

b)加热炉燃料类型和质量，相应的清灰要求，应使预热器清灰和空气预热系统维修时对加热炉操作影响最小；

c)加热炉是否要考虑自然通风操作；

d)可能产生的冷端腐蚀和减少冷端腐蚀的有效措施；

e)空气预热系统具备因未来工艺处理量增加而扩能的可行性；

f)系统的控制要求及自动化程度；

g)在环境温度条件下，所能满足的弹性范围；

h)空气泄漏进烟气侧的负面影响；

i)燃烧器类型的影响(强制通风型还是自然通风型)；

j)空气预热器上游脱硝设备是否存在。

6.4.2　占地面积

需要的占地面积取决于系统形式和系统布置方案。

平衡通风式系统由地面安装的几台风机和一台独立放置的预热器组成，占地面积最大。由于预热器和风机与加热炉相互独立，这种系统的布置方式具有最大的操作灵活性和维修便利性。

鼓风式系统由地面安装的一台风机和一台整体式预热器组成，需要的占地面积比平衡通风式系统要小得多。由于预热器装在对流段上部，这种系统不允许在加热炉操作期间对预热器进行维修。

引风式系统由地面安装的一台风机和一台独立放置的预热器组成，需要的占地面积比平衡通风式系统稍小。由于预热器和风机与加热炉相互独立，这种系统的布置具有与平衡通风式系统同样的操作灵活性和维修便利性。

常用以下措施减少占地面积：

a)将预热器置于对流段之上；

b)将预热器进出口置于烟风道可以垂直连接的位置；

c)将引风机置于预热器或冷烟道下部。

6.4.3　维修性能

烧油加热炉的空气预热系统应采用能够在线吹灰或离线水冲洗的预热器。大多数间壁式预热器、蓄热式预热器和管式间接式预热器应设计成允许在线吹灰。铸铁间壁式预热器应设计成便于离线温水清洗，要求经常水洗、定期检修或类似于"离线"检修的空气预热器，应与加热炉分开设置，以使预热器检修工作不致影响加热炉的操作。对烟气中灰分含量高、硫含量高或有硫酸铵/硫酸氢铵沉积的场合，应考虑将预热器与加热炉分开布置。

所有这些要求定期离线检修的系统，都应有适当的措施将系统与加热炉彻底隔离，以使工作人员能在安全的环境中进行工作。

对于不要求经常或定期"离线"检修的空气预热器，可与加热炉整体布置或独立布置。烧清洁燃料气时，因空气预热器对加热炉的负面影响较小，可将其放置在对流段上。

6.4.4　自然通风能力

大多数加热炉要求有一定程度的自然通风能力，通常为设计负荷的75%～100%。如果要求有自然通风操作能力，则系统应采用低压降的燃烧器，空气预热器应独立安装，有合适的烟风道和挡板可以隔断空气预热器，采用快开风门(自然通风门)供风，应能够提供足够的助燃空气，在自然通风操作期间烟囱的抽力应能保持炉顶有25Pa的负压。如果不采用低压降的燃烧器而采用高压降的燃烧器，加热炉只能在强制通风模式下操作，在预热器或引风机事故状态下，可以旁路掉空气预热系统及引风机。

低压降燃烧器按在自然通风条件下选型，以能满足在烟囱和炉本体产生的抽力下操作。预热器应与炉体独立放置，最好置于地面，自然通风操作时，烟风道及挡板系统可以使空气和烟气旁路过预热器。

6.4.5　空气泄漏到烟气中的影响

空气泄漏到低压烟气中是大多数空气预热器设计的一个潜在的问题。多数预热器的设计泄漏率都小于1.0%，某些蓄热式预热器的设计泄漏率约为10%。维护不力的蓄热式预热器泄漏率可能超过20%。

空气泄漏到烟气中，将造成下列三个严重的影响：

a)空气泄漏将加速降低烟气温度，造成空气预热器下游的腐蚀；

b)空气泄漏可能要求鼓风机增加容量才能保持燃烧器有足够的空气流量；

c)空气泄漏将造成从预热器出来的烟气流量增大，可能要求引风机增加容量才能保持炉顶处要求的负压。

6.4.6　酸冷凝腐蚀

由于烟气中常常含有酸性物质，当与烟气接触的换热表面温度降到酸露点以下时，酸就会凝结到表面上引起冷端露点腐蚀。通常冷端腐蚀会使腐蚀物/铁锈在传热表面沉积、损坏设备、增加空气泄漏到烟气中的量、降低燃烧器处助燃空气的流量、增加烟气端压降、减少回收的热量。为减少和避免腐蚀可采用6.5.6中所述的措施以控制冷端腐蚀，也可采用下列方法：

　　a) 保持烟气温度使与烟气接触的最低表面温度高于露点；

　　b) 预热器冷端采用合适的抗腐蚀材料；

　　c) 设置低点排液，排放腐蚀性凝液；

　　d) 冷端结构可更换。

6.4.7　提高空气预热系统能力

如果预料到加热炉处理量将来可能增加或燃料可能改变时，则应考虑以下措施：

　　a) 采用的空气预热器应具有将来操作时扩能的潜力；

　　b) 风机采用变速驱动机，以适应流量和压力的变化；

　　c) 采用的风机具有能适应所有操作工况的操作曲线；

　　d) 按现在和将来两种工况设计系统(如烟风道、挡板等)。

6.4.8　空气预热系统设计比较

表6.4.8汇总了常用空气预热系统的优缺点，作为设计选型时的参考。

表6.4.8　各种空气预热系统的比较

性能	空气预热系统类型										
	蓄热式		间壁式			热管式			间接式		外界热源
	ID[a]	BD[b]	FD[c]	ID	BD	FD	ID	BD	FD	BD	FD
占地面积	中	大	小	中	大	小	中	大	小	大	小
安装位置[d]	分	分	整	分	分	整	分	分	整/分	分	分
投资费用	中	高	中	中	高	中	中	高	中	高	低
操作费用	中	高	低	中	高	低	中	高	中	高	低
维修费用	中	高	低	中	高	低	中	高	低	高	低
在线清洗[e]	可	可	否	可	可	否	可	可	否	否	可
在线维修[f]	可	可	否	可	可	否	可	可	否	否	可
旋转设备数量[g]	1+1	2+1	1+0	1+0	2+0	1+0	1+0	2+0	1+1	2+1	1
设计泄漏量[h]/%	<10	<10	<1.0	<1.0	<1.0	<1.0	<1.0	<1.0	0	0	0

[a] ID：引风系统，空气预热器单独放置。

[b] BD：平衡通风系统，空气预热器单独放置。

[c] FD：鼓风系统，空气预热器与加热炉为整体式。

[d] 安装位置：“整”为与加热炉整体式，“分”为与加热炉分体式。

[e] 在线清洗：“可”为可在线清洗，“否”为不可在线清洗。

[f] 在线维修：“可”为可在线维修，“否”为不可在线维修。

[g] 需要操作和维护的动设备(风机及泵)数量。

[h] 维护良好的预热器的典型泄漏率(空气侧漏向烟气侧)。

6.4.9　控制要求

空气预热器系统的设计应满足以下工况：

a) 正常启动；

b) 正常关闭；

c) 紧急关闭；

d) 对于需要具有自然通风能力的加热炉，应急过渡到自然抽风；

e) 对于有备用风机的空气预热器系统，紧急过渡到备用鼓风机或引风机；

f) 对于只有一个风机的空气预热器系统，紧急过渡到鼓风机或引风机。

6.5　设计导则

6.5.1　工艺设计

为了合理设计含有空气预热系统的加热炉，应理解空气预热系统对加热炉的工艺影响，同时在加热炉设计时还应考虑以下因素：

a) 随着助燃空气温度的升高和过剩空气减少，炉膛温度上升；

b) 随着助燃空气温度的升高，辐射段热负荷、热强度及盘管温度上升；

c) 随着助燃空气温度的升高，辐射段炉衬及管架温度上升；

d) 随着助燃空气温度和热强度的升高，辐射段工艺流体侧内膜温度上升；

e) 随着烟气流量减少，对流段热负荷、热强度及盘管温度下降；

f) 随着烟气流量减少，对流段工艺流体侧内膜温度下降；

g) 随着助燃空气温度的升高烟气质量流速下降。

总之，相对于传统的对流段，助燃空气温度提高了加热炉辐射段热负荷，降低了对流段热负荷。为了合理设计加热炉各部分，应预计到辐射段及对流段间的负荷变化并进行定量计算，合理量化上述负荷变化并合理调整辐射传热面积，使加热炉在空气预热器运行期间能达到设计负荷，又不超过允许平均辐射热强度及其他所有相关指标。

由于改造会引起以上所述的变化，大多数的空气预热系统改造，应包括工艺设计校核以确定加热炉新的操作条件及现有各部件的约束条件。考虑到空气预热系统的影响，在工艺设计校核中，必须重新考虑过剩空气和散热损失，确定加热炉在空气预热系统改造后的操作条件，并重新编制数据表。

空气预热系统改造时应考虑以下问题：

a) 由于助燃空气温度的升高造成 NO_x 排放增加，应采取措施，如限制或控制助燃空气温度或更换燃烧器使 NO_x 排放达到环评规定的数值；

b) 使辐射管平均/峰值热强度、辐射盘管温度和/或工艺侧内膜温度达到要求；

c) 更换管架材质或限制燃烧温度来降低管架和/或导向架温度使其不超过允许值。多数情况下，上述问题均可采用增加对流段的面积即增加对流段的负荷来缓解。

6.5.2　燃烧设计

（1）燃烧器选用

通常，加热炉采用空气预热系统后燃烧器选择标准不变。由于空气预热器投用以后，助燃空气的温度提高了，因此燃烧设计应考虑以下方面：

a）在"空气预热"条件下燃烧器的性能（例如放热量、烟气排放、噪声等）；

b）在"自然通风"条件下燃烧器的性能；

c）在所有操作条件下，每个燃烧器获得相等及均匀空气流量的方法。

采用空气预热系统时，通常需要配置鼓风机，对新设计的加热炉建议使用高压降的强制通风燃烧器。强制通风燃烧器可增强燃料与空气的混合能力，使燃料在低的过剩空气量下也能完全燃烧，同样的排烟温度下，采用强制通风燃烧器的加热炉热效率可比自然通风的加热炉提高 0.5% 左右。采用强制燃烧器可以减少燃烧器数量，改善燃烧器助燃空气的分布。但高压降燃烧器要求鼓风机一直在线操作。

API RP 535 对燃烧器的选用和性能测试给出了详细的规定。

（2）设计过剩空气量

提高加热炉效率一个重要因素就是控制燃烧空气流量，在设计过剩空气（或过剩氧气）条件下能确保燃烧完全、火焰形状良好、加热炉操作稳定。由于鼓风机及其仪表能够更好地对助燃空气进行流量控制，鼓风式或平衡通风式空气预热系统能在比自然通风系统更低的过剩空气下平稳操作。

对"旧"加热炉，由于大量空气的漏入，很难降低其过剩空气。对这类加热炉改造时，应有足够的过剩空气量通过燃烧器，避免燃烧器供风不足。炉顶处测得的烟气氧含量包括燃烧器的过剩空气及炉体漏风。通常用从炉顶测得的过剩空气百分数减去辐射段估计漏入的空气百分数来估算燃烧器的过剩空气百分数。经验表明，大多数密封焊并且采用全密闭看火门的加热炉，其炉底至炉顶氧含量的增加少于 1%。

一般"密封"较好的加热炉典型设计过剩空气量如下：

压降在 $100mmH_2O$ 及以下的燃烧器：

a）烧气，自然通风操作，15% ~20%；

b）烧气，强制通风/抽力平衡操作，10% ~15%；

c）烧油，自然通风操作，20% ~25%；

d）烧油，强制通风/抽力平衡操作，15% ~20%。

压降在 $100mmH_2O$ 以上的燃烧器：

a）烧气，强制通风/抽力平衡操作，10%；

b）烧油，强制通风/抽力平衡操作，15%。

6.5.3　抽力系统的切换

在平衡通风式和引风式空气预热系统中，正常操作时，是由引风机的抽力保持辐射炉顶负压的。从经济、操作和安全上考虑，在风机或空气预热器不能运转时需要采用其他措施来保证加热炉在微负压下操作，主要有以下两种方式：

（1）利用烟囱产生自然通风能力

设置足够高的烟囱和烟气旁路系统，当加热炉与空气预热系统隔断后，烟气走烟气旁路直接排到烟囱。由烟囱形成的抽力仍可维持加热炉的操作。此时采用挡板或闸板将空气预热系统与加热炉隔断。助燃空气继续由鼓风机经过空气旁路供风，或采用快开风门自然通风。因为提供自然通风能力的投资较少，一般炼油装置带空气预热系统的加热炉大多数都设计有不同程度的自然通风能力。

（2）备用风机

当风机发生事故时，为使加热炉能继续运行，另一种常用方法是设置具有在线切换能力的备用风机或备用驱动机。应根据用户的经验和设备失效概率确定选择备用鼓风机或者备用引风机，或者二者都备用，例如制氢转化炉。为避免在单个风机出现故障时的启动时间满足不了要求，可以采用两个风机同时在60%~75%状态运行。

6.5.4 衬里设计和散热损失

烟风道、风机及空气预热器的设置极大地增加了散热面积，造成热损失增加。应计算通过这些表面的散热损失以确认加热炉及空气预热系统的散热损失在可接受范围内。增加空气预热系统后，散热损失通常比原加热炉增加0.5%~1.0%，总散热损失达到设计放热量的2.0%~2.5%。在炉壁温度82℃、环境温度27℃、无风条件下，带平衡通风式空气预热系统的加热炉，通常散热损失略小于2.5%。热风道可以采用外保温。

烟风道保温形式有两种：一是外保温，二是内保温。内保温的优点是管道膨胀量小，特别对于由于支承限制和膨胀不连续的而不宜安装膨胀节的管道，采用内保温就便于管道的布置。缺点是如果内保温有损坏会堵塞燃烧器、预热器及有关管道。而且管道有振动或吊装时，内保温容易损坏。外保温的优点是管道内的流速不受限制，保温损坏后易于修理，不会造成堵塞，不影响正常操作，但管道膨胀量大，需要采用膨胀节或特殊结构解决膨胀问题。具体采用内保温或外保温应根据具体情况确定。

由于大多数烟风道的设计流速接近或超过陶瓷纤维许用的最大速度，所以内保温最常用的材料为低密度浇注料。如果需要，可以采用陶瓷纤维毯或陶瓷纤维板来减轻衬里重量。但在气体流速超过陶瓷纤维毯所允许的速度时，陶瓷纤维毯应采用保护措施。

6.5.5 烟气酸露点温度

（1）烟气酸露点温度

烟气的酸露点温度是液体酸凝结/形成的初始温度。换言之，酸露点温度是烟气流中的气体酸开始凝结或形成液体酸的温度。

酸露点温度与燃料的种类、燃料的含硫量、烟气中水蒸气浓度、燃烧状态、过剩空气量有关。

烟气中的主要成分是 N_2、CO_2、O_2、SO_2、SO_3、NO_3、水蒸气和粉尘。随着烟气温度降低，首先凝结的是 H_2SO_4 蒸气，因此烟气酸露点温度的最主要影响因素是 SO_3 和水蒸气的分压力。

在典型的过剩空气量情况下，燃料气中硫含量 5×10^{-6} 至 5000×10^{-6} 时对应的烟气酸露点温度为 $90 \sim 150℃$。当湿烟气温度降低到硫酸露点温度以下时，系统上有可能产生碳酸(H_2CO_3)、亚硫酸(H_2SO_3)、硝酸(HNO_3)、盐酸(HCl)和/或氢溴酸(HBr)露点，产生何种露点取决于燃料成分。

对于无硫燃料(例如，燃料中硫含量低于 5×10^{-6})最初开始的是碳酸(H_2CO_3)露点也称为水结露点，在典型的过剩空气量情况下，碳酸露点温度为 $57 \sim 60℃$。

(2)烟气酸露点温度的计算

烟气酸露点温度计算包含多种反应的平衡变化，不易计算准确。

计算烟气酸露点温度的方法很多，结果也不尽相同，其变化为 $10℃$ 或更多。式(6.5.5-1)和式(6.5.5-2)摘录于 DL/T 5240—2010，它是分析燃料燃烧后生成的烟气成分，根据烟气成分计算酸露点温度。

a)推荐作为下限式的计算式：

$$t_{DP} = 255 + 27.6 \lg p_{SO_3} + 18.7 \lg p_{H_2O} \qquad (6.5.5-1)$$

式中　t_{DP}——烟气硫酸露点温度，$℃$；

　　　p_{SO_3}——烟气中 SO_3 分压力，at；

　　　p_{H_2O}——烟气中水蒸气分压力，at。

b)推荐作为上限式的计算式：

$$t_{DP} = 186 + 26 \lg SO_3 + 20 \lg H_2O \qquad (6.5.5-2)$$

式中　SO_3——烟气中 SO_3 体积分数，%；

　　　H_2O——烟气中 H_2O 体积分数，%。

SO_2 至 SO_3 的转化率是烟气氧含量、烟气内催化化合物的催化作用、加热炉和预热器内高温金属表面的催化作用的函数。

首先计算 O_2、H_2O、NO_2 和 SO_2 和 HCl 的分压；计算 SO_2 至 SO_3 的转化率(典型的转化率是 2% ~ 8%)和 SO_3 的分压，通常按 3% 估算。

上面的方法是计算已知烟气成分的烟气酸露点温度，相反烟气酸露点温度也可以用仪器直接测量。烟气酸露点温度测量的理想位置是空气预热器下游且靠近空气预热器的烟道上。

对于"低硫"燃料(即燃料硫小于 50×10^{-6})，直接测量烟气酸露点温度通常比计算的更准确。硫浓度超过 50ppm 的燃料，这两种方法提供的结果比较合理、准确。

应该注意到在空气预热器冷端露点腐蚀首先产生的位置，其过剩空气浓度与辐射段不一样，由于对流段弯头箱、分界面、膨胀节、空气预热器等没有完全密封将引起离开辐射段后烟气中的氧含量略有增高。

(3)硫酸烟气酸露点温度曲线

Pierce 和 Totham 给出了燃料中硫浓度和硫酸烟气酸露点温度之间的一般关系曲线。图 6.5.5-1 是气体燃料中硫浓度和硫酸烟气酸露点温度之间的一般关系曲线。图 6.5.5-2 是燃料油中硫含量和硫酸烟气酸露点温度之间的一般关系曲线。这两条曲线不宜直接用于设计或操作限制。计算的最低烟气温度应高于冷端产生露点时的烟气温度8℃以上。

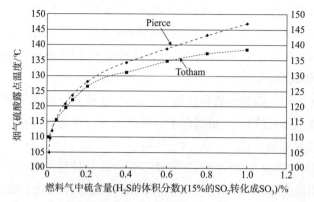

图6.5.5-1 气体燃料中硫浓度和硫酸烟气酸露点温度之间的关系曲线

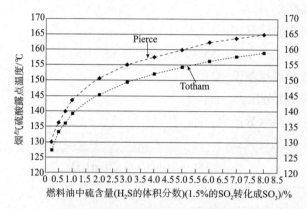

图6.5.5-2 燃料油中硫浓度和硫酸烟气酸露点温度之间的关系曲线

(4)操作对露点温度的影响

加热炉的操作条件会影响空气预热器的操作温度,例如,负荷降低、过剩空气量降低和环境温度降低时,将使进入空气预热器的烟气温度降低并使得冷端温度更靠近烟气酸露点温度。典型的空气预热器系统设计时应对所有的操作情况(包括降量的情况)采取措施。为了达到空气预热器的设计寿命,重要的是其保持预热器的冷端温度在任何可能的运行条件下高于烟气酸露点温度。应该承认的是如果控制冷端温度在烟气排放温度变化时都高于设计温度,这种方法避免露点腐蚀是以降低系统效率为代价的。

6.5.6 冷端温度控制

冷端温度控制指控制与烟气接触面的最低壁温,使最低壁温保持在烟气酸露点温度以上。保持冷端表面温度在烟气酸露点以上,除了避免冷端露点腐蚀以外,也有利于减少有害的悬浮灰粒沉积在空气预热器内的湿表面上。悬浮的灰粒是各种物质的聚集,如灰尘、陶纤、燃烧副产物等。当烟气空气换热器表面温度在烟气酸露点以上,表面干燥时,烟气中的悬浮灰粒将随烟气流一起通过换热器。可是,当空气预热器表面有露点产生时,悬浮灰粒的一小部分将沉积在湿表面上。被酸浸湿的表面对悬浮颗粒像一个"磁体",经过一段时间后，悬浮灰粒的聚集将减少空气预热器的换热能力且增加烟气侧压力降。

冷端温度控制通常采用冷空气旁路、外部热源预热冷空气和热空气循环，对于间接式空气预热系统还可以采用提高导热介质入口温度的方法。

(1)冷空气旁路

控制冷端温度最简单的方法是采用冷空气旁路，即其中一部分冷空气不经空气预热器而走旁路。减少通过空气预热器的空气流量，可降低空气侧传热系数，从而提高烟气出口温度和冷端表面温度，保持冷端金属温度在烟气酸露点温度以上。但此方法有局限性，原因如下：

a)空气侧传热系数不是直接与质量流量成正比，例如，空气流量下降了50%，空气侧的传热系数仅减少39%；

b)当环境空气温度低时，烟气温度与空气温度相差较大，即增加了冷端温度差，导致传热量成正比增加，要达到同样的壁温需旁路的空气量增加很多。

因此，冷空气旁路系统往往与外部热源预热和/或热空气循环联合使用。后两个方法是增加空气进空气预热器的温度，从而减少由于低温环境空气温度造成的对空气预热器冷端温度的影响。

(2)外部热源预热冷空气

采用低压蒸汽或其他低温位热源预热进入空气预热器之前的空气，通过提高入口空气温度来维持要求的冷端金属温度。用外部热源预热冷空气的设备通常称为前置预热器。前置预热器设计时应考虑以下问题：

a)提供足够的表面积以加热足量的燃烧空气，冷空气温度应按最低环境温度，并取5~10℃的温度裕量；

b)防止结垢和大气尘埃造成的堵塞(包括花粉和污染物)；

c)在冷气候情况下，防止结垢和预防雪、冰雹和/或冻雨堵塞；

d)尽量减少腐蚀、空气死区和凝结排水问题。

此方法减少了低温环境空气对空气预热器的冲击，对冷端温度的控制能力优于冷空气旁路。

(3)热空气循环

该方法是将加热过的部分助燃空气循环进入空气预热器上游的某点，以获得较高的混合空气温度，保持空气预热器的冷端金属温度高于烟气酸露点温度。循环加热的空气到鼓风机进风口将需要更大容量的鼓风机，增加风机的运行费用，并需增加空气预热器的传热面积。该方法与冷空气旁路的方法相比，控制冷端温度的能力较好。

(4)导热介质温度控制

在循环介质或间接式空气预热系统中，预热器的冷端温度可以通过控制导热介质的入口温度来调节。根据系统设计及配置情况，可通过使一部分导热介质经预热器旁路，或减少其流量以提高导热介质入口温度，即相应提高了冷端温度。

(5)冷端温度监测方法

下面两个温度监测方法都在广泛使用。

a)监测和控制空气预热器的出口烟气温度。其特点是测量技术简单，但不能直接测量冷端金属温度，冷端金属温度只能依据设计情况来推断，环境空气温度变化对冷端金属温度的影响不能显示出来，除非建立了烟气、环境温度和酸露点之间的关系。所以设计时所取温度裕度较保守，从而导致效率降低。

b)用管壁热电偶监测和控制空气预热器冷端金属温度。其特点是能更准确地控制冷端金属温度，腐蚀的风险较低，又不牺牲传热效率。但热电偶须安置在预热器实际最冷区域，热电偶应与测量设备焊接良好以免导致显示温度错误，难以识别，否则有可能导致操作低于烟气酸露点温度。

6.5.7 空气预热器

空气预热器的形式多种多样，每种形式都有其特点和使用范围，应根据燃料的特性、烟气的温度范围、空气预热系统的型式、装置所处环境、低温热源等综合考虑来选择空气预热器的型式。

在进行空气预热器询价时，应给出预热器的流量、温度、压降等设计参数，空气是否旁路，外部环境条件，烟气组成等。一般是按 SH/T 3036《一般炼油装置用火焰加热炉》数据表的方式填写，见表6.5.7。数据表中还列出了常用的3种形式预热器结构数据的填写方式，其他结构形式的预热器可参考此表填写。此外还应指明以下要求：

a)预热器是放置地面还是加热炉上部；

b)预热器的占地面积、大概尺寸要求和流程数；

c)预热器本体是进行内保温还是外保温，保温后外壁温度是多少；

d)连接管道施加到预热器上的荷载；

e)预热器结构计算应遵循的设计规范；

f)预热器的制造、检验、测试要求；

g)预热器烟气和空气进出口结构尺寸的要求；

h)建议的清灰措施及可以利用的清灰资源。

表6.5.7 空气预热器数据表

空气预热器数据表		SI 单位			
		修改：	日期：		第1页共2页
买方/业主：			设备编号：		
用途：			工厂位置：		
1	制造厂（商）：				修改
2	型号：				
3	数量：				
4	传热面积/m²				
5	质量/kg				
6	外形尺寸(高/m×宽/m×长/m)				
7	性能数据				
8	操作工况				

续表

9							
10	空气侧：	入口流量/(kg/s)					
11		入口温度/℃					
12		出口温度/℃					
13		压降：允许/Pa					
14		压降：计算/Pa					
15		吸热量/MW					
16	烟气侧：	入口流量/(kg/s)					
17		入口温度/℃					
18		出口温度/℃					
19		压降：允许/Pa					
20		压降：计算/Pa					
21		放热量/MW					
22	空气旁路流量/(kg/s)						
23	至燃烧器空气总流量/(kg/s)						
24	混合空气温度/℃						
25	烟气组成(摩尔分数)/%(O_2/N_2/H_2O/CO_2/SO_x)						
26	烟气比热容/[kJ/(kg·K)]						
27	烟气酸露点温度/℃						
28	最低金属温度，允许/℃						
29	最低金属温度，计算/℃						
30	其他：						
31	最低环境空气温度/℃						
32	装置区海拔高度/m						
33	相对湿度/%						
34	外部冷空气旁路(是/否)						
35	冷端热电偶(是/否)数量						
36	人孔门：数量/尺寸/位置						
37	隔热(内部/外部)：						
38	清灰介质：	蒸汽或水					
39		压力/kPa(g)					
40		温度/℃					
41							
42	机械设计：						
43	设计烟气温度/℃						
44	设计压差/Pa						
45	地震烈度						
46	油漆要求						
47	泄漏试验						
48	结构风荷载/(kg/m²)						
49	空气泄漏率(保证的最大值)/%						
50	注：(所有数据均以单个单元为基准)						
51							

续表

空气预热器数据表			SI 单位		
			修改：	日期：	第 2 页共 2 页

结构数据

1	I	铸铁式：		修改
2		程数		
3		每区管数		
4		分区数		
5		表面类型		
6		管子材质		
7		管子厚度/mm		
8		玻璃管区(是/否)		
9		玻璃管数		
10	跨接风道：	数量		
11		螺栓连接/焊接		
12		带卡箍		
13	水冲洗：	是/否		
14		类型(离线或在线)		
15		位置		
16				
17	II	板式：		
18		程数		
19		每区板数		
20		分区数		
21		板厚/mm		
22		空气通道宽度/mm		
23		烟气通道宽度/mm		
24		空气侧肋距/mm		
25		烟气侧肋距/mm		
26	材质：	板		
27		肋		
28		框架		
29	跨接风道：	数量		
30		螺栓连接/焊接		
31		带卡箍		
32	水冲洗：	是/否		

33	类型(离线或在线)			
34	位置			
35				
36	Ⅲ 热管式:			
37	管数			
38	管外径/壁厚/mm			
39	管子材质			
40	每排管数			
41	管排数			
42	管心距(正方形/三角形)/mm			
43		空气侧	烟气侧	
44	翅片：类型			
45	高度/m×厚度/m×数量/m			
46	材质			
47	有效长度/m			
48	加热面积/m²			
49	最高允许使用温度/℃			
50	吹灰器： 是/否			
51	类型			
52	位置			
53	注：			
54				
55				

6.6 烟风道设计

6.6.1 系统分析

烟风道系统的管道包括两部分：一是输送和排放烟气的管道，称为烟道；二是空气的供给管道，称为风道。还有结构需要而设置的膨胀节，用于隔断和控制的挡板等零部件。该系统设计的优劣直接影响到空气预热系统的动力消耗、材料用量、运转周期和安全操作等。

烟风道的走向、流通截面的形状和尺寸关系到整个空气预热系统的压力降和压力分布情况，并关系到能否均匀传热，能耗是否合理。虽然单独的计算关系式相对较简单，但应用在整个空气预热系统时就变得复杂。

把与烟风道设计(见图 6.6.1)有关的所有数据, 如流量、温度和设备压力降等数据按表 6.6.1 的格式填写。这样对整个系统的布置和压力分布情况有个清楚的了解。

表 6.6.1 烟风道设计和分析工作表

测量点序号	流量/(kg/h)	温度/℃	压力降/Pa
1			
2			
3			
4			
5			
6			
7			
8			
9			
10			
11			
12			
13			
14			

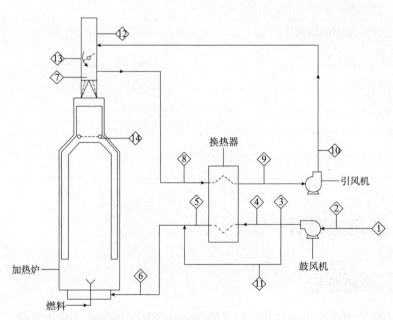

图 6.6.1 烟风道设计和分析工作图

6.6.2 流速

烟风道内介质流速在设计条件下宜不大于 15m/s。燃烧器供风风道的流速在风道内的产生的动压头宜不超过燃烧器空气侧压降的 10%, 且宜不大于 9m/s。

为满足系统的限制要求和降低能耗, 上述设计值可以调整, 低速可有效降低能耗。

6.6.3　摩擦系数计算

在计算压降时应先计算流体的摩擦系数，摩擦系数按下列步骤计算：

(1)雷诺数

可根据式(6.6.3 - 1)或式(6.6.3 - 2)计算雷诺数：

$$Re = \rho v d_e / \mu \tag{6.6.3 - 1}$$

或

$$Re = q_{m,a} \cdot d_e / \mu \tag{6.6.3 - 2}$$

$$d_e = 2ab / (a + b) \tag{6.6.3 - 3}$$

式中　ρ——流体密度，$\mathrm{kg/m^3}$；

　　　v——线速度，$\mathrm{m/s}$；

　　　μ——黏度，$\mathrm{mPa \cdot s}$；

　　$q_{m,a}$——单位面积质量流率，$\mathrm{kg/(m^2 \cdot s)}$；

　　　d_e——烟风道水力平均直径，mm，对圆形管道，d_e 等于管道内径 d，对于矩形管道，d_e 按式(6.6.3 -3)计算；

　　　a——矩形管道的一个边长，mm；

　　　b——矩形管道的另一个边长，mm。

(2)空气和烟气黏度

可用式(6.6.3 -4)计算空气和烟气的黏度：

$$\mu = 0.0162 (T/255.6)^{0.691} \tag{6.6.3 - 4}$$

式中　μ——空气和烟气的黏度，$\mathrm{mPa \cdot s}$；

　　　T——绝对温度，K。

(3)摩擦系数

根据雷诺数和烟风道内的保温情况，从图6.6.3 中查出流体的摩擦系数。

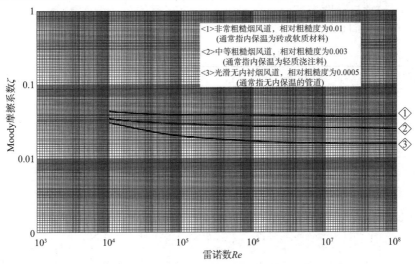

图 6.6.3　Moody 摩擦系数

6.6.4 压降计算

压降计算分为以下几种：直管段压降、管件和截面变化处压降、多段斜接弯头(虾米腰)压降及分支管道处压降。下列公式和图表是计算流体流动的经典资料。本节给出线速度和质量流速两种单位表示的计算公式，两种公式计算结果相同。

(1)直管段压降

按下列公式计算：

$$\Delta p = (5.1 \times 10^2) \xi \gamma u^2 / d_e \tag{6.6.4-1}$$

或

$$\Delta p = (5.1 \times 10^2) \xi G^2 / (\gamma d_e) \tag{6.6.4-2}$$

式中　Δp——每米长直管道压降，Pa；

　　　　ξ——穆迪(Moody)摩擦系数(见图6.6.3)；

　　　　u——线速度，m/s；

　　　　G——单位面积质量流率，$kg/(m^2 \cdot s)$；

　　　　d_e——烟风道水力平均直径，mm，对圆形管道，d_e = 管道内径，对于矩形管道，d_e 按式(6.6.3-3)计算。

(2)管件和截面变化处压降

可按式(6.6.4-3)计算：

$$\Delta p_j = 0.51 \xi \rho u^2 \tag{6.6.4-3}$$

或

$$\Delta p = 0.51 \xi G^2 / \rho \tag{6.6.4-4}$$

式中　Δp_j——管件和截面变化处压降，Pa；

　　　　ξ——管件压力损失系数，见表6.6.4-1；

　　　　ρ——流体密度，kg/m^3；

　　　　u——线速度，m/s；

　　　　G——单位面积质量流率，$kg/(m^2 \cdot s)$。

表6.6.4-1　管件压力损失系数

管件形式	管件简图	尺寸条件	损失系数 ξ	当量长度 L/D 或 L/W
$N°$弯头 (矩形或圆形)		无导向板	$N/90$ 乘以类似90°弯头值	
90°圆形截面弯头		斜接	1.30	65
		$R/D = 0.5$	0.90	45
		$R/D = 1.0$	0.33	17
		$R/D = 1.5$	0.24	12
		$R/D = 2.0$	0.19	10

续表

管件形式	管件简图	尺寸条件	损失系数 ξ	当量长度 L/D 或 L/W
90°矩形截面弯头		斜接，$H/W = 0.25$	1.25	25
		$R/W = 0.5$	1.25	25
		$R/W = 1.0$	0.37	7
		$R/W = 1.5$	0.19	4
		斜接，$H/W = 0.5$	1.47	49
		$R/W = 0.5$	1.10	40
		$R/W = 1.0$	0.28	9
		$R/W = 1.5$	0.13	4
		斜接，$H/W = 1.0$	1.50	75
		$R/W = 0.5$	1.00	50
		$R/W = 1.0$	0.22	11
		$R/W = 1.5$	0.09	4.5
		斜接，$H/W = 4.0$	1.35	110
		$R/W = 0.5$	0.96	85
		$R/W = 1.0$	0.19	17
		$R/W = 1.5$	0.07	6
带有导向板的90°斜接弯头[a]			0.1 ~ 0.25	
带有导向板的斜接三通		等于一个相应90°弯头（按入口流速计算）		
圆角三通		等于一个相应90°弯头（按入口流速计算）		

管件形式	管件简图	尺寸条件	损失系数 ξ 按较小截面流速计算
突然收缩		$A_2/A_1 = 0.2$	0.32
		$A_2/A_1 = 0.4$	0.25
		$A_2/A_1 = 0.6$	0.16
		$A_2/A_1 = 0.8$	0.06
逐渐收缩		$\alpha = 30°$	0.02
		$\alpha = 45°$	0.04
		$\alpha = 60°$	0.07

管件形式	管件简图	尺寸条件	损失系数 ξ 按较小截面流速计算
微缩，轴心改变		$A_1 \cong A_2$ $\alpha \leqslant 14°$	0.15
直边入口			0.34
进入较大管道			0.85
曲线入口			0.03
入口处为锐边孔板		$D_1/D_2 = 0.2$	1.90
		$D_1/D_2 = 0.4$	1.39
		$D_1/D_2 = 0.6$	0.96
		$D_1/D_2 = 0.8$	0.61
管道内为锐边孔板[b]		$D_1/D_2 = 0.2$	1.86
		$D_1/D_2 = 0.4$	1.21
		$D_1/D_2 = 0.6$	0.64
		$D_1/D_2 = 0.8$	0.20
突然扩大		$A_1/A_2 = 0.1$	0.81
		$A_1/A_2 = 0.3$	0.49
		$A_1/A_2 = 0.6$	0.16
		$A_1/A_2 = 0.9$	0.01
逐渐扩大		$\alpha = 5°$	0.17
		$\alpha = 10°$	0.28
		$\alpha = 20°$	0.45
		$\alpha = 30°$	0.59
		$\alpha = 40°$	0.73

管件形式	管件简图	尺寸条件	损失系数 ξ 按较小截面流速计算
突然出口		$A_1/A_2 \cong 0$	1.00
出口处为锐边小孔		$A_2/A_1 = 0.2$	2.44
		$A_2/A_1 = 0.4$	2.26
		$A_2/A_1 = 0.6$	1.96
		$A_2/A_1 = 0.8$	1.54
管道内有挡板		$D_1/D_2 = 0.10$	0.70
		$D_1/D_2 = 0.25$	1.40
		$D_1/D_2 = 0.50$	4.00
管道内有管子或杆件		$D_1/D_2 = 0.10$	0.20
		$D_1/D_2 = 0.25$	0.55
		$D_1/D_2 = 0.50$	2.00
管道内有流线型物体		$D_1/D_2 = 0.10$	0.07
		$D_1/D_2 = 0.25$	0.23
		$D_1/D_2 = 0.50$	0.90
伞形进风口(一)		$h/D = 0.2$	1.80
		$h/D = 0.4$	1.35
		$h/D = 0.6$	1.20
		$h/D = 0.8$	1.15
		$h/D \geqslant 1.0$	1.00
伞形进风口(二)		$h/D = 0.1$	1.40
		$h/D = 0.2$	1.25
		$h/D = 0.4$	0.40
		$h/D = 0.8$	0.25
		$h/D \geqslant 1.0$	0.23
有网管口		直管入口	0.04
		直管出口	1.60

注：A 和 D 分别表示管件相应截面的截面面积和直径。

　　[a] 该值为两段斜接弯头数据，三段、四段或五段斜接弯头数据见图 6.6.4 - 1。

　　[b] 文丘里管内的永久损失，按喉口面积速度计算，损失系数为 0.05。

（3）多段斜接弯头（虾米腰）压降

可采用式（6.6.4－1）、式（6.6.4－2）及水力学长度（L）计算压降。圆形管道斜接弯头的水力学长度（L）等于图6.6.4－1查出的当量长度（L/D）乘以弯头的直径（D）。

对于烟囱挡板，有时的开度是指面积的对比，而不是直径的对比，此时可按表6.6.4－2选择阻力系数。

表6.6.4－2　挡板的阻力系数

自由截面占全截面的分数/%	5	10	20	30	40	50	60	70	80	90	100
ξ_3	1000	200	40	18	8	4	2	1.0	0.5	0.22	0.1

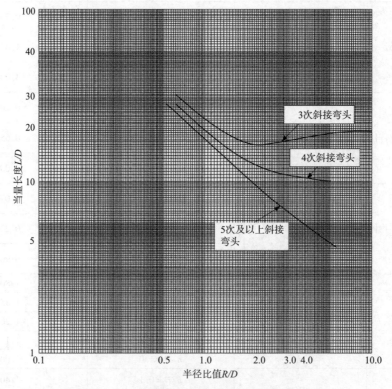

图6.6.4－1　圆形截面斜接弯头的当量长度（L/D）

（4）分支管道处压降

可按下列公式计算：

$$H_{u,i} = (5.1 \times 10^{-1}) \rho u_i^2 \tag{6.6.4－5}$$

或

$$H_{u,i} = (5.1 \times 10^{-1}) G_i^2 / \rho \tag{6.6.4－6}$$

式中　$H_{u,i}$——流体通过集合管的支管及主管时，在 i 点的速度头，Pa；

　　　u_i——i 处线速度，m/s；

　　　ρ——流体密度，kg/m³；

G_i——i 处单位面积质量流率，kg/(m² · s)。

i，其中点 1 为上游位置，点 2 为下游位置，点 3 为支管位置(图 6.6.4 – 2)。

从点 1 到点 2 的主管压降 $\Delta p_{1,2}$，可按下式计算：

$$\Delta p_{1,2} = \xi_{r,1,2}(H_{u,1} - H_{u,2}) \tag{6.6.4 – 7}$$

式中　$\Delta p_{1,2}$——从点 1 到点 2 的主管压降，Pa；

　　　$\xi_{r,1,2}$——从点 1 到点 2 的主管损失系数，无因次，可取 0.5。

从点 1 到点 3 的支管压降 $\Delta p_{1,3}$，可按下式计算：

$$\Delta p_{1,3} = H_{u,1}(\xi_{b,1,3} - 1) + H_{u,3} \tag{6.6.4 – 8}$$

式中　$\Delta p_{1,3}$——从点 1 到点 3 的支管压降，Pa；

　　　$H_{u,1}$——点 1 的速度头，Pa；

　　　$H_{u,3}$——点 3 的速度头，Pa；

　　　$\xi_{b,1,3}$——从点 1 到点 3 的支管损失系数，无因次(图 6.6.4 – 3)。

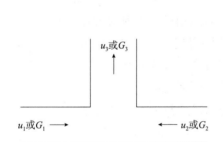

图 6.6.4 –2　压降测量点 1，2，3 的位置
1. 流体 1 入口；2. 流体 2 入口；3. 合并后的流体在支管内

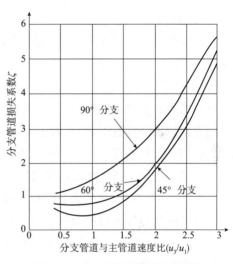

图 6.6.4 –3　分支管道损失系数

6.6.5　温差引起的压差(抽力)

温差引起的抽力可按下式计算：

$$\Delta p_t = 1.18 \times p_a[(29/T_a) - (M_r/T_g)](l_2 - l_1) \tag{6.6.5}$$

式中　Δp_t——温差引起的抽力，Pa；

　　　p_a——现场地面处绝对大气压，kPa；

　　　T_a——环境空气的绝对温度，K；

　　　T_g——烟气或空气在烟风道内的温度，K；

　　　M_r——烟气的相对摩尔质量，kg/kmol；

　　　l_1——点 1 相对地面的标高，m；

　　　l_2——点 2 相对地面的标高，m。

6.6.6　系统分区

为了准确掌握流体的特性、温度、压力降以及系统中各部件的空间关系，对烟风道进行分区。图6.6-6是典型的分区方式，将系统分成送风区、引风区及烟气排放区。

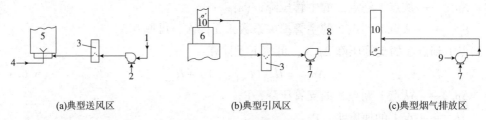

|(a)典型送风区|(b)典型引风区|(c)典型烟气排放区|

图6.6.6　烟风道区域

1. 进风口或消声器；2. 送风机；3. 空气预热器；4. 燃料；5. 加热炉风箱；6. 加热炉对流段；
7. 引风机；8. 去烟囱烟气；9. 从空气预热器来的烟气；10. 带挡板的烟囱

(1)鼓风区

鼓风区通常包括进风口、入口风道、鼓风机、冷风道、预热器、热风道、燃烧器风箱和燃烧器。以该区的端部(如燃烧器出口和鼓风机进风口)为固定点，计算鼓风区的压力分布。

a)燃烧器出口位于炉内，该处压力为炉底负压(炉顶负压加上辐射段抽力)。炉底负压加上通过燃烧器的压降(注意正负)，得到燃烧器风箱或风道内的压力。

b)燃烧器风箱压力加上进风风道(支风道)压降得到热风道出口压力。

c)热风道出口压力加上热风道压降得到预热器热风出口压力。

d)计算时应计入热风道上所有挡板及流量计的压降裕量。

e)预热器热风出口压力加上预热器空气侧压降得到预热器入口压力。

f)预热器入口压力加上鼓风机出口风道压降得到鼓风机出口压力。

g)大气压力减去进风口、消声器及入口风道的压降得到鼓风机入口压力。

h)根据定义，鼓风机静压头为鼓风机出口压力减去入口压力。

(2)引风区

引风区通常包括对流段、上行烟道、尾部烟道、烟囱下部、隔断挡板、热烟道、空气预热器、引风机入口烟道、引风机、冷烟道和烟囱。引风机上游所有压力为负压，引风机下游压力为微正压(超过大气压)。以该区的端部(如辐射顶和引风机进口法兰)为固定点，引风区内的操作压力分布如下：

a)辐射顶表压通常规定为-25Pa；

b)辐射顶压力减去对流段压降及所有附加热回收盘管的压降得到对流顶压力；

c)对流顶压力减去上行烟道、尾部烟道(如果有)、烟囱过渡段的压降得到烟囱底部压力；

d)烟囱底部压力减去烟囱下部、热烟道及预热器入口过渡段的压降得到预热器入口压力；

e)预热器入口压力减去预热器压降得到预热器出口压力；

f)预热器出口压力减去预热器出口过渡段及引风机入口烟道的压降得到引风机入口压力。

（3）烟气排放区

烟气排放区指引风机出口至烟囱上口，该区的部件为引风机、冷烟道及上部烟囱。也可以采用另外的独立烟囱，这样烟气就不必返回原有的烟囱。以该区的端部（如烟囱出口和引风机进口法兰）为固定点，烟气排放区内的操作压力分布如下：

a)大气压加上上部烟囱、冷烟道及引风机出口烟道的压降得到引风机出口压力；

b)引风机静压头为引风机出口压力减去入口压力。

6.6.7 抽力效应

在烟囱抽力计算中应考虑抽力效应。抽力效应在任何有温差（内部温度与环境温度之差）存在的系统都存在并随着标高不同而改变。根据标高变化和条件的不同，抽力效应可导致正或负的压力变化。所有烟风道的计算都必须考虑由于温差引起的压差（抽力），即通常所称的抽力效应。在确定系统的静压损失或增值时都应考虑这个因素。

计算抽力效应的方法见6.6.5。

6.6.8 双重通风系统

在燃烧器系统中，如果打算既能在自然通风又能在强制通风或引风条件下操作，为了能满足两种操作条件的需要，必须仔细地选择烟风道、风箱和风门等各构件的尺寸和布置。加热炉燃烧器处的抽力必须能克服空气进入燃烧器的摩擦损失。为了能方便地切换为自然通风操作，通常的方法是在燃烧器风箱处或邻近风箱处装设"自然通风风门"，这些风门在空气预热系统失效的情况下开启，向加热炉就地供给环境空气。

6.6.9 烟风道结构设计

（1）一般规定

空气预热系统对烟风道的要求可分为两类：烟道和风道。机械和结构的设计原则对两者是相同的，一般要求如下：

a)烟风道应全密封无泄漏；

b)现场节点应采用法兰垫片式或密封焊式结构；

c)烟风道的设计应允许各种部件，如烟风道系统内的挡板、风机、预热器和膨胀节等部件的更换；

d)烟风道应对空气预热器有均匀的流量分配；

e)在SCR反应器内烟风道应有均匀的流量分配。

不均匀流动会降低预热器及风机的性能，烟风道如采用内部支承件时，可能引起乱流或节流，所以支承件与预热器或风机的距离不应小于烟风道直径的3倍。应考虑设置转向叶片或导流片以保证良好的流量分布。

安装多个燃烧器的系统，风道设计应使进入各燃烧器的空气量均匀。空气分布管道内的速度应相等，使各个燃烧器间的静压和速度头变化最小，到任何一个燃烧器的偏差应不大于±5%。对氮氧化物的排放要求较严格时，在正常操作负荷和10%过剩空气量条件下其偏差应不大于±2.5%。

燃烧器的压降应占从空气入口到各燃烧器分布管风道压降总和的90%以上。

烟风道的具体结构要求可按照 SH/T 3166—2011《石油化工管式炉烟风道结构设计规范》的规定。

(2)截面形式

选择圆形还是方形烟风道由运输包装(有物理形状要求)及经济性决定。如空间允许，推荐采用圆形烟风道，原因如下：

a)圆形烟风道单位质量的流通面积最大；

b)相同质量的圆形烟风道比方形烟风道结构更牢固，因此可以减少支承结构；

c)圆形烟风道不易因外界诱导发生共振。

当为保持均匀的流体分布而采用分支连接时优先选用矩形风道。

矩形烟风道需要加强，以便使烟风道的变形和应力在允许的范围内。另外，设计人员应避免烟风道的平壁板随风机转动共振。由于平壁板容易翘曲，因此需要额外的加强筋。

(3)布置及走向

a)所有与加热炉烟囱连接处的烟道上应有结构固定点，固定点应靠近与烟囱的连接点，固定点与烟囱之间宜安装膨胀节以减少烟道对烟囱的热膨胀推力及导致的巨大弯矩。也可采用内插法，但其结构应合理，尽量减少泄漏。

b)对多台加热炉联合空气预热系统推荐采用独立烟囱。

c)在多个并行风道向同一台加热炉供风的情况下，应设置手控和能锁定的防偏流调节挡板，每个并行风道应有各自的防偏流调节挡板来调节风道流量。

d)所有烟风道应设低点排凝接管，接管尺寸至少应为 DN40。

e)在烟风道上应设置最小尺寸为 460mm×460mm 的人孔，其安装位置(如尺寸允许)应能进入烟风道系统内各部位。

f)直立自支承式圆筒形烟风道的设计与烟囱相同。它们的设计应能安全地承受风荷载以及由风引起的振动(旋涡脱落)。

g)膨胀节不得承受结构外力。

h)有内衬烟风道系统的膨胀量应按壁温加55℃计算。

(4)机械设计

烟风道的结构应按风机产生的最大压力或差压值(即最大操作压力减去外界大气压力)中的较大值设计，但不小于3.4kPa。若设计压力为3.4kPa，则应假定管道内流体压力为正压。若管道内侧操作压力小于大气压力时，则矩形烟风道的平壁应按预计的真空条件设计。

烟风道和支架应按所有可能产生的热荷载和机械荷载，包括安装(含开工、运行、停工期间的衬里的湿重)荷载进行设计。当为了方便检修需要拆除部分烟风道时，原有荷载和新加力的作用会使管道挠度或应力发生变化，因此整个系统都应按用户及供货商双方同意的规程或规范重新进行强度核算。在分析烟风道的受力时，应考虑停工期间严寒气候的设计工况(下雪和结冰)对荷载和冷缩效应的影响。在瞬变或风机共振条件下，应对烟风道壁板额外加强。

有热膨胀的所有烟风道都应按设计压力和设计金属温度进行热应力分析。有热膨胀的所有烟风道上都应设置能自由吸收受热后产生的预计膨胀量或能承受外力和应力的支架。采用滚轴、石墨滑轨或聚四氟乙烯滑板等措施可避免支架支承处产生过大的约束力。

(5)风箱

风箱设计和布置时，应在风箱周围和下部留有足够的空间，便于在不拆卸风箱的条件下，能拆除燃烧器部件。风箱不应将加热炉结构支架包围在里面，且不得影响结构的整体性。风箱的设计应考虑在风箱着火的事故情况下，加热炉钢结构不致损坏。

改造状况下，热风道布置影响到结构的整体性时，应对原有加热炉炉底支承梁进行核算，可以采用独立的隔热风箱。在设计中应考虑在加热炉主要结构支承件与热空气风箱之间留有一定的空间。

6.6.10　主要零部件设计

(1)膨胀节

所有热膨胀管道都应设置与烟风道内气体温度相匹配并抗气体内腐蚀介质腐蚀的金属膨胀节或者柔性织物膨胀节。在膨胀节内部应设衬套以保护波节。加强圈可设置在膨胀节两端以防止烟风道变形，或设置在膨胀节更换时容易扭曲的烟风道部位。

如果管道的设计热膨胀在膨胀节处产生横向位移时，膨胀节应设计为可以吸收横向位移或角位移，以免波节材料在设计温度下产生超载应力。

柔性织物膨胀节可防止与其相连设备变形和受力。这些膨胀节通常采用层叠结构的材料来适应设计条件，邻近构件需要用蒸汽吹扫或用水清洗的情况下使用柔性纤维膨胀节时，宜采用内部衬套以避免水对纤维接头的损坏。

在负压情况下可考虑采用填料式滑动膨胀节替代织物膨胀节，并采用压紧式填料结构，以便在烟道使用中可从外部更换填料。

(2)挡板

在烟风道系统设计时，挡板的选择和使用应考虑其可靠性和易于可控制性。每种挡板的使用都有其独特的要求。

选择挡板时，应考虑以下因素：

a)设计压力及设计压差；

b)设计温度；

c)设计泄漏率；

d)使用类型；

e)操作类型(手动、自动等)；

f)叶片、轴、轴承、框架等所使用的材料；

g)在线率；

h)就地仪表(限位开关、定位器等)。

按照操作压力下通过闭合挡板的内部泄漏量的多少，挡板可分为四种形式：

a)密封式——低泄漏；

b)隔断板或闸板(滑板)——无泄漏；

c)流量控制或分配——中等到较高的泄漏；

d)自然通风空气门——低泄漏到全开。

密封式挡板可以是单片或多片结构。操作情况下典型流量泄漏率为0.5%或更小。

隔断盲板或闸板用来隔离设备，用在隔断转换为自然通风的炉子或切断公用预热系统中的一台或几台炉子。设计时应考虑人员的进入、泄漏对加热炉操作的影响、挡板关闭的紧密性及挡板的位置(靠近或远离受到影响的炉子)。隔断挡板或闸板(滑板)应设计成在关闭时无内部泄漏，它可以采用双层隔断吹扫式或双层隔断泄放式结构，即一个或几个成组挡板带有一个空气吹扫机构。这种挡板的预期泄漏率为零。闸板可设带内衬的板片，以便在与其连接的设备仍在操作的情况下可使操作人员安全地进入烟风道内(挡板下游)。

因为要求有良好的流量控制性能，流量控制挡板通常为多叶片、对开式多轴挡板。不宜采用顺开式或单叶片挡板，因为它们固有的流向特性会影响风机性能或对预热器造成不平衡的流量分布。控制或密封挡板执行机构的连杆数量应尽量少，连杆越复杂，叶片不协调运动的风险越大，泄漏相应增加。

重新打开一个完全封闭的在用挡板的力远大于执行机构可以提供的力。流量控制挡板应提供防止全关闭的手段，以避免这种可能性的产生。

自然通风门是在鼓风机发生故障，不能机械供风时能快速打开的机构。自然通风门的大小及在风道上的位置应使自然通风操作时助燃空气可以均匀无障碍地供给燃烧器。

在挡板技术规定中应注明可能的泄漏或允许的泄漏。除了隔断挡板外，泄漏量随着挡板类型和操作条件而变化。

执行机构设计应按户外条件，轴承摩擦荷载应按运行后期的荷载情况考虑。

表6.6.10提供了空气预热系统常见的挡板类型。

表6.6.10 空气预热系统常见的挡板类型

设备名称		挡板功能	建议挡板类型
送风机	入口	控制	叶片式挡板或入口箱式挡板
	出口	用于人员安全的隔断	零泄漏滑板或闸板
	出口	控制	多轴挡板
引风机	入口	控制	多叶式挡板或入口箱式挡板
	入口	用于人员安全的隔断	零泄漏滑板或闸板
	出口	用于人员安全的隔断	零泄漏滑板或闸板
烟囱		快速响应，隔断及控制	多叶式挡板或蝶形挡板
空气旁路		快速响应，隔断及控制	多叶式挡板或蝶形挡板
紧急自然通风操作/空气入口		快速响应及隔断	低泄漏挡板或门
加热炉		燃烧器控制 隔断	多叶式挡板或蝶形挡板 零泄漏滑板或闸板

（3）风机和驱动机

所有风机和驱动机应符合 SH/T 3036—2012 附录 E 的规定。

叶片结构可采用单层式或翼型式。采用背弯（非过载）叶片可使风机达到最大动力效率。若引风机未设置叶轮清洗机构，应避免采用由金属外壳和筋板构成的中空断面的翼型设计。引风机若在含有较多颗粒状的高温烟气中操作，应规定引风机叶轮采用径向的或径向改进型的叶片。

风机的焊缝应全部为连续焊。

风机叶轮轴应能承受从静止到设计速度时额定扭矩的 110%。

（4）空气预热器

当采用间接式空气预热系统时，位于对流段上部高温预热器盘管的设计和制造应和炉管的要求相同，满足 SH/T 3036《一般炼油装置用火焰加热炉》和 SH/T 3037《炼油厂加热炉炉管壁厚计算》的规定。建议位于风道处低温预热器盘管的也按 SH/T 3036 和 SH/T 3037 的规定进行设计和制造。

在多路管束中，各路都应对称并且长度相等。循环热载体的盘管不得直接接受燃烧室或高温耐火材料表面的辐射。

间接式预热器的性能与系统内循环导热介质的特性直接相关。在苛刻条件下，导热介质的一些特性随着时间恶化。封闭循环回路系统应采取预防措施，以便在一旦发生介质流量下降或烟气温度升高的情况下，可将导热介质从高温预热器盘管中排出。若导热介质不能排出，则管内导热介质可能会裂解。高温预热器盘管应有排放设施，除非买方指定删除，应包括一个高位放空口和一个低点排凝口，并且所有连接法兰都应设在烟风道以外。

加热液体介质盘管的设计压力应按高于操作温度下加热介质的汽化压力选取。这可保证按盘管设计压力选取的泵满足要求，从而避免盘管内可能出现的两相流态（液/气），并在送风机出现故障后，在不减少热量输入的条件下保持一定的流量。

6.7　风机选型

6.7.1　概述

空气预热系统的性能取决于风机的正确选型。

加热炉设计条件中通常包含一个较大的"设计系数"，主要是为了安全、将来提高工艺处理量和/或根据经验确定其附加量。因此空气预热系统就可能比加热炉正常操作条件下需要的大得多。而过大的空气预热系统可能难以降量操作或高效率操作。建议在选用风机时考虑到加热炉的设计裕量，以便空气预热系统的能力与加热炉的操作要求相匹配。

例如，如果加热炉负荷有 1.2 倍的设计系数（正常负荷的 120%），风机选型系数采用通常的 1.15 时，那么风机实际选型流量为加热炉正常用风量的 138%。不推荐两者都采用很大的设计系数，否则会导致风机选型过大，在加热炉正常操作范围内不能高效率操作。

6.7.2 送风机

(1)送风机的设计质量流量

送风机的设计质量流量应为下列三项之和：

a)加热炉在设计条件和设计过剩空气量下的助燃空气质量流量；

b)空气预热系统的设计泄漏空气质量流量；

c)最大热风循环质量流量。

(2)送风机额定流量

送风机额定流量等于上述设计质量流率乘以流量选型系数。对于常规空气预热系统，流量选型系数(F_{tbf})宜为1.15。

(3)送风机的设计静压力

送风机的设计静压力应为空气预热系统鼓风区所有静压力损失之和。静压损失计算应包括鼓风区中下列部位的损失：

a)送风机进风管道(滤网、消声器、进风管、入口流量计、蒸汽预热器、风道和风机过渡段)；

b)送风机到预热器的冷风道(出口过渡段、风道和预热器过渡段)；

c)预热器空气侧损失；

d)预热器到燃烧器的热风道(出口过渡段、风道和燃烧器风箱)；

e)燃烧器设计静压损失；

f)流量控制设备，控制挡板、密封挡板、膨胀节等。

(4)选型静压力

选型静压力等于设计静压力乘以选型系数，选型系数(F_{tbsp})宜为1.32。

6.7.3 引风机

(1)引风机的设计质量流率

引风机的设计质量流率应为下列四项之和：

a)加热炉在设计条件下的烟气质量流率；

b)蓄热式空气预热器的设计泄漏空气质量流率；

c)加热炉的泄漏空气质量(通过炉壁板、烟道接缝及炉管出入口等)流率；

d)采用脱硝设备时的稀释空气质量流率。

(2)引风机额定流量

引风机额定流量等于上述设计质量流率乘以选型流量系数。对于常规空气预热系统，采用的选型流量系数(F_{tbf})宜为1.2。

(3)引风机的设计静压力

引风机的设计静压力应为空气预热系统引风区及引风机出口烟气排放区所有静压力损失之和。应包括系统部件由于结垢产生的压力损失。静压损失计算应包括下列部位的损失：

a)对流段盘管；

b)热烟道(空气预热器上游烟道及过渡段);

c)预热器和环保设备(脱硝设备、除尘、CO 过滤器等设备)烟气侧损失;

d)引风机入口烟道(预热器出口过渡段、烟道和引风机入口);

e)冷烟道(引风机出口过渡段、冷烟道及烟囱入口);

f)挡板、膨胀节等其他设备;

g)由于高度变化产生的烟囱效应;

h)辐射炉顶的抽力。

(4)选型静压力

选型静压力等于上述设计静压力乘以一个选型静压力系数。对于常规空气预热系统,选型静压力系数(F_{tbsp})宜为 1.44。

在计算引风机流量时应考虑到以下两种情况:

烟囱隔断挡板前后存在小压差,会有一些冷烟气漏回热烟气,这些冷烟气回流通过空气预热器,降低了预热器效率,如果回流量较大会造成引风机超负荷。

在间壁式和蓄热式空气预热器中,如果预热器密封不严,空气会泄漏到烟气中,间壁式空气预热器通常泄漏率小于 1%。通常蓄热式空气预热器在良好状态下空气泄漏率为5% ~ 15%,如果在不良状态下待维修时泄漏率更高。如果空气预热器处有空气泄漏,必然造成冷烟气流量增加,应按增加后的值确定引风机的流量。

6.8 烟风道设计及风机选型

6.8.1 例题简述

图 6.8.1 为一炼厂圆筒形加热炉空气预热系统简图,系统带有鼓风机和引风机,空气预热器是板式结构,位于地面。风道上带有快开风门。烟气排入独立烟囱。该系统为平衡通风式直接换热系统。

对于烟气系统,正常操作工况下,烟气从对流顶部进入空气预热器,与空气换热后被引风机排入烟囱,当空气预热器或/和引风机、鼓风机出现故障时,打开烟气旁路挡板,关闭预热器上游烟气密封挡板,烟气由烟气旁路直接排入烟囱。

对于空气系统,正常操作工况下,空气经进风口由鼓风机送入预热器,和烟气换热后进入热风道,再进入各个燃烧器,每个燃烧器带有调风器。当鼓风机发生故障时,打开风道上快开风门,关闭鼓风机、引风机,关闭进预热器的烟气密封挡板,由烟囱产生的抽力维持炉膛负压,通过快开风门开口进入助燃空气,加热炉继续进行正常的操作。此时加热炉进入自然通风状态。

该系统所处环境条件如下。

年平均大气温度:17.2℃;

历年极端最高气温平均值:38℃;

年平均相对湿度:62%;

大气年平均压力：101.41kPa，月平均最小气压 100.33kPa。

加热炉设计工况下，在过剩空气系数 1.15 时助燃空气流量为 9.63kg/s。月平均最小气压 100.33kPa 下，不同位置的空气温度、密度和黏度见表 6.8.1-1。

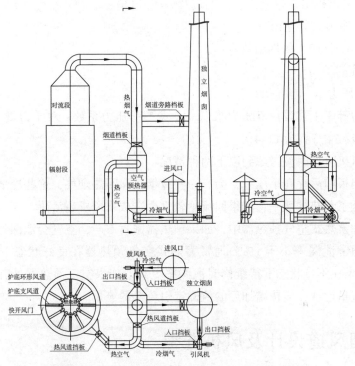

图 6.8.1　圆筒形加热炉空气预热系统结构简图

加热炉设计工况下，在过剩空气系数 1.15 时，出对流段烟气流量 10.27kg/s。不同位置的烟气温度、密度、黏度见表 6.8.1-2。

表 6.8.1-1　不同位置的空气温度、密度及黏度

项目	环境空气		出预热器空气
	年平均	历年极端最高平均	
温度/℃	17.2	38	285
密度/(kg/m³)	1.204	1.124	0.626
黏度/(mPa·s)	0.0177	0.0186	0.0278

注：空气的分子量 28.96。压力是按月平均最小气压。没有进行湿度校正。

表 6.8.1-2　不同位置的烟气温度、密度、黏度

项目	出对流段烟气	出引风机烟气	在运行末期
温度/℃	330	120	150
密度/(kg/m³)	0.552	0.848	0.787
黏度/(mPa·s)	0.0293	0.0218	0.0229

注：烟气的分子量 27.6。压力是按月平均最小气压。没有进行湿度校正。

6.8.2 风道系统压降

助燃空气经送风机进风口进入，经入口风道、鼓风机、鼓风机后冷风道、预热器、热风道、燃烧器风箱进入燃烧器。

风道系统的具体结构及阻力计算见表6.8.2。

6.8.3 鼓风机选型

（1）鼓风机设计流量

假定空气预热系统的空气漏风量为零，在设计过剩系数为1.15时，空气设计流量为9.63kg/s。

（2）鼓风机额定流量

取选型系数为1.15，则额定流量为：

$$1.15 \times 9.63 = 11.07 \text{kg/s}$$

在历年极端最高气温平均值为38℃的情况下，其体积流量为：

$$11.07/1.124 = 9.85 \text{m}^3/\text{s} = 42660 \text{m}^3/\text{h}$$

（3）鼓风机的设计静压力

鼓风机的设计静压力用来克服表6.8.2中的总阻力，即1168Pa。

（4）选型静压力

取静压力选型系数为1.32，则选型静压力为：

$$1.32 \times 1168 = 1542 \text{Pa}$$

在选择风机时应注意：静压力是通常鼓风机样本上的静压头而不是全压。

6.8.4 烟道系统压降

烟道系统包括对流段、尾部烟道、热烟道、预热器、冷烟道、引风机及引风机后冷烟道，其各部分结构及阻力计算见表6.8.4。

6.8.5 引风机选型

（1）引风机设计流量

在设计过剩系数为1.15时，假定空气预热系统烟气泄漏量为1%，烟气设计流量为：

$$10.27 \times 1.01\% = 10.37 \text{kg/s}$$

（2）引风机额定流量

取选型流量系数为1.2，引风机额定流量为：

$$10.37 \times 1.2 = 12.44 \text{kg/s}$$

考虑到每个操作周期后期排烟温度会上升，假定后期排烟温度上升到120 + 30 = 150℃，在排烟温度为150℃的情况下，其体积流量为：

$$12.44/0.787 = 15.81 \text{m}^3/\text{s} = 56916 \text{m}^3/\text{h}$$

表6.8.2　风道系统具体结构及阻力

位置及部件		结构特征尺寸/mm	风速 $v/(m/s)$	水力平均直径 d_e/mm	雷诺数 Re [式(6.6.3-4)]	摩擦系数 (图6.6.3)	局部阻力系数 (表6.6.4-1)	阻力/Pa
进风道 (38℃)	伞形进口	带网孔, 内径1200	7.58	—	—	—	0.275+1.6	61.8
	直段	内径1200, 长3300	7.58	1200	$5.5×10^8$	0.02	—	4.0
	4次斜接虾米腰	内径1200, 当量直径6	7.58	1200	$5.5×10^8$	0.02	—	1.8
	风机入口挡板	内径1000, 自由面积为70%	7.58	—	—	—	1.0	32.9
鼓风机后风道(38℃)	天圆地方(扩大, 60°锥角)	面积比0.75, 内壁900×650	14.65	—	—	—	0.09	14.8
	4次斜接虾米腰	内径1000, 当量直径6	10.92	1000	$6.7×10^8$	0.02	—	8.2
预热器空气侧			—	—	—	—	—	1000
热风道(内保温)(285℃)	4次斜接虾米腰, 3个	内径1284, 长度/当量直径=6	11.88	1284	$3.4×10^8$	0.03	—	24.3
	调节挡板	内径1284, 自由面积70%	11.88	—	—	—	1.0	45.1
	直段	内径1284, 长13500	11.88	1284	$3.4×10^8$	0.03	—	14.2
	天圆地方(扩大, 40°锥角)	内壁1284	11.88	—	—	—	0.73	32.9
炉底风道(外保温)(285℃)	环形风道	内壁788×688, 长17500	14.18	735	$2.4×10^8$	0.02	—	30.6
	支风道	内壁378×318, 长2400	10.66	345	$8.8×10^7$	0.02	—	5.0
	直边入口	内壁378×318	10.66	—	—	—	0.34	12.3
燃烧器(285℃)	燃烧器内部件	—	—	—	—	—	—	120
	调风器	内壁378×318, 自由面积取70%	10.66	—	—	—	1.0	36.3
炉底抽力								−130
合计								1314

表6.8.4　烟道系统各部分结构及阻力

位置及部件		结构特征及尺寸/mm	烟气流速 v/(m/s)	水力平均直径 d_e/mm	雷诺数 Re 式(6.6.3-4)	摩擦系数 (图6.6.3)	局部阻力系数 (表6.6.4-1)	阻力/Pa
对流底部负压								25
对流段及尾部烟道								30
热烟道（内保温）	5次斜接虾米腰，2个	内径1916，当量直径5	6.45	1916	2.3×10^8	0.03	—	3.6
	直段	内径1916，长5800	6.45	1916	2.3×10^8	0.03	—	1.1
	密封挡板	内径1916，自由面积为90%	—	—	—	—	0.22	2.6
	天圆地方（扩大，60°锥角）	面积比0.44，内径1916	—	—	—	—	0.34	4.0
预热器烟气侧			—	—	—	—	—	1000
烟气下行阻力		高度26m，烟道内温度为330℃，环境温度为38℃，用式(6.6.5)计算	—					146
冷烟道（内保温）	直边入口	内径1084	13.14	—	—	—	0.34	25.4
	直段	内径1084，长6250	13.14	1084	5.5×10^8	0.03	—	12.9
	5次斜接虾米腰，1个	内径1084，长度/当量直径=5	13.14	1084	5.5×10^8	0.03	—	11.2
	引风机调节挡板	内径1084，自由面积取70%	13.14	—	—	—	1.0	74.6
引风机后冷烟道	密封挡板	内壁988×718，自由面积为90%	17.08	—	—	—	0.22	27.7
	45°矩形弯头	内壁988×718	17.08	—	—	—	0.11	13.9
	直段	内壁988×718，长3000	17.08	832	5.5×10^8	0.03	—	9.1
	进入较大管道（烟囱）	内壁988×718	17.08	—	—	—	0.85	107.2
合计								1494.3

（3）引风机的设计静压力

引风机的静压力用来克服表6.8.4中的总阻力，即1494.3Pa。

（4）选型静压力

取静压力选型系数为1.44，则选型静压力为：

$$1.44 \times 1494.3 = 2152Pa$$

在选择风机时应注意：静压力是通常风机样本上的静压头而不是全压。

6.9 安全、操作及维护

6.9.1 安全

（1）人员进入

在加热炉运行中需进入空气预热系统对结构内部件进行维修时，必须将其与加热炉彻底隔断。隔断方法可采用滑动隔板、闸板或专门设计的挡板。应根据挡板的位置和操作条件规定闸板和挡板的最大泄漏率、执行机构的锁定方法、空气泄漏到加热炉内的负面影响以及人员需要进入设备的部位。

（2）快开风门的位置

快开风门应装在适当位置，以免突然开启（指鼓风机操作时风门开启）时热风喷出伤人。设置自动快开风门时应避免其运动部件（如配重）动作时碰伤人。

（3）烟气污染物的排放

加热炉设计时，烟囱排出的烟气污染物应高空排放。以确保在邻近结构的人员不暴露在危险的热烟气中。

不同的行业、不同的国家或地区要求也不相同，炼油装置中至少应满足 SH 3011—2011《石油化工工艺装置布置设计规范》的规定。

（4）安全系统定期测试

为确保加热炉及空气预热系统能准确应对"紧急情况"，推荐对自然通风风门（紧急空气入口）、烟囱挡板、风机或备用风机及其他与安全相关的部件进行定期测试。

（5）锁定系统

在系统维修或运行过程中，应由锁定设置隔离已关闭或不能运行的风机或电机。锁定装置应防止意外的能量释放或运动，至少应断开所有电源。

6.9.2 空气预热器的监测和操作

推荐采用以下措施以便有效监测及操作一个空气预热系统：

a）在空气预热器上下游的烟风道上安装测压接管及测温接管，用于预热器操作监控和故障诊断；

b）在空气预热器上下游的烟道上安装烟气采样接管，用于监测预热器泄漏、系统物料平衡计算和系统故障诊断；

c）在风机上下游安装测压管；

d）为测量燃烧空气流量，风道流量计应位于空气预热器下游；

e）多个平行炉膛的风道布置应水力学分布相似；

f）多个炉膛的烟道上应有各自的流量控制挡板，在空气预热系统操作范围内控制每个炉膛的炉顶抽力；

g）操作范围变化大或降量操作时间很长时，可以考虑采用调速风机或多级风机。

6.9.3　空气预热器检修

为减少操作人员在运行的加热炉上工作，烟风道闸板和挡板应设在靠近地面处。风机和空气预热器的布置应考虑方便检修。

通常对烧重燃料油的加热炉空气预热器提供清灰设施，有时对引风机也考虑在线清扫。

应设有可检验加热炉及烟风道衬里的检查门，以便能定期检查衬里是否完好，如有损坏应修补。

6.9.4　空气预热系统设备失效

通常空气预热系统设备失效时加热炉转为"备用"模式或故障安全模式操作，大多数情况下空气预热系统设计为当设备失效时还允许加热炉稳定操作。两种最常用的备用操作模式如下：

a）旁路掉空气预热系统，转换为自然通风操作；

b）启动备用风机或其他替代设备。

参考文献

［1］API RP535, Burners for Fired Heaters in General Refinery Services［S］.

［2］向柏祥，邢文崇，李健峰，等. 烟气酸露点的测量与计算关联式的修正［J］. 锅炉计算，2014(01).

［3］DL/T 5240—2010，火力发电厂燃烧系统设计计算技术规程［S］.

第7章 单体加热炉

7.1 辅助燃烧室

7.1.1 设备简介

辅助燃烧室是石油化工催化裂化装置的辅助加热器，其主要作用是：

a)烘炉：反应器、再生器衬里施工完毕后，利用辅助燃烧室产生的热空气对衬里进行烘干，并对初装催化剂进行加热；

b)开工加热：在装置开工时，将主风机出口约200℃的热风，加热到600~800℃，为反应器和再生器提供高温气体，提高反应器和再生器内温度；

c)风道作用：在装置正常运行之后，辅助燃烧室将停止燃烧，其本身将作为风道的一部分连接主风机和再生器。

流化床催化裂化装置(FCC)有一段再生和两段再生工艺。一段式再生工艺需要一个辅助燃烧室，位于再生器底部；二段式再生工艺一般设置两个辅助燃烧室，分别位于第一和第二再生器底部对再生器进行加热。这样的加热方式可以使再生器的温升速度更快且温度场分布更均匀。

在煤制甲醇装置(MTO)中，设置有反应器辅助燃烧室和再生器辅助燃烧室。反应器辅助燃烧室用于烘干反应器衬里，在开工和操作阶段被隔断，不再使用。再生器辅助燃烧室不仅负责烘干衬里，而且在装置开工时加热主风。

辅助燃烧室的主要性能指标：

a)气体流动均匀；

b)应有足够停留时间，保证完全燃烧；

c)出口气体温度易于控制；

d)烟气侧压降小，降低装置运行能耗；

e)经济性好，占地面积小；

f)操作灵活，易于维修；

g)满足安全环保的要求。

7.1.2 结构组成

辅助燃烧室一般为卧式圆筒形结构，其典型结构见图7.1.2。辅助燃烧室由燃烧器、外筒体、燃烧室、现场控制柜等组成。

a)燃烧器一般为油气联合燃烧器。燃烧器由燃料气枪、燃料油枪(如需要)、长明灯、看火孔等组成。另外设置火焰检测仪对火焰进行监控;为了提高燃烧器的燃烧混合效果,推荐使用预混式燃烧器。

b)外筒体为圆筒式结构,低温段为外保温结构,混合段为内衬里结构。

c)燃烧室位于外筒体内部,形成独立的燃烧空间,保证燃料完全燃烧。

d)现场控制柜,为燃烧器提供点火电源,在面板上显示燃烧器的工作状况,提供熄火报警指示,为装置 DCS 系统提供安全保护信号。

辅助燃烧室在装置正常运行状况下只作为主风通道,燃烧器不工作。减小辅助燃烧室的空气流通阻力,能够减少主风压头损失,节约电能。因此应采用低压降辅助燃烧室。

为了辅助燃烧室能够安全燃烧,采用独立燃烧室,保证燃料充分燃烧后再与空气混合。同时能够使空气侧阻力降到最低。

从主风机进入辅助燃烧室的空气分为两路,分别称为一次风和二次风。一次风的作用是提供燃烧所需要的氧气,所以直接进燃烧器内与燃料混合;二次风进筒体夹套,与燃烧室出来的高温烟气混合,用以调节气体温度,使混合后气体温度一般为 600~700℃。

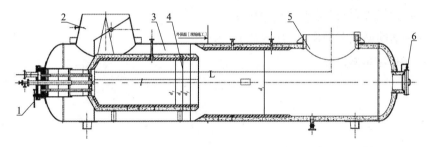

图7.1.2 典型辅助燃烧室图
1. 燃烧器;2. 空气入口;3. 外筒体;4. 燃烧室;5. 空气出口;6. 人孔

7.1.3 工艺及结构设计

(1)工艺设计条件

辅助燃烧室的设计应满足工艺过程要求,其工艺设计条件见表7.1.3。

表7.1.3 辅助燃烧室设计条件

湿空气量/(m³/min)		蒸汽量消耗/(kg/h)(燃料油雾化用)	
空气入口温度/℃		空气出口温度/℃	
操作负荷/kW		主风机最大压力/MPa(A)	

(2)热负荷计算

利用燃料燃烧产生的高温烟气与二次风进行混兑后达到工艺过程要求的温度进入两器。一般情况下装置的总风量不变,只改变燃料量和一、二次风量来调节辅助燃烧室的出口烟气温度。燃料的总发热量 Q_T 由式(7.1.3-1)计算:

$$Q_T = V_0(i_2 - i_1)/3600 \tag{7.1.3-1}$$

式中 Q_T——燃料的总发热量，MW；

V_0——辅助燃烧室入口空气量，Nm^3/h；

i_1——辅助燃烧室入口空气热焓，MJ/Nm^3；

i_2——辅助燃烧室出口气体热焓，MJ/Nm^3。

辅助燃烧室的热负荷为燃料的发热量减去散热损失，工程设计时一般直接采用燃料的发热量作为辅助燃烧室的热负荷。

（3）尺寸规划

a）辅助燃烧室的尺寸大小取决于气体的停留时间和体积热强度。

停留时间 T_t 可以按式（7.1.3-2）计算：

$$T_t = 3600 V_y p_0 (273 + t_0) / (V_0 p_f (273 + t_2))$$ (7.1.3-2)

式中 T_t——从燃烧器出口到辅助燃烧室出口，气体在辅助燃烧室内的停留时间，s；

V_0——辅助燃烧室入口空气总量，Nm^3/h；

t_1——辅助燃烧室入口空气温度，℃；

t_2——辅助燃烧室出口空气温度，℃；

t_0——环境温度，℃；

p_0——大气压力（绝对压力），MPa；

p_f——辅助燃烧室操作压力（表压），MPa；

V_y——有效体积，m^3。

$$V_y = \pi d_i^2 L / 4$$ (7.1.3-3)

$$d_i = \sqrt{\frac{4V_y}{\pi L}}$$ (7.1.3-4)

式中 d_i——辅助燃烧室内径，m；

L——辅助燃烧室外筒有效长度，m。

从燃烧器燃烧后进入混合室的烟气量、速度和温度与混合二次风后的气体量、速度和温度是不同的，所以该停留时间不是燃烧室内气体的准确停留时间。

尺寸规划时，停留时间 T_t 一般取 $0.8 \sim 1s$。要求气体在辅助燃烧室内有一定的停留时间是为了燃料能完全燃烧，对于燃料为气体时，或辅助燃烧室热负荷较大时，或燃烧器性能较好时，可以选取较少的停留时间。如果改善燃烧器的性能，能使火焰在离开内燃烧室后仍然保持较好的形状和刚度，可以采用短的燃烧室筒体，并且可以减少 NO_x 的生成。

壳体直径和长度按照停留时间进行计算，同时可以按照推荐的积热强度进行核算。

体积热强度 q_v 可以按式（7.1.3-5）计算：

$$q_v = Q_T / V_y$$ (7.1.3-5)

式中 Q_T——燃料的总发热量，MW；

V_y——有效体积，m^3；

q_v——辅助燃烧室体积热强度，$MJ/(m^3 \cdot s)$。

燃烧室体积热强度 q_v 一般取 $1.9 \sim 3.5MJ/(m^3 \cdot s)$，燃烧室内筒长度 l 与内筒内径 d 之比一般为 $2 \sim 3$。

辅助燃烧室壳体直段部分的有效长度 L 与直径 D 比，一般取 $3\sim4$。

具体尺寸规划时，燃烧室出口段不应存在旋涡死区，压力分布应均匀，气体出口处不应存在气体回流现象。

b) 入口风道和出口烟道内气体流速为 $20\sim30\text{m/s}$，依次确定其直径大小。

c) 二次风通过筒体内壁与燃烧室之间的缝隙进入混合室，环缝宽度按照二次风的流量与速度确定，一般流速取 $10\sim15\text{m/s}$。

7.1.4　一次风和二次风分配

一次风的流量是按照燃烧室热电偶的温度指示进行调节的，保证燃烧室温度为 $900\sim1200℃$。其余风量即为二次风。

一、二次风量可以分别从不同的口进入，也可以采用从一个口进入。当一、二次风从一个口进入时，进风后应有调节装置，以便控制一、二次风量，见图 7.1.4。

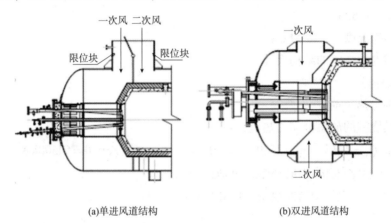

(a) 单进风道结构　　　　　　　　(b) 双进风道结构

图 7.1.4　进风口结构

7.1.5　燃料

辅助燃烧室的燃料以气体和轻油为主，燃料消耗量可按式 (7.1.5) 计算。

$$B = 3600\frac{Q_{\text{T}}}{Q_{\text{L}}\eta} \tag{7.1.5}$$

式中　B——燃料消耗量，Nm^3/h；

Q_{T}——燃料的总发热量，MW；

Q_{L}——燃料低位发热量，$\text{MJ}/(\text{Nm}^3)$；

η——散热损失及不完全燃烧系数，可取 $96\%\sim98\%$。

7.1.6　壳体设计

辅助燃烧室是正压操作，操作压力为 $0.2\sim0.4\text{MPa}$，壳体的设计和制造应符合 TSG G0004《固定式压力容器安全技术监察规程》和 GB/T 150《压力容器》的要求。燃烧室的壳体选用铬钼钢。

壳体设计压力为主风机出口最高压力为 $0.5 \sim 0.8\text{MPa}$。

壳体设计温度为 350℃。

7.1.7 炉衬

燃烧室采用双层衬里，应火面为耐磨浇注料或者可塑料，内层为隔热浇注料；混合段为复合衬里或单层浇注料。环形风道外侧用外保温结构。

7.1.8 例题

(1)设计条件

辅助燃烧室入口空气量 V_0：$300000\text{Nm}^3/\text{h}$；

入口空气温度 t_1：160℃；

入口压力 p_f：0.25MPa(G)；

出口温度 t_2：650℃；

燃烧室操作温度 t_3：1200℃；

请确定辅助燃烧室的结构尺寸。

(2)例题解答

a)首先确定热负荷

取辅助燃烧室的放热量作为热负荷：

$$Q_\text{T} = V_0(i_2 - i_1)/3600 = 300000 \times (817 - 163)/3600 = 54500\text{kW}$$

式中　i_1——入口空气 160℃时热焓，817kJ/Nm^3；

　　　i_2——出口空气 650℃时热焓，163kJ/Nm^3。

b)风量布置

一次风量

$$V_1 = 3600 \frac{Q_\text{T}}{i_3 - i_1} = 3600 \frac{54500}{1452 - 163} = 152211\text{Nm}^3/\text{h}$$

式中　i_3——空气在操作温度 1200℃时热焓，1452kJ/Nm^3。

二次风量

$$V_2 = V_0 - V_1 = 300000 - 152211 = 147789\text{Nm}^3/\text{h}$$

二次风在操作温度下流量 $= V_2(t_1 + 273) \times p_0/(3600 \times 273 \times p_f)\text{m}^3/\text{s}$

$$= 147789 \times (160 + 273) \times 0.1/[3600 \times 273 \times (0.25 + 0.1)] = 18.6\text{m}^3/\text{s}$$

假设环缝内流速 v_g 为 15m/s，则环形空隙面积为 $A_\text{g} = 18.6/15 = 1.24\text{m}^2$。

c)燃烧室尺寸

首先设定壳体内径 d_f：4.0mm；

衬里厚度为 200mm，衬里后直径辅助燃烧室内径 d_i：3.6m。

根据式(7.1.3 - 2)：

$$T_\text{t} = 3600 \times V_\text{y} \times 0.35 \times 273/[300000 \times 0.1 \times (650 + 273)]$$

$$= 343980 \times V_\text{y}/27690000 = 1.5\text{s}$$

由此求出：

$$V_y = 121 m^3$$

根据公式(7.1.3-3)

$$V_y = \pi d_i^2 L/4$$

求取辅助燃烧室外筒有效长度 L：

$$L = 4V_y/(\pi d_i^2) = 4 \times 121/(3.14 \times 3.6^2) = 11.9 m$$

注：L 为燃烧器至辅助燃烧室出口管道中心线之间的距离。

根据缝隙处面积 $A_g = \pi(d_f^2 - d_n^2)/4 = 1.24 m^2$

式中　d_f——金属壳体内径，m；

d_n——燃烧室衬里外径，m。

求出燃烧段外壁直径计算 $d_n = 3.8 m$。

d)空气入口管直径 D_r 和空气出口管直径

假定空气入口和空气出口流速 v_p 均为 30m/s，则空气入口温度下流量 V_{t1}：

$$V_{t1} = p_0 V_0 T_1/(3600 p_f T_0) = 0.1 \times 300000 \times (160 + 273)/(3600 \times 0.36 \times 273)$$
$$= 36.7 m^3/s$$
$$V_{t1}/v_p = \pi D_r^2/4 = 36.7/30 = 1.22 m^2$$
$$D_r = 1.25 m$$

D_r 为空气入口直径，m。

空气出口温度下流量 V_{t2}：

$$V_{t2} = p_0 V_0 T_2/(3600 p_f T_0) = 0.1 \times 300000 \times (650 + 273)/(3600 \times 0.36 \times 273)$$
$$= 78.2 m^3/s$$
$$V_{t2}/v_p = \pi D_c^2/4 = 78.2/30 = 2.6 m^2$$
$$D_c = 1.82 m$$

D_c 为空气出口直径，m。

7.2　酸性气燃烧炉

7.2.1　设备简介

硫黄回收装置是把含硫化氢的气体转化为商品硫黄的工艺装置，酸性气燃烧炉是硫黄回收的核心反应设备，其主要作用是：

a)采用空气+燃料气将炉膛温度提升到大于 1000℃，引入酸性气；

b)酸性气中的 H_2S 与 O_2 进行部分反应，生成的 SO_2 与没有燃烧的 H_2S 进行进一步反应，生成单质硫；

c)分解酸性气中的 NH_3 和杂质以及少量烃类物质。

主要完成以下化学反应：

$$3H_2S + \frac{3}{2}O_2 \longrightarrow 3H_2O + \frac{3}{2}S_2$$

$$H_2S + \frac{3}{2}O_2 \longrightarrow H_2O + SO_2$$

$$2H_2S + SO_2 \longrightarrow \frac{3}{2}S_2 + 2H_2O$$

氨气的焚烧反应：

$$2NH_3 + \frac{3}{2}O_2 \longrightarrow N_2 + 3H_2O$$

$$2NH_3 \longrightarrow N_2 + 3H_2$$

$$H_2S + \frac{3}{2}O_2 \longrightarrow SO_2 + H_2O$$

$$2NH_3 + SO_2 \longrightarrow N_2 + H_2S + 2H_2O$$

酸性气燃烧炉有 H_2S 普通燃烧法、分区燃烧法等工艺。

硫黄回收装置酸性气包括溶剂再生来的清洁酸性气和酸性水汽提来的含氨酸性气。部分燃烧法是使所有酸性气全部由前端燃烧器进入，用不完全燃烧法保证燃烧后的烟气中 H_2S 与 SO_2 的摩尔比为 $2:1$。部分燃烧法用于小型硫黄回收装置。

分区燃烧是使含 NH_3 酸性气全部进入燃烧器进行燃烧，不含 NH_3 酸性气在燃烧炉后部进行混兑，混兑后 H_2S 与 SO_2 的摩尔比为 $2:1$。炉膛燃烧温度应 $\geqslant 1250℃$，保证 NH_3 的完全分解。燃烧炉出口的 NH_3 含量控制在 20ppm 以下。如果酸性气中不含 NH_3，那么炉膛的燃烧温度可以降到 1100℃ 左右。

富氧燃烧技术是随着硫黄回收装置的大型化，用富氧代替全部或者部分空气进行燃烧，是比较先进的燃烧方法，可以大大提高装置处理能力，减少设备投资。但是，富氧燃烧会造成燃烧炉炉膛温度升高，需要提高耐火材料的最高使用温度。

酸性气燃烧炉的主要性能指标：

a)气体流动均匀；

b)应有足够停留时间，保证酸性气充分燃烧和混合；

c)经济性好，占地面积小；

d)操作灵活，易于维修；

e)满足安全环保的要求。

酸性气燃烧炉的性能由 3"T" 决定：

a)温度(Temperature)；

b)停留时间(Time)；

c)混合强度(Turbulence)。

温度是酸性气充分掺烧的前提条件，不含 NH_3 的情况下操作温度不低于 1000℃，含 NH_3 的情况下操作温度不低于 1250℃。

正常工况下酸性气的燃烧可以保证炉膛温度。如果酸性气浓度过低，就需要补充燃料燃烧来维持炉膛温度。燃烧炉炉膛体积热强度一般为 $155 \sim 160kW/m^3$。

炉内温度的测定是由高温射线仪和热电偶完成的，保证炉内操作温度在合适的范围内。

酸性气在炉内的停留时间最少为 1s。衬里后酸性气燃烧炉的直径和长度应满足停留时间。同时，壳体的长度和直径的比例约为 2.5∶1。

混合强度主要是由燃烧器的性能决定的，因此酸性气燃烧炉的燃烧器性能对燃烧效果有着至关重要的作用。

开工时应先用燃料气把炉膛温度升到 1000℃时再通入酸性气，然后切断燃料气，开始正常运行。

7.2.2　结构组成

酸性气燃烧炉主要为卧式圆筒炉，结构见图 7.2.2 - 1。

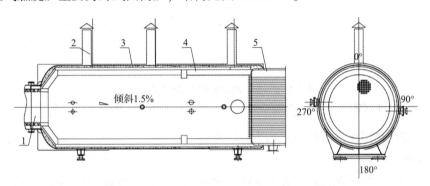

图 7.2.2 - 1　典型酸性气燃烧炉
1. 燃烧器；2. 防雨罩；3. 壳体；4. 衬里；5. 废热锅炉

燃烧炉主要由燃烧器、壳体、衬里和防雨罩组成，出口与废热锅炉连接。

a）燃烧器

燃烧器采用高强预混式气体燃烧器（图 7.2.2 - 2），由燃料气入口、酸性气入口、空气旋流器、高能电点火器和火焰检测仪组成。燃料气枪位于酸性气枪中，它们用法兰和燃烧器连接，可以使它们从燃烧器中抽出进行检修。

b）空气旋流器

使燃烧空气产生环向旋流，与酸性气进行充分混兑进入燃烧室。并在酸性气喷嘴前形成稳定的高温烟气回流区，使喷入的酸性气与空气混合物迅速加热并燃烧。

c）壳体

壳体按照 GB/T 150《压力容器》进行设计和制造，由于酸性气燃烧炉燃烧产物中有 SO_2 组分，壳体的工作温度应高于露点温度。壳体的工作温度一般为 180~250℃，壳体外部应涂抹变色油漆，在壳体温度高于 300℃时变色，便于检查。壳体的设计温度按照 350℃考虑。

d）防雨罩

防雨罩的作用是防止雨雪造成壳体温度下降，从而造成酸露点腐蚀。防雨罩内的空气应该上下流通，防止壳体超温。防雨罩侧面应设置观察窗，观察壳体表面是否超温。

e）衬里

一般为三层，分别为迎火面、中间层和隔热层，迎火面为刚玉质耐火砖或者耐火可塑

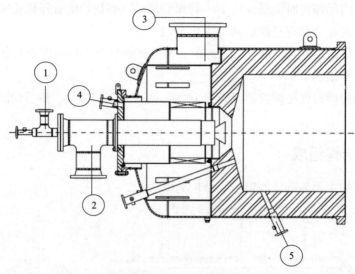

图7.2.2-2　典型酸性气燃烧炉燃烧器

1. 燃料气入口；2. 酸性气入口；3. 空气入口；4. 火焰检测仪；5. 看火孔

料，中间层和隔热层耐火材料一般均为浇注料。

f) 花墙砖

酸性气燃烧炉的尾部有时设置花墙砖，增强烟气的混合并提高炉内热辐射，使燃烧更充分。花墙砖的开孔率不低于60%。

7.2.3　工艺及结构设计

（1）工艺设计条件

酸性气燃烧炉的设计应满足工艺过程要求，其工艺设计条件见表7.2.3。

表7.2.3　酸性气燃烧炉设计条件

燃烧后介质流量 W	Nm^3/h	
燃烧室操作温度 t_1	℃	
燃烧室操作压力 p_1	MPa(a)	

（2）尺寸规划

酸性气燃烧炉的尺寸由燃烧反应的停留时间决定。

$$V_y = T_t [W p_1 (273 + t_1)] / [3600 p_0 (273 + t_0)] \tag{7.2.3-1}$$

式中　T_t——从燃烧器出口到烟气出口，气体在燃烧炉内的停留时间，s；

　　　W——燃烧后介质流量，Nm^3/h；

　　　t_1——燃烧室操作温度，℃；

　　　t_0——环境温度，℃；

　　　p_0——大气压力（绝对压力），MPa；

　　　p_1——燃烧室操作压力（绝对压力），MPa；

　　　V_y——有效体积，m^3。

$$V_y = \pi d_p^2 L / 4 \qquad (7.2.3-2)$$

$$d_p = \sqrt[2]{\frac{4V_y}{\pi L}} \qquad (7.2.3-3)$$

式中 d_p——燃烧室内径，m;

L——燃烧室有效长度(燃烧室壳体直段部分长度)，m。

燃烧室壳体直段部分的长度 L 与直径 D 比，一般取 3～4。

(3)壳体设计

酸性气燃烧炉是微正压操作，壳体的设计和制造应符合 GB/T 150《压力容器》的要求。

壳体设计压力为燃烧室内爆炸产生的压力，且不低于 0.5MPa，壳体设计温度不低于 350℃。

(4)衬里设计

酸性气燃烧炉的炉膛温度在 1250℃ 以上，衬里是燃烧炉设计的一个重要环节。

衬里的应火面一般情况下为耐火砖或者耐火可塑料结构。这两种结构都有非常多的使用业绩，效果都很好。

由于耐火可塑料采用非金属锚固转进行锚固，可以防止炉顶塌陷、变形。对于大直径燃烧炉，耐火可塑料的结构更适合。

迎火面耐火材料组分(质量分数):

Al_2O_3	85%(min)
Fe_2O_3	1.0%(max)
$P_2O_5 + Cr_2O_3$	0.2%(max)
荷载耐火度	≥1750℃

砖结构的过渡面可采用可塑料结构，易于施工。衬里锚固钉材质至少为310S。

可塑料结构用非金属锚固砖和金属锚固钉进行锚固。

为了防止高温火焰对废热锅炉管板的直接辐射，余热锅炉的管板上用衬里进行保护。换热管入口处可安装陶瓷套管，减少换热管端部的换热量。

燃烧炉的隔热层一般为隔热浇注料。

酸性气燃烧炉的衬里施工、养护、烘炉都应严格按照衬里供货商的技术要求进行。

7.3 尾气焚烧炉

7.3.1 设备简介

硫黄回收尾气处理后的气体中仍含有少量的 H_2S、COS、CS_2 等组分，通过尾气焚烧炉的高温焚烧，可以把 H_2S 等焚烧生成 SO_2 然后通过烟囱排入大气或者进行进一步脱硫。典型硫黄尾气焚烧炉见图 7.3.1。

由于尾气中的 H_2S 含量很低，因此须通过燃料气燃烧维持炉膛的操作温度。

目前尾气焚烧炉的操作温度一般为 650～700℃。燃料气通过燃烧生成的高温烟气与尾气混合，尾气中 H_2S 与二次风中的氧气反应后进入后面的余热锅炉回收高温烟气能量。

尾气焚烧炉一般为卧式圆筒形结构，内部为衬里结构，外部通常有防雨罩，防止雨季壳体温度降低造成露点腐蚀。

为了使尾气的 H_2S 和其他组分完全燃烧，就要提高焚烧炉炉膛温度。最新的焚烧技术是把炉膛的反应温度提高至 900℃。燃烧后的高温烟气通过板管式换热器先与尾气进行换热，提高尾气进入焚烧炉的温度。同时也可以对空气预热后进行燃烧。

通过换热后的 600℃ 烟气再进入废热锅炉进行换热。

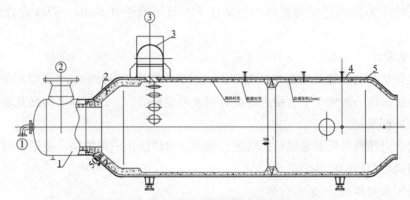

图 7.3.1　典型硫黄尾气焚烧炉

开口说明：①—燃料气入口；②—空气入口；③—尾气入口

部件说明：1. 燃烧器；2. 锥段；3. 尾气分配管；4. 壳体；5. 衬里

7.3.2　结构组成

焚烧炉前端为气体燃烧器，为预混式结构，全部燃烧空气由燃烧器进入。燃烧器上配有两个火焰检测仪。燃烧器由高能电点火器点火。

焚烧炉壳体的工作温度为 180～250℃，外部的防雨罩内的空气应该上下流通，防止壳体超温。防雨罩侧面应设置观察窗，监控壳体表面是否超温。

尾气在炉内的停留时间最小为 1s。衬里后酸性气燃烧炉的直径和长度应满足停留时间。同时，壳体的长度和直径的比例约为 2.5∶1。炉膛体积热强度一般取 116kW/m³ 左右。

尾气可以按照图 7.3.1 所示方式进入焚烧炉，也可以通过其他的方式进入焚烧炉与高温烟气混兑，尽可能使尾气与高温烟气充分混合并燃烧。

焚烧炉设置几对热电偶，对炉内的温度进行监控。

7.3.3　工艺及结构设计

（1）工艺设计条件

尾气焚烧炉的设计应满足工艺过程要求，其工艺设计条件见表 7.3.3。

表7.3.3　尾气焚烧炉设计条件

燃烧后介质流量 $W/(\mathrm{Nm^3/h})$	
操作温度 $t_1/℃$	
操作压力 $p_1/\mathrm{MPa(A)}$	

(2)尺寸规划

尾气焚烧炉的尺寸大小由燃烧反应的停留时间决定。

$$V_y = T_t \left[Wp_1(273 + t_1) \right] / \left[3600 p_0 (273 + t_0) \right] \mathrm{m^3} \qquad (7.3.3 - 1)$$

式中　T_t——从燃烧器出口到烟气出口，气体在燃烧炉内的停留时间，s；

W——燃烧后介质流量，$\mathrm{Nm^3/h}$；

t_1——燃烧室操作温度，℃；

t_0——环境温度，℃；

p_0——大气压力(绝对压力)，MPa；

p_1——燃烧室操作压力(绝对压力)，MPa；

V_y——有效体积，$\mathrm{m^3}$。

$$V_y = \pi d_p^2 L / 4 \qquad (7.3.3 - 2)$$

$$d_p = \sqrt{\dfrac{4V_y}{\pi L}} \qquad (7.3.3 - 3)$$

式中　d_p——燃烧室衬里后直径，m；

L——燃烧室有效长度(燃烧室壳体直段长度)，m。

燃烧室壳体直段部分的长度 L 与直径 D 比，一般取 2~3。

(3)壳体设计

壳体材质为碳钢，设计、制造和验收按照 GB/T 150《压力容器》进行。

(4)衬里设计

衬里一般为浇注料或者可塑料结构，均能满足焚烧炉的需要。衬里的施工、养护和烘干应按照供货商提供的技术要求进行。

7.4　余热锅炉

7.4.1　设备简介

石油化工装置中的催化裂化装置(FCC)和甲醇制烯烃(DMTO)等装置会产生大量的高温烟气。高温烟气先通过烟机做功，把烟气温度降到500℃左右，然后在烟机后面设置余热锅炉进行余热回收。余热锅炉把烟气温度进一步降低后排入烟囱。

余热锅炉的过热器过热装置内所产饱和蒸汽以及自产的中压蒸汽，进入中压蒸汽管网。

余热锅炉的省煤器预热锅炉及装置用水，供给自身以及外取热器和油浆蒸汽发生器使用。省煤器的给水温度需要由换热器将其加热到露点温度10℃以上，保证炉管安全工作。

余热锅炉按照 TSG G0001《锅炉安全技术监察规程》和 GB/T 16507《水管锅炉》进行设计、制造和验收。

余热锅炉的设计原则是：首先保证锅炉的长周期安全运行，在可能的条件降低锅炉排烟温度，提高余热回收效率。

7.4.2 结构简介

FCC 和 DMTO 装置分为完全再生和不完全再生两种工艺类型，不同的工艺过程产生的烟气组分也不同。不完全再生装置的烟气中含有 3% ~ 5% 的 CO 气体，这些含有 CO 组分的气体需要经过焚烧再进入余热锅炉。

(1)完全再生催化裂化装置余热锅炉

完全再生催化裂化装置用余热锅炉一般由以下部件组成：

a)高温过热器；

b)低温过热器；

c)蒸发器；

d)SCR 脱硝段；

e)高温省煤器；

f)低温省煤器；

g)汽包；

h)水 – 水换热器和入口、出口烟道等。

余热锅炉一般用立式结构(图7.4.2 – 1、图7.4.2 – 2)，也可以用卧式结构(图7.4.2 – 3)。

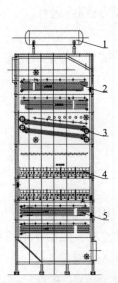

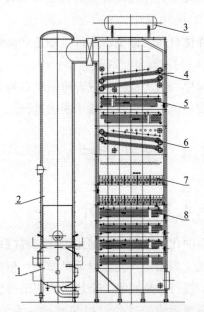

图 7.4.2 – 1　完全再生催化裂化
装置立式余热锅炉

1. 汽包；2. 过热器；3. 蒸发器；4. 脱硝段；5. 省煤器

图 7.4.2 – 2　不完全再生催化裂化装置立式余热锅炉

1. 燃烧器；2. CO 焚烧炉；3. 汽包；4. 水保护段；5. 过热器；6. 蒸发器；7. 脱硝段；8. 省煤器

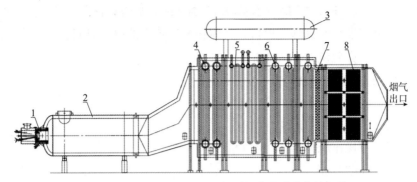

图7.4.2-3　不完全再生催化裂化装置卧式余热锅炉

1. 燃烧器；2. CO焚烧炉；3. 汽包；4. 水保护段；5. 过热器；6. 蒸发器；7. 脱硝段；8. 省煤器

（2）不完全再生催化裂化装置余热锅炉

不完全再生催化裂化装置用余热锅炉一般由以下部件组成：

a）CO焚烧炉；

b）水保护段；

c）高温过热器；

d）低温过热器；

e）蒸发器；

f）SCR脱硝段；

g）高温省煤器；

h）低温省煤器；

i）汽包；

j）水-水换热器和入口、出口烟道等。

余热锅炉一般为模块化结构，受热面、衬里和钢结构在锅炉厂制造检验完毕运到现场，模块在现场直接安装。

随着运输技术的发展，余热锅炉整体制造、成品运输和交付用户已得到普遍采用。

余热锅炉的烟气入口压力约为3000Pa，对于带脱硫脱硝设施的，入口压力可以达到10000Pa。锅炉钢结构计算时须考虑锅炉壁板所承受的内压力。

（3）CO焚烧炉

CO焚烧炉为绝热燃烧炉，保持炉膛温度在900℃左右，使燃烧充分。

如果再生烟气中的CO组分低，就需要进行补燃。补燃燃料一般为燃料气。

CO焚烧炉的燃烧器应为低NO_x高强混合型燃烧器。燃烧器带看火孔和火焰检测仪。

CO焚烧炉的衬里一般为耐火可塑料+隔热浇注料结构，这种结构具有很高的抗热振性，保证焚烧炉的长期安全工作。

CO焚烧炉内气体的流速为15~20m/s，炉体长度由停留时间确定。正常情况下炉体的停留时间为1s左右。

a）尺寸规划

CO燃烧炉的尺寸大小由燃烧反应的停留时间决定。

$$V_y = T_t \left[W p_1 (273 + t_1) \right] / 3600 p_0 (273 + t_0) \, \text{m}^3 \qquad (7.4.2-1)$$

式中　T_t——从燃烧器出口到烟气出口，气体在燃烧炉内的停留时间，s；

　　　W——燃烧后介质流量，Nm^3/h；

　　　t_1——燃烧室操作温度，℃；

　　　t_0——环境温度，℃；

　　　p_0——大气压力（绝对压力），MPa；

　　　p_1——燃烧室操作压力（绝对压力），MPa；

　　　V_y——有效体积，m^3。

$$V_y = \pi d_p^2 L / 4 \qquad (7.4.2-2)$$

$$d_p = \sqrt{\frac{4 V_y}{\pi L}} \qquad (7.4.2-3)$$

式中　d_p——燃烧室衬里后直径，m；

　　　L——燃烧室有效长度，m。

b）水保护段

水保护段位于 CO 焚烧炉出口，把烟气温度由 900℃ 降到 700℃ 左右进入过热器。水保护段受热面一般情况为光管，材质为 20G。为保证水保护段的安全，立式余热锅炉的受热面须倾斜布置，倾斜角不小于 6°。

c）过热器

过热器主要过热锅炉本体以及外部产汽系统产出的饱和蒸汽。过热器一般分为一级和二级过热器，一级和二级过热器之间设置减温器，对过热器出口的蒸汽温度进行调节。中压过热管的材质一般采用 12Cr1MoVG。

d）蒸发器

蒸发器受热面布置与水保护段基本相同，蒸发器可以选用光管、翅片管、钉头管等。

e）脱硝段

中温脱硝工艺（SCR）催化剂的工作温度为 300～400℃，催化剂布置在支架梁上。催化剂上游布置喷氨格栅，利用氨气还原 NO_x。

在保证脱硝效果的前提下，应减少 NH_3 逃逸。如果 NH_3 逃逸过多，就会在脱硝段后部生成黏性很强的 NH_3HSO_4，附着在受热面上，很难清理。因此在装置运行过程中一定要控制 NH_3 逃逸量。

脱硝段采用伸缩式耙式蒸汽吹灰器，防止催化剂积灰和堵塞。

f）省煤器

省煤器一般由低温和高温省煤器串联组成，低温省煤器出口的热水与锅炉给水进行换热后进入高温省煤器，进一步加热后供给余热锅炉本体和其他产汽装置。低温省煤器应采用光管形式，减少积灰，防止管壁露点腐蚀。

g）空气预热器

不完全再生余热锅炉可以在省煤器后部设置空气预热器，降低余热锅炉的排烟温度，预热 CO 焚烧炉燃烧所需要的空气，减少燃料消耗量，回收低温烟气热量。同时回收的热量也可以用于治理脱硫装置出口的"烟羽"现象。

h)汽包

余热锅炉的汽包位于锅炉顶部,通过下降管、上升管、水保护段、蒸发段形成自然循环。锅筒内设置蒸汽一次和二次分离装置,以及加药、排污、给水等设备。

7.4.3　工艺及结构设计

余热锅炉设计条件见表7.4.3。

表7.4.3　余热锅炉设计条件表

序号	项目	单位	
1	入口烟气量	Nm^3/h	
2	入口烟气温度	℃	
3	锅炉出口蒸汽压力	MPa	
4	锅炉出口蒸汽温度	℃	
5	锅炉给水压力	MPa	
6	锅炉给水温度	℃	
7	外来饱和蒸汽流量	t/h	
8	锅炉省煤器预热水量	t/h	

烟气组分:

项目	CO_2	CO	O_2	N_2	H_2O	SO_2	合计
V%							

锅炉设计的计算可参考相关文献,在工程设计中建议采用专业的锅炉计算软件进行工艺计算。

参考文献

[1]林宗虎,徐通模.实用锅炉手册[M].北京:化学工业出版社,2009.

第8章　加热炉主要配件

8.1　燃烧器

8.1.1　概述

燃烧器主要由点火器和/或长明灯、燃料气喷嘴和上升管、壳体、调风器、燃烧器耐火砖及看火孔等部件组成，见图8.1.1。

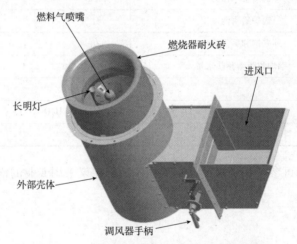

图8.1.1　燃烧器结构示意图(外混式燃烧器)

(1)点火器和长明灯

点火器是用来点燃长明灯或主燃烧器的部件，有人工火把或电动/电子便携式点火器。

长明灯是点燃主燃烧器，并在整个操作过程中持续点燃主燃烧器。无论主燃烧器烧油还是烧气，长明灯所用燃料都应为气体燃料。

长明灯被视为加热炉中的一个安全设施，除非另有规定，每台燃烧器都应有长明灯。基于长明灯的特殊作用，对其性能有比较严的要求，主要包括以下几个方面：

a)长明灯的气源气体应可靠且可独立控制。长明灯所用燃料应是清洁燃料，优先选用天然气。由于长明灯喷孔小，因此燃料需要过滤，以确保管道油垢和颗粒物不会堵塞喷孔。过滤网孔的尺寸需要与长明灯供货商沟通确定。

b)长明灯的最小放热量为22kW。当采用放热量大于或等于4.4MW的大功率燃烧器时，长明灯的最小放热量应由买方认可。

c)任何操作条件下，即使在主燃烧器停烧时，也应连续地向长明灯提供空气。

d)在主燃烧器整个燃烧过程中，长明灯应保持燃烧稳定。在主燃烧器燃料减少、炉膛抽力降低、燃烧空气量不稳及任何操作条件下，长明灯都应始终保持稳定燃烧。

e)长明灯的大小和安装位置，应确保能够点燃主燃烧器任何燃料。但买方应该规定燃烧器在冷态点火期间主燃料的最低流量。

f)加热炉运行期间，在燃料的流量范围内，由于某种偶然原因，主燃烧器有可能中途熄灭，长明灯应能再次点燃主燃烧器。

（2）调风器

每个燃烧器都应有独立的调风器以控制进入燃烧器的空气量。

调风器应按最大放热量时对应于风门全开的空气流量来进行设计。该空气量包含了燃料燃烧需要的理论空气量，加上考虑了各种燃烧不利情况后的过剩空气量。

调风器要密封良好，当燃烧器停用时，能把调风器完全关闭，一般按调风器完全关闭时，其漏风量不超过最大风量的3%来控制，如漏风太大，会降低炉膛温度，造成热效率下降。

调风器设置的位置应易于操作，并能够直观标示出调节挡板的位置或调风器开度。应装有带锁定机构的调节把手，如带有显示位置的多槽锁定结构。

（3）结构材料

燃烧器部件材料的选择，应考虑强度、耐热性及抗腐蚀性是否满足所使用的场合。除考虑耐高温和耐腐蚀的合金钢外，金属构件一般采用碳钢。表8.1.1是对燃烧器结构部件材料的最低要求。

表 8.1.1　燃烧器结构部件材料

部件		操作条件	材料
烧气(燃烧器和长明灯)	燃料气集合管和配管	正常	铸铁或碳钢
		H_2S 含量 $>100\times10^{-6}$ 或燃料温度 $>150℃$	AISI[a] 316L 不锈钢
	燃料气上升管	正常	碳钢
		燃烧空气温 $>370℃$	AISI 304 不锈钢
		H_2S 含量 $>100\times10^{-6}$ 或燃料温度 $>150℃$ 或燃烧空气温度 $>205℃$	AISI 316L 不锈钢
	燃料气喷嘴	正常	AISI 310 不锈钢
	预混器	正常	铸铁或碳钢
	柔性软管内衬	正常	高合金
	柔性软管外部编织	正常	AISI 304 不锈钢

部件		操作条件	材料
烧油	油枪收油盘和枪体	正常	球墨铸铁
	油枪头	正常	AISI 416 不锈钢
		腐蚀性油	T-1 或 M-2 工具钢
	雾化器	正常	黄铜或 AISI 304 不锈钢
		腐蚀性油[b]	渗氮-硬化合金
	其他	正常	碳钢
燃烧器壳体和其他部件	外部壳体	正常	碳钢
		燃烧空气经过预热	碳钢，内设保温层
	稳焰器或稳焰锥	正常	AISI 310 不锈钢
	保温层或消声层	燃烧空气≤370℃	矿物棉[c]
		燃烧空气>370℃	矿物棉覆盖金属板[c]
	其他内部部件	正常	碳钢
		燃烧空气>370℃	ASTM[a] A242 或 AISI 304 不锈钢
	燃烧器耐火砖	正常	氧化铝>60%的耐火制品
	烧油燃烧器耐火砖	V+Na 含量≤50mg/kg(或 ppm)	氧化铝≥60%的耐火制品
		V+Na 含量>50mg/kg(或 ppm)	氧化铝>90%的耐火制品

[a]AISI 和 ASTM 材料等级标示了化学成分，如果有特性相近的其他等级也可以使用；
[b]腐蚀性的燃料油是指含硫≥3%(质量)，或含催化剂粉尘或其他颗粒物或含重金属的燃料油；
[c]烧油时，可能被燃料油浸润的表面应使用浇注料。

提供的燃烧器砖(火盆砖)应已预先烘干，以便安装后不需要进一步处理就能点火投用。由水基和含水材料制成的燃烧器砖，其预先烘干的温度应不小于260℃。

8.1.2　燃烧器分类

a)按燃烧器燃料的种类可分为气体燃烧器、燃油(或液体)燃烧器和油气联合燃烧器，近来随着环保要求日益严格，液体燃烧器和油气联合燃烧器使用较少，故本文只讨论气体燃烧器。

b)按燃烧器空气的获取方式(或称"抽力损失"的补偿方式)，燃烧器分为自然通风燃烧器和强制通风燃烧器。自然通风燃烧器所用的空气被炉膛内负压吸入，或利用燃料气压力通过文丘里管吸入。强制通风燃烧器所用的空气通过外加的机械手段，如鼓风机，以正压方式提供，以克服风道各部件及燃烧器风出口的阻力，空气侧压力降通常超过 $50mmH_2O$。与自然通风燃烧器相比，强制通风燃烧器有更高的可用空气压力。可以使用较小尺寸或较少数量的燃烧器来达到与自然通风燃烧器相当的发热量。高压降燃烧器(即提高燃烧器风出口压力)可提高燃料与空气的混合效果，在低的过剩空气量下也能完全燃烧。在同样的排烟温度下，采用强制通风燃烧器的加热炉热效率可比自然通风的加热炉提高0.5%左右。

c）按燃料与空气混合的先后顺序（或位置），气体燃烧器可分为外混式燃烧器和内混式燃烧器两种。燃料气从喷头喷出后与空气混合燃烧的燃烧器为外混式燃烧器，见图8.1.1；利用燃料压力通过文丘里管在喷出前将部分空气或全部空气吸入混合，喷出后燃烧的为预混式燃烧器，见图8.1.2。

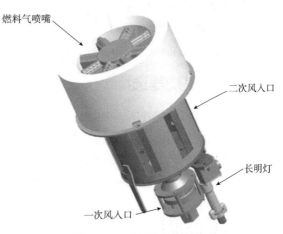

图8.1.2 预混式燃烧器

外混式气体燃烧器可设计成在较宽的燃料气压力范围下操作，通常为0.1～0.17MPa。在设计放热量下，偶然出现燃料气和/或空气压力波动，可能会脱火，但不太可能回火。

预混式气体燃烧器需要较高的燃料压力，一般燃料气的压力为0.1～0.24MPa，在需要极低的氮氧化物排放或特定燃料成分范围较广的情况下，尤其是氢气含量较高时，可能需要更高的燃气压力，压力可能高达0.5MPa。

外混式气体燃烧器比较适用于处理燃料组成、密度和热值变化范围宽的燃料气。燃料气中含氢量高、高分子烃含量高或可能含有惰性气体（如 CO_2、N_2、水蒸气和不饱和烃类）时，宜采用外混式燃烧器。

外混式气体燃烧器不适用于燃料气中含有液滴或不饱和烃多的情况，因为会在燃烧器喷头处结焦和生成聚合物，堵塞喷孔。当喷头受到来自加热炉底大量的辐射热或位于高强燃烧空气温度场时，这个问题变得更加严重。堵塞是影响低氮氧化物燃烧器的一个普遍问题。例如，氯化物、胺等的存在可能导致燃烧器喷头堵塞或损坏，从而扰乱燃料/空气的最佳比例，导致 CO、可燃物含量升高。

如喷头设计加以特殊考虑，某些低于压力200mmH$_2$O 的工艺废气可以通入外混式气体燃烧器中燃烧，当废气的流量不易控制时，通过调节主燃料进行补偿燃烧，以获得需要的发热量。当废气占总燃料比例较大时，应将尾气分散到多个燃烧器中燃烧，其中尾气发热量不应超过单个燃烧器发热量的10%。

预混式气体燃烧器的火焰比较稳定和紧凑。燃料和空气混合物离开喷头处的速度必须大于火焰传播速度，否则，火焰会返回文丘里管内燃烧，这种现象称为回火。燃烧器回火会带来安全问题。当使用火焰速度高的燃料气时（例如氢气），燃烧器的调控范围受到很大限制。通常，燃料气的含氢量超过70% mol 时，不推荐使用预混式气体燃烧器。

预混式燃烧器不适用于气体组分经常变化的燃料，在某种程度上可以说预混式燃烧器是为特定的燃料组成定制的。

通常用调节比来描述燃烧器的调控范围，调节比是保持稳定燃烧时最大燃料量与最小燃料量的比值。

燃料组成、燃料压力的变化将影响燃烧器的调控范围。当燃料组分比较单一时，外混式气体燃烧器可在调节比为 5:1 的范围内操作。燃料压力满足设计要求时，调节比可达 8:1。预混式燃烧器的调节比小于外混式燃烧器。

与外混式燃烧器相比，预混式燃烧器的火焰体积更小更容易控制。

8.1.3 燃烧器选择

选择燃烧器时应确保噪声和排放满足当地和国家的法律及法规的要求。

燃烧器的选择和设计应与加热炉的设计协调一致。应确保燃烧器在整个操作范围内火焰不舔炉管和管架，且不能从加热炉的辐射段窜出。燃烧器的布置和操作应确保在辐射段内燃烧完全。选择燃烧器主要考虑以下几个方面：

a) 供风方式

根据加热炉的供风方式，即可用的空气侧压降大小确定是选用自然通风燃烧器还是强制通风燃烧器。

有的加热炉供风系统配置有风机，属于强制供风，但一旦预热器、风机或电机发生故障，要求立即打开快开风门进行自然通风，此时的燃烧器即为低压降自然通风燃烧器，应该按自然通风工况确定燃烧器的数量和大小。

b) 火焰稳定性

燃烧器在操作范围内应安全和稳定运行。稳定的火焰是指火焰的根部牢固地连接到火焰稳定点，而不是在其他可能的稳定区域之间跳跃。火焰尾部松散是火焰稳定性差的标志。

燃料与空气良好混合是稳定燃烧一个最重要的条件。混合情况影响到燃料/空气比、点火温度和燃烧速度。燃烧空气与燃料的混合是否充分对火焰稳定至关重要。自然通风燃烧器与强制通风燃烧器不同，自然通风燃烧器必须更多地依赖燃料的能量来促进混合。自然通风燃烧器在调节时更容易发生混合不良。通常自然通风燃烧器需要的过剩空气量比强制通风燃烧器需要的多，在低负荷操作时更是如此。

强制通风燃烧器利用高的空气侧压差通过燃烧器喉部，在燃烧器内部产生湍流混动，促进了混合，提高了火焰的稳定性。

如果燃料和空气的混合物温度低于自燃温度，火焰就会熄灭。对于燃烧室温度较低（低于 650℃）的低 NO_x 燃烧器存在火焰不稳定和生成 CO 的问题。

火焰的稳定性与燃料的组分有关，偏离设计条件时火焰也会失去稳定燃烧。

助燃空气对稳定燃烧起着关键的作用，额外引入可燃组分或助燃气体也将影响火焰的稳定性。

c) 过剩空气

如有多台燃烧器同时使用，片面地要求降低过剩氧含量，会引起燃烧空气分布不均，造成不完全燃烧，燃烧器设计的过剩空气值可能会低于加热炉设计的过剩空气值。加热炉的过剩空气是由燃烧器的数量、空气分布和加热炉的漏风量决定的。过剩空气低于燃烧器设计值时通常会对烟气排放产生影响，如表 8.1.3 所示。

对于预混式燃烧，减少过剩空气，火焰温度通常升高可能增加 NO_x 排放。

表8.1.3　降低过剩空气对燃烧器污染物排放的影响

污染物	降低过剩空气的影响
NO_x	降低
SO_x	对总的 SO_x 量无影响 SO_2 转化为 SO_3 的量降低
CO	增加
可燃物	增加
颗粒物	增加

8.1.4　低 NO_x 燃烧器

（1）概述

氮氧化物排放会对环境造成不良影响。随着减少氮氧化物排放的动力不断增强，对氮氧化物的限制推动了燃烧器技术的发展。随着燃烧器技术的进一步发展，用于降低氮氧化物排放的技术可能会发生重大变化。因此，燃烧器用户应具体说明可允许的氮氧化物排放值，燃烧器供应商应告知用户实现该要求所需的注意事项。因低 NO_x 燃烧器燃烧效果相对于常规燃烧器不太好，除非对氮氧化物的排放有限制要求，否则不要使用低或超低的氮氧化物燃烧器。

（2）NO_x 形成机理

氮氧化物在燃烧过程中以三种方式产生：

a）热转化（热力 NO_x）——温度决定分子氮（N_2）氧化成 NO_x 的数量，高温有利于热 NO_x 反应。

b）快速或直接转化（快速 NO_x）——燃烧过程的初期阶段，由 N_2 生成 NO 产物，属于烃类基团机理。

c）燃料中化学氮转化（燃料 NO_x）——燃料中氮化物转化成 NO_x。

热力 NO_x 可通过燃烧器技术大幅度降低。燃料 NO_x 随燃料中氮氧化物组分的变化而变化。氮化合物的浓度越高，NO_x 排放量越高。快速 NO_x 通常只占 NO_x 生成物的一小部分，且难以避免。当使用低 NO_x 燃烧器时，显著降低了热力 NO_x 和总 NO_x，快速 NO_x 就占了总 NO_x 中的大多数。

（3）低 NO_x 燃烧器的发展

最初低 NO_x 燃烧器设计利用了分级空气供给、分级燃烧，降低 NO_x 产生。虽然这种技术仍被用于石油和一些天然气燃烧设计，对于燃烧气体时已经开发出其他技术可实现较低的氮氧化物排放。大多数气体燃烧氮氧化物减少技术采用分级燃烧或烟气再循环（燃烧器的内部或外部）或两者的结合。低氮氧化物气体燃烧设计可以在一个燃烧器内的不同区域采用多个气枪，不同的燃烧器供应商有不一样的方式。但在单台烧油燃烧器上采用相似的设计，即设置多个油枪是不可行的，因为需要油枪的喷孔更小，更频繁地维护。

表 8.1.4 比较了环境空气温度下，典型的常规燃烧器和分级空气低氮氧化物燃烧器氮

氧化物排放量。应当指出，表8.1.4反映了测试炉的数值，这些值不受燃烧器间距、相互作用或加热炉状况（例如泄漏）的影响。表中的范围考虑的是特定的设计，例如，单烧天然气、内部烟气再循环、燃料压力最佳等，其产生的氮氧化物可低至$(10 \sim 12) \times 10^{-6}$。但是，如果要求同一燃烧器具有燃料灵活性，并使用高氢或高丁烷燃料，则不会有单烧天然气的效果佳，可能会产生$(15 \sim 17) \times 10^{-6}$的$NO_x$。

表8.1.4　典型气体燃烧器NO_x生成量

采用的技术	NO_x范围/10^{-6}
常规燃烧器	$60 \sim 100$
分级燃料/分级空气	$20 \sim 60$
烟气内部回流	$10 \sim 20$
其他的技术	$< 5 \sim 10$

表内数据基于以下试验条件：
燃料＝天然气含97%～98%甲烷和平衡氮气；
空气＝环境温度15℃，15%过剩空气（相当于3% O_2，体积干基）；
炉膛温度＝815℃，测试点在燃烧器上部4.7～6.3m处

与传统燃烧器相比，分级空气和分级燃料燃烧器的结构延迟了燃料与空气的混合，所以低氮氧化物燃烧器的火焰长度更长。这种混合延迟产生较低的平均火焰温度和较低的氮氧化物水平。较长的火焰通常也会产生较大的火焰直径。分级空气、分级燃料和烟气再循环燃烧器的火焰长度和直径均大于常规燃烧器。试验期间确定的火焰长度和直径比较主观，因为炉膛温度对于火焰的外形影响相当大。极热（极亮）的炉膛掩盖了真实的"火焰"外形。通常利用水冷探测器对试验炉内CO进行取样。通过在不同高度和不同截面深度上多点取样测量，更能客观地评估火焰外形。

（4）分级燃烧器

分级空气燃烧器归类于低NO_x燃烧器，主要用于烧油燃烧器。分级空气燃烧器通过限制燃烧反应区温度来限制热力NO_x产生。同时通过产生一个燃料富余区，在该区内燃料的氮化物能转化成分子氮，从而减少燃料NO_x生成。典型分级空气燃烧器见图8.1.4-1。

分级燃料燃烧器中有两个单独的燃烧区。一小部分燃料在初级燃烧区释放，而大部分燃料在二级燃烧区释放。中心燃料管或多个燃料管组成的初级燃料区在燃烧器砖内。典型分级燃料燃烧器见图8.1.4-2。全部燃烧空气进入初级燃烧区。初级燃料的燃烧在过量空气中完成。通常，20%～40%范围内的燃料与100%的空气混合。随着初级燃料量的增加火焰长度变短，NO_x生成量增多。过量的空气冷却火焰使火焰温度低于常规燃烧器，从而产生较低的NO_x。

剩余燃料被引入燃烧器砖下游的二级燃烧区。随着二级燃料百分比的增加火焰长度将增加，NO_x生成量将减少。在该区内来自初级区的剩余空气提供所需的氧气来完成剩余燃料的燃烧。其最高火焰温度不及常规燃烧器的温度。

典型分级燃料燃烧器的火焰长度将比常规燃烧器的长50%，这使加热炉改造变得

困难。

分级燃料燃烧器操作是否稳定受初级燃烧区燃烧状况影响很大。大部分燃料在初级燃烧区燃烧。燃料分级越多，火焰温度越低，燃烧器的整体稳定性就越差。

（5）烟气再循环（FGR）

烟气可以被再循环到燃烧气体中，惰性的烟气冷却火焰，降低氧分压，减少氮氧化物排放。当使用分级燃烧器时，烟气再循环能进一步降低氮氧化物排放。

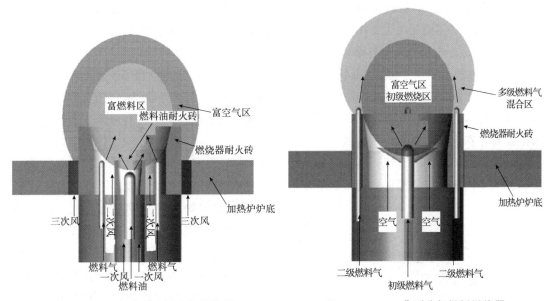

图 8.1.4 - 1　典型分级空气燃烧器　　　图 8.1.4 - 2　典型分级燃料燃烧器

烟气再循环可以采用外部烟气再循环和/或内部烟气再循环。对于外部烟气再循环，烟气可以从火焰加热炉的冷段（通常是对流段的下游）中抽出，这可能需要动力，通过烟道将烟气抽出，回输至燃烧器处。

内部烟气再循环的燃烧器是通过燃烧器设计来引导烟气从炉膛流向燃烧区域。这主要是利用燃料气喷射产生低压区将烟气引入燃烧器。烟气与燃料混合将降低火焰温度，从而降低氮氧化物的生成。随着燃烧速率的增加，吸入的烟气量也会增加。图 8.1.4 - 3 示意了内部烟气再循环的过程。烟气再循环速率由燃烧器设计确定，操作者无须调节，操作比外部烟气再循环简单。炼厂加热炉广泛采用此技术。

（6）减少 NO_x 产生的其他方法

a）燃料稀释，用较冷的循环烟气稀释燃料。被稀释后的燃料产生较低的绝热火焰温度，从而产生低的 NO_x 排放。

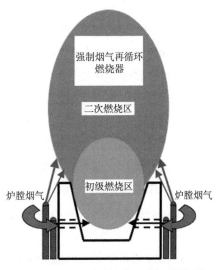

图 8.1.4 - 3　内部烟气再循环燃烧器

b)注入蒸汽，与烟气再循环作用相似，通过注入蒸汽稀释燃烧空气以降低最高火焰温度。

c)注入水，与注入蒸汽或烟气再循环稀释燃烧空气作用相同，降低最高火焰温度。

(7)其他设计考虑

低 NO_x 燃烧器技术受到多方面的限制。许多降低 NO_x 排放的方法使得燃烧器火焰体积更大和/或核心火焰温度更低。为了确保获得预期的火焰体积，使得炉膛体积变大。此外，还应避免在低负荷操作时核心火焰温度低于燃料混合物自燃点，造成熄火。

燃烧器之间会相互产生作用。单个燃烧器测试炉的氮氧化物排放可能与实际操作条件下的不同。燃烧器之间的火焰相互作用可能导致更高的氮氧化物排放、较低的火焰质量、火焰冲击(由于火焰尺寸变大)和不稳定性。燃烧器供应商通常提供相邻燃烧器砖之间的最小距离要求。燃烧器设计需要与终端用户、加热炉制造商和燃烧器供应商进行多次沟通。如果没有各方之间的相互合作，燃烧器设计将不能达到最佳效果，将会遇到很多问题并且可能需要花费更多以进行再次改造。

燃烧器之间的相互干扰。当燃烧器过于接近，并且没有为烟气的再循环提供足够的空间时，利用内部烟气再循环实现低氮氧化物排放的燃烧器技术可能会变得不那么有效。

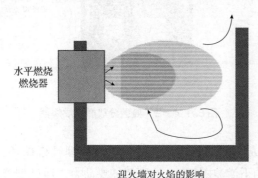

水平燃烧燃烧器

迎火墙对火焰的影响

图 8.1.4 - 4　燃烧器与炉膛之间的相互干扰

燃烧器与炉膛之间的相互干扰。由于迎火墙的存在引起燃烧器火焰方向改变，从而产生高 NO_x 排放，见图8.1.4 - 4。在门式加热炉中，朝向迎火墙的水平火焰可能折向炉底，使靠近炉底的再循环烟气温度升高，从而产生高 NO_x。

某些操作工况(例如高调节比)下低 NO_x 燃烧器可能变得操作不稳定。不稳定的燃烧器系统会造成不安全和容易熄火。应在加热炉上安装一些仪表以减少危险。

低 NO_x 燃烧器可能由于以下原因使操作不稳定：

a)冷的内部再循环烟气可能造成操作不稳定，特别在过剩空气量较小时。对于采用低 NO_x 燃烧器的底烧立式加热炉，任何操作条件下，当炉底温度接近540℃、过剩 O_2 低于6% ~ 8%时，燃烧将变得不稳定。

b)燃料组分复杂和燃料的火焰传播速度低可能引起不稳定燃烧。燃烧器设计前，应把所有预期燃料组成提供给燃烧器制造商。燃料变化(包括组分和量的变化)范围较大时可能需要较大的燃烧器、高 NO_x 排放和较高的费用。燃烧器设计时没考虑的某些燃料可能会导致燃烧器操作不稳定。

c)极端的抽力情况，例如抽力过高、过低或突然增加、减少，将导致燃烧器操作不稳定。

d)高海拔时由于氧分压减少会成为一些不稳定的因素。

燃烧器设计最终完成前，应审查加热炉的操作条件。在燃烧器试验期间应确认燃烧器的操作范围。应根据试验结果确定报警值和切断值。

(8)低 NO_x 燃烧器的操作

通常低 NO_x 燃烧器是利用足够高的燃料压力把烟气吸(引射)入火焰。如果燃烧器大部分时间在低负荷下操作,燃烧器设计应满足在低负荷条件下有合适的燃料压力。利用熄灭几台燃烧器来降低加热炉负荷时,要确保关闭被熄火燃烧器的调风器。所设计的调风器应能达到指定的密封效果(通常是关闭98%的面积)。

当天然气用作开工燃料或将来的燃料,应在燃烧器设计之前清楚地告知燃烧器供货商。在设计时,考虑把天然气作为可选燃料比不考虑可能产生更高的 NO_x 排放。除非地方污染法规另有要求,否则应把加热炉操作周期内最常使用的燃料组分作为燃烧器 NO_x 排放量保证值的基础。

对于低氮氧化物燃烧器,可能需要特殊的开工和安全操作注意事项。

超低氮氧化物燃烧器燃烧时,强光下可能看不清火焰。操作员应接受培训,以识别适当的火焰特性和操作不良的明显症状。燃烧器砖或稳焰器颜色明亮通常预示低 NO_x 燃烧器气枪工作正常。

操作程序应考虑到较低的 NO_x 燃烧器与常规燃烧器相比,调节能力可能较差。

基本使用要求如下:

a)燃料的清洁性。典型低 NO_x 燃料气喷头上的开孔比常规燃烧器小很多。推荐采用燃料过滤器/聚结器去除燃料中存在的颗粒物、污垢和凝聚的液体。

b)燃烧空气控制。需要控制和减少过剩空气量以达到保证的 NO_x。自动控制燃烧空气的方法可用来减少 O_2 含量和 NO_x 排放。

(9)加热炉低 NO_x 燃烧器改造

把常规燃烧器更换为低 NO_x 燃烧器时,需要注意以下事项:

a)火焰形状。

当火焰长度和宽度是炉膛尺寸和燃烧器布置的关键参数时,为了确定火焰外缘尺寸,除了目测可见火焰外,还可以考虑用 CO 探测。低氮氧化物燃烧器通常比传统燃烧器具有更长的火焰。较长的火焰会改变炉膛内传热分布。较长的火焰可能会导致火焰冲击炉管和支吊架。

火焰直径通常以燃烧器砖外缘尺寸的一定比例来定义。许多燃烧器的火焰直径是燃烧器砖直径的 $1 \sim 1.5$ 倍。由于低 NO_x 燃烧器砖的直径通常较大,因此火焰底部的火焰直径可能稍大一些。

b)炉膛的结构尺寸。

良好的设计应按火焰边界间有合适的间隙来确定燃烧器间的间距,因为低 NO_x 燃烧器砖直径较大,旧炉改造可能导致燃烧器间距太近和火焰相互干扰。火焰相互干扰将产生较长火焰和高 NO_x 排放。低 NO_x 燃烧器之间应有足够的间距以使得烟气能够均匀地再循环到每台燃烧器中。

燃烧器中心线到炉管的距离是炉膛主要尺寸之一。许多炉管和支吊架损坏是由于火焰和热烟气冲击造成的。当改造采用低 NO_x 燃烧器时,必须估计到火焰边界变大的情况。炉腔内的气流能将火焰推向炉管。有关燃烧器至炉管间的最小距离，请参阅 SH/T 3036。

NO$_x$ 燃烧器直径越大，可能导致燃烧器与耐火材料间隔越近，没被遮蔽的耐火墙热表面需要进行保护。

许多加热炉设计时设定火焰长度是炉膛高度的 1/3 ~ 1/2。所有典型的自然通风低 NO$_x$ 燃烧器的火焰长度为 2 ~ 2.5m/MW。低 NO$_x$ 燃烧器的火焰较长，可能改变炉膛内的传热分布，还可能导致火焰或热烟气冲击炉顶和遮蔽管，需要对炉管进行保护以免损坏。保护措施包括升高材质等级、增加炉管壁厚或对炉管进行遮蔽。对炉膛较矮的旧加热炉不宜改用低 NO$_x$ 燃烧器。

有些公司为了达到良好的改造效果，把改造将要使用的燃烧器样品，在试验炉上用相似的安装方位、燃烧条件和同样的燃料进行试验。试验的结果达到理想的状况后，再进行实际工程应用。

如果炉内有耐火挡墙(炉管和燃烧器之间 300 ~ 450mm 高的耐火砖墙)，由于挡墙影响烟气的再循环和有利于 NO$_x$ 的产生，应予拆除。

c)燃料处理。

改造为低 NO$_x$ 燃烧器的燃料处理非常重要。许多常规燃烧器喷头的开孔不小于 3mm，但典型的低 NO$_x$ 燃烧器的开孔小至 1.5mm。小的开孔极易堵塞，因而需要特别保护。多数燃料系统采用碳钢管线，腐蚀产生的铁锈会堵塞燃烧器喷头。任何燃烧器的喷头堵塞都是不可接受的，对于低 NO$_x$ 燃烧器更为重要。喷头堵塞将导致不稳定燃烧和高 NO$_x$ 排放。许多公司把过滤器/聚结器下游的燃料管线采用奥氏体不锈钢以解决铁锈堵塞问题。

推荐所有采用低 NO$_x$ 燃烧器的燃料管线上安装聚结器和/或过滤器，以防喷头堵塞。聚结器常用于去除 0.3 ~ 0.6μm 的液体悬浮颗粒。有些公司在聚结器的上游安装了滤网过滤器以防聚结器元件上的微粒结垢。应对聚结器/燃料过滤器下游的燃料管线进行保温和伴热以防冷凝(燃料气达到露点温度时)。也可采用燃料加热器加热燃料气以代替蒸汽伴热。

d)空气控制。

低 NO$_x$ 燃烧器应在设计的过剩空气量下进行操作。在低于推荐的过剩空气量下操作将导致未完全燃烧增加、火焰不稳定和火焰形状难以控制。在高于设计的过剩空气量下操作将增加氮氧化物排放和加热炉效率的降低。

此外，还要控制炉膛抽力使其在合适的范围，辐射炉顶通常是 2.5mmH$_2$O 负压。抽力大将增加空气量进入，导致 O$_2$ 测量点和燃烧器处空气含量不同，并导致高 NO$_x$ 排放。在加热炉上安装抽力自动控制系统能较好地控制过剩空气和抽力。

控制进入燃烧器的空气量很重要。通常在每个燃烧器调风器上安装了单独的执行机构，以便更好地控制加热炉的操作。当燃烧器超过 4 台时，这种方法成本较高，采用自动空气控制系统更合适。使用 CFD 或冷流模型分析共用风道以确保空气均匀地分布到每个燃烧器上，对于强制通风系统更是如此。为了获得均匀的空气分布可以安装内部折流板。加热炉壳体应采用密封焊以减少漏风。应尽量减少从看火孔处进入空气，看火孔在不用时应关闭，可以考虑在看火孔处采用耐高温玻璃以减少空气进入。其他可能的开口(如管子穿过炉底或导向管穿孔)也应严格密封,以防止空气进入。

当燃烧器没有设置共用配风系统时,一般配备消声器来控制噪声排放。消声器也是消除自然风造成过剩空气波动的有效装置。没有安装消声器时,常安装风挡消除自然风的影响。对于设计抽力为 $10\mathrm{mmH_2O}$ 左右的燃烧器, $15\mathrm{m/h}$ 的风速可在燃烧器处产生 $\pm 2.8\mathrm{mmH_2O}$ 抽力变化,导致过剩空气的变化范围为 $\pm 15\%$。

采用低 NO_x 燃烧器的改造,可以考虑强制通风系统,强制通风系统可以较好地控制过剩空气、消除风的影响,提高燃烧器允许压力降也可以减小火焰边界。

e)结构考虑。

大多数低氮氧化物燃烧器都比所要更换的常规燃烧器体积更大、更重,炉体开口可能需要更改,在某些情况下,更换燃烧器以及整个炉底板更为经济,更换之前还应评估炉体结构强度和稳定性。加热炉炉底应保持水平,保证新燃烧器能合适地安装和校直,拱起的部分应返修和更换使其保持水平。

应按照总的布置图校核炉底耐火层厚度,把准确的信息提供给燃烧器供货商。应检查炉底耐火层的厚度,确保炉底钢结构设计温度与实际相符。

应检查炉底下部的结构限制。燃烧器风箱下部应有足够的空间将燃烧器拆卸和喷枪抽出。在与燃烧器相连的水平管道中安装法兰有助于燃烧器设施的拆除。

f)工艺相关参数。

低 NO_x 燃烧器通常火焰较长,炉膛内热强度分布不同于常规燃烧器,这对于管内介质易裂解的加热炉特别重要,例如焦化炉和减黏裂化炉。较长的火焰可改变辐射段和对流段的热量分配。在矮炉膛内改用低 NO_x 燃烧器将导致上部炉管和遮蔽管温度升高。仔细分析原始设计数据和改造成低 NO_x 燃烧器后操作数据的差别。低 NO_x 燃烧器比常规燃烧器的调节比小。当炉膛温度低于 $705\,^{\circ}\!\mathrm{C}$ 时,CO 排放量升高,在低氧条件下,如果炉膛温度低于 $648\,^{\circ}\!\mathrm{C}$ 或炉底温度低于 $540\,^{\circ}\!\mathrm{C}$,火焰会不稳定和熄灭。

基础设计条件的正确性对燃烧器的改造非常重要,由于加热炉是先前设计的,有时工艺要求会有很大的改变,只提供原始数据表不能满足要求。所需重要的设计基础条件至少应包括以下内容:

——排放要求;

——工艺负荷;

——加热炉总体布置图;

——调节比要求;

——燃料组分和变化范围;

——燃料压力;

——开工方案;

——API 加热炉数据表;

——原有燃烧器数据表。

g)仪表。

当采用低 NO_x 燃烧器时,仪表和控制系统在提供安全、可靠和成功地减少氮氧化物排放方面可能变得越来越重要。

如前所述，控制氧含量在设计范围内氮氧化物排放较少。炉膛 O_2 的精确测量很重要。抽力的测量和控制也很重要，据此可以减少空气的漏入。调风挡板的执行机构通常是自动化的，以保证稳定保持在低过剩空气下操作。可以对一些旧式挡板进行改造，使其具有足够的开口面积。也可能需要更换这些挡板以满足所需的抽力水平，尤其加热炉在低负荷操作时。通过测量 CO 或可燃物可以知道过剩燃烧空气量是否充足。

h)安装检查。

燃烧器的正确安装非常重要，建议由有经验的人员执行安装。

应按照供货商的图纸检查燃烧器枪的规格、方向和高度。必须按供货商的说明及偏差要求安装燃烧器砖，在不同的方位检查外径确保燃烧器喷头、燃烧器砖和内构件同心。安装不当会导致燃烧器操作不良。燃烧器砖缺失或耐火泥使用不当都会使燃烧器操作不良。

与所有燃烧器一样，应检查空气调节挡板、调风器或挡板的开度应与位置指示相配，风道安装前后都应进行检查。

i)制造安装及试验。

燃烧器的制造、装配、冷态试验和运输等要求可按照 SH/T 3113—2016《石油化工管式炉燃烧器工程技术条件》的规定执行，本标准适用于石油化工管式炉燃油、燃气用燃烧器。

对于燃烧器的热态试验可按照 SH/T 3602《石油化工管式炉用燃烧器试验检测规程》进行。该标准包括了石油化工管式炉用燃烧器的试验设备及测试仪器、测试项目、试验顺序、试验燃料及雾化介质、试验空气、燃烧器性能曲线等内容。

对于低 NO_x 燃烧器，NO_x 的排放与多种因素有关，在试验炉上能满足要求，但在实际使用时不一定能达到指定的排放指标，所以对低 NO_x 燃烧器进行试验时，应适当提高试验的苛刻度，提高试验炉的温度，要求达到更低的 NO_x 排放量。有国外公司要求试验时，试验炉膛温度按实际炉膛温度加上至少 55℃ 和 815℃，二者取较大值，实验室测量的 NO_x 排放量应低于保证值的 80%。

8.2 预热器

8.2.1 概述

预热器是空气与烟气换热的设备。好的预热器要求有以下性能：

a)传热效率高；

b)经济性好；

c)寿命长；

d)耐腐蚀；

e)易维修或更换。

空气预热系统中烟气与空气换热的预热器，按照传热方式可分为直接式空气预热器、间接式空气预热器和外界热源式空气预热器。

直接式空气预热器指烟气和空气通过通道壁或蓄热体直接换热的预热器。常用的有间壁换热式空气预热器、回转式预热器和热管式预热器。

间壁换热式空气预热器的烟气通道和空气通道是分开的，其典型形式是管式、板式换热器，或管、板组合式。

蓄热体预热器是利用比热容比较大的蓄热元件将热烟气的热量传给冷空气。有两种方式传热，即烟气和空气在固定的道体内流动。一种是蓄热元件旋转，使烟气和空气交替通过蓄热体进行放热和吸热，如回转式空气预热器。另外一种是蓄热体不动，利用旋转阀使烟气和空气交替通过蓄热元件进行放热和吸热，这种形式已有工业试验。因烟气与蓄热体直接接触，与其他预热器相比，相同的工况下，烟气温度可以低于露点温度。

热管式空气预热器是利用一组含有传热介质的热管管束，烟气使传热介质在管子的热端汽化，空气使传热介质在管子的冷端冷凝，从而进行热量交换。热管式换热器的烟气和空气是在分开的两个壳体内传热，如有热管破损，空气不会泄漏到烟气中，即使有部分管子腐蚀穿孔，对加热炉的效率和操作影响不大。

间接式空气预热器是利用中间介质(有时称为热媒体)进行换热，包含一个高温换热器和低温换热器，在高温换热器内烟气把热量传给中间介质，在低温换热器内空气吸收中间介质的热量，常用的有水热媒空气预热器、热油式空气预热器、两相流式空气预热器等。两相流式空气预热器是利用管内介质的汽化和冷凝进行换热，通过调节管内介质的蒸气压来调节汽化温度。

外界热源式空气预热器是利用公用工程物流或工艺介质直接预热外来助燃空气。如用低温蒸汽或热水预热环境温度较低的空气。

按照结构和材料对预热器进行分类，常用的主要有管束式、板式、铸铁板翅式、玻璃管式、热管式、陶瓷蓄热体式等，每种预热器都有其特点。选用何种预热器应根据燃料的特点、烟气和空气温度范围、是否有露点腐蚀和垢阻产生、露点腐蚀和垢阻产生后的预期情况、经济性和长周期运行等因素综合考虑。

8.2.2　预热器泄漏

有些预热器由于结构问题，从使用初期就开始泄漏，有些是在腐蚀和结垢后产生泄漏，空气泄漏到低压烟气中是大多数空气预热器设计的一个潜在的问题。多数预热器的设计泄漏率都小于 1.0%，某些回转式换热器的设计泄漏率约为 10%。维修不力的回转式换热器泄漏率可能超过 40%。

空气泄漏到烟气中，将造成下列三个严重的危害：

a)空气泄漏到烟气侧，将快速降低烟气温度，造成空气预热器下游产生露点腐蚀；

b)空气泄漏可能要求鼓风机增加容量才能保持燃烧器有足够的空气流量；

c)空气泄漏将造成从预热器出来的烟气流量增大，可能要求引风机增加容量才能保持炉顶处要求的负压。

8.2.3　如何判断预热器泄漏

可以用以下两种方法进行初步判断：

a) 根据预热器前后烟气氧含量的变化判断；

b) 根据预热器前后空气烟气的温度变化，对炼厂常规燃料气，烟气温度每降低 1℃ 能使空气升高 1.2~1.25℃。

8.2.4　空气预热器询价文件

一般需给出的条件：

a) 烟气流量、空气流量、出入口温度等；

b) 烟气组成等物性数据；

c) 烟气和空气侧允许压降(很重要)；

d) 结构型式；

e) 安放位置及占地面积；

f) 大气环境条件、场地土类别和地震设防烈度等。

此外还应明确以下要求：

a) 预热器本体是进行内保温还是外保温，保温后外壁温度是多少；

b) 连接烟风管道施加到预热器上的荷载；

c) 预热器结构计算应遵循的设计规范；

d) 预热器的制造、检验、测试要求；

e) 预热器烟气和空气进出口结构尺寸的要求；

f) 建议的清灰措施及可以利用的清灰资源；

g) 试验或操作期间允许的泄漏量。

8.3　挡板

8.3.1　概述

在加热炉烟风道系统设计时，挡板的作用相当于工艺系统中的阀门，控制着炉膛的负压、助燃风量、烟气和空气的流动切换等，挡板的性能和设置应可靠、可控和易于维护。每个挡板都有其自己的特殊作用和要求。例如，用于控制炉膛负压的烟囱或烟道旁路挡板，如果调节不灵活，有可能造成炉膛出现较高的正压或较低的负压。位于高处的烟囱或烟道挡板由于难以维修和更换，应选择有经验和业绩的优秀供应商产品，保证挡板调节灵活、质量可靠。

蝶形挡板应限制用于流通面积不大于 1.2m² 的烟囱和烟风道。

烟囱和烟风道内使用的多叶式挡板，每 1.2m² 流通面积最少应有一个叶片，各叶片应有大致相等的表面积，并能相对转动。安装在通风机吸入口的多叶式平行转动挡板，应与通风机的旋转方向相同。

挡板轴和紧固螺栓应与叶片材质相同。

挡板轴承和控制机构应外置，轴承应为自调心且无油润滑的石墨轴承，安装在标准轴承架上。

调节挡板在控制信号或驱动力失灵时，挡板应能回到买方要求的预设位置。

在挡板轴和控制机构上应装有显示叶片开度的外部指示标志。

挡板应装有在地面上可操作的叶片开度控制机构，使挡板叶片能处于由全开到全关的任何位置。挡板控制器应确保动作准确、开关灵活。

手动调节挡板应使操作者能轻易地把挡板叶片调到所需要的任意位置。

挡板材料最高使用温度限制如下：

a）碳钢：430℃；

b）5Cr－0.5Mo：650℃；

c）18Cr－8Ni：815℃；

d）25Cr－12Ni：980℃。

烟囱和烟道的挡板，其叶片厚度不应小于 6mm。

8.3.2 分类

加热炉烟风道上常用的挡板有四种。

a）调节挡板，用于空气或烟气的流量控制或分配，对泄漏要求不太高，但要求有良好的流量控制性能。流量控制挡板通常为多叶片、对开式多轴挡板，不宜采用顺开式或单叶片挡板（蝶形挡板）。调节挡板的制造和检验要求可以参照 JB/T 8692—2013《烟道蝶阀》中泄漏等级为 C 级的规定，主要用于加热炉支风道上和支烟道（烟囱）上。

b）密封调节挡板，除了有调节挡板的各种功能外，还要求有一定的密封性能，一般要求在操作条件下泄漏率不大于 0.5%。密封调节挡板的制造和检验要求可以参照 JB/T 8692—2013《烟道蝶阀》中泄漏等级为 A 级的规定，主要用于烟道旁路挡板和冷风道旁路挡板。

c）闸板，用于隔断烟气或空气的流动，要求零泄漏。因为该种挡板操作频率低，为了防止变形，一般安装在水平管道上。主要用于预热器前后风道和烟道上，有时也用在风机的进出口位置。当烟风道空间位置受限而没有水平段安装闸板且对密封要求不太严格时，可以用密封挡板代替，此时的密封挡板为两位式。

d）快开风门，也称为自然通风空气入口门，当鼓风机发生机械故障时能快速打开为燃烧器提供空气。属于一种特殊的两位式挡板，在关闭时不应泄漏。快开风门的大小及在风道上的位置应能够在自然通风操作时，助燃空气可以均匀无障碍地供给燃烧器。

8.3.3 挡板选择

选择挡板时，应考虑以下因素：

a）设计压力及设计压差；

b)介质种类和设计温度;

c)设计允许泄漏率;

d)操作类型(手动、自动等);

e)叶片、轴、轴承、框架等所使用的材料;

f)在线率;

g)就地仪表(限位开关、定位器等);

h)所用执行机构的设计应考虑气候及在役轴承摩擦负载;

i)挡板轴承和控制机构应外置;

j)调节挡板在控制信号或驱动力失灵时,挡板应能回到规定的位置;

k)在挡板轴和控制机构上应装有显示叶片开度的外部指示标志;

l)轴承应为自调心且无油润滑的石墨轴承,安装在标准轴承架上,在工作条件下长期使用而不卡死、不抱轴;

m)挡板与烟风道应采用螺栓连接,以便更换零件;

n)挡板轴承不得保温;

o)挡板轴的材料应选用奥氏体不锈钢或其他适合于操作条件的耐腐蚀材料。

8.3.4 设计和构造

挡板外框应采用轧制型钢或钢板成型。外框设计应按下列荷载中产生的组合荷载或单项荷载的最大值进行:

a)风、地震及雪荷载;

b)运输或安装荷载;

c)执行机构动力荷载;

d)系统事故荷载、热荷载或静荷载;

e)腐蚀工况荷载。

挡板应视为结构部件,因此应符合加热炉结构部件的所有设计原则。挡板叶片的挠度应小于叶片跨度的1/360。根据系统最大静压、温度、地震荷载以及通过叶片组合件横截面的惯性矩计算出每个叶片组合件的应力,不应超过相关钢结构设计规范中的规定数值。若烟气介质温度大于或等于400℃时,则应考虑弯曲和扭转应力。弯曲应力不应超过在规定操作温度下屈服应力的60%。若金属温度处于蠕变范围,则许用应力应按100000h寿命下断裂应力的1%选取。

每个挡板都应由挡板制造商配置安装已连接完毕的执行机构,并在装运前在制造厂内调试完毕。执行机构及连杆应安装在烟风道外面。安装在挡板外框上执行机构的强度应按地震荷载和执行机构所需扭矩确定。其应力不得超过任何应力模式下挡板屈服强度的10%。执行机构和驱动机构所有各元件的安全系数应取3.0。

8.4 补偿器

具有热膨胀的管道应设置金属膨胀节或者柔性织物膨胀节,膨胀节应能耐受气体预期设计的最高温度，且能抗气体内腐蚀介质的腐蚀。在膨胀节内部应设保护波节的衬套，端部应设置防止烟风道变形的加强圈，在膨胀节更换时容易产生扭曲的烟道部位应设置加强圈。

两端带有膨胀节的烟风道部分都应很好地固定或限位，以保证膨胀节能按需要的方式吸收热膨胀。

如果管道热膨胀在膨胀节处会产生横向位移，则需要膨胀节设计成能够吸收横向位移或角位移，以免波节材料在设计温度下产生超载应力。柔性织物膨胀节可避免与其相连设备变形和受力。通常这些膨胀节采用层叠结构材料。

当与柔性膨胀节相连的烟风道采用内外保温时，一般不再对柔性织物膨胀节进行内外保温，此时应注意：不能让膨胀节内没保温的金属部分与介质直接接触，否则管道壳体将出现热点，轻则造成局部超温，如果管道内介质是烟气，有可能造成管壁温度低于露点温度产生腐蚀泄漏的严重后果。图 8.3.5 - 1 是有热点存在的结构，需要对热点进行内保温或外保温。图 8.3.5 - 2 结构用于内保温的管道时，膨胀节本体无热点存在，不需要再进行内保温。

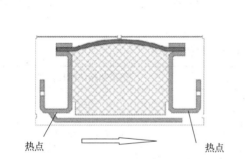

图 8.3.5 - 1　柔性织物金属膨胀节示意图(一)

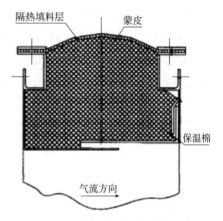

图 8.3.5 - 2　柔性织物金属膨胀节示意图(二)

第9章　安全环保

9.1　烟气排放

9.1.1　概述

燃烧器的主要用途是为工艺物流提供热量，然而燃烧反应会产生可能对人类、动物和环境有害的化学物质。炼厂加热炉主要燃料是燃料油和燃料气，故燃烧产物的有害物质主要有 SO_2、NO_x 和燃烧产物中悬浮于烟气中的固体或液体颗粒物。

不同地方有不同的污染限制。国家标准主要是 GB 31570—2015《石油炼制工业污染物排放标准》和 GB 31571—2015《石油化学工业污染物排放标准》。这两个标准对工艺加热炉排放要求的内容和指标是一样的，见表9.1.1。

表9.1.1　大气污染物排放限值

序号	污染物	排放限值/(mg/m^3)	污染物排放监控位置
1	颗粒物	20	
2	二氧化硫	100	车间或生产设施排气筒
3	氮氧化物	150 180[a]	

a 炉膛温度≥850℃的工艺加热炉执行该限值。

加热炉的实测大气污染物排放浓度，须换算成基准含氧量为3%的大气污染物基准排放浓度，并与排放限值比较进而判定排放是否达标。大气污染物基准排放浓度按式(9.1.1)进行计算。

$$\rho_{基} = \frac{21 - O_{基}}{21 - O_{实}} \times \rho_{实} \qquad (9.1.1)$$

式中　$\rho_{基}$——大气污染物基准排放浓度，mg/m^3；

$O_{基}$——干烟气基准含氧量，%；

$O_{实}$——实测的干烟气含氧量，%；

$\rho_{实}$——实测的大气污染物排放浓度，mg/m^3。

烟气排放的限值，大部分地方标准严于国家标准，特别是人口密集区。设计时是以项目报批的环保评价和当地地方标准为控制指标。

从表9.1.1中可以看出，目前的国家标准只对颗粒物、二氧化硫和氮氧化物有限定，但燃烧还会产生一氧化碳、未燃物和挥发分（VOC），这些也是有害物质。

因目前加热炉燃料主要为燃料气，燃料也比较干净，有害物主要是一氧化碳和未燃物。含量基本都低于$20mg/m^3$，该指标基本都能满足。

无论是对现有装置的燃烧器进行改装，还是新装置设计，氮氧化物、二氧化硫、一氧化碳和可燃物及颗粒物都是燃烧环保首先要考虑的因素。

9.1.2　氮氧化物

氮氧化物（NO_x）是一组气体，包括各种不同含量的氮和氧。许多氮氧化物是无色无味的。燃料在加热炉内高温燃烧时产生的氮氧化物NO_x，大部分为一氧化氮（NO），占95%～98%，排放入大气后逐渐转化成二氧化氮（NO_2），是一种红棕色、高活性气体。

氮氧化物的生成量主要与以下几个方面有关：

a）过剩氧含量的影响

氧含量越高，产生的NO_x量越多，随着过剩氧含量的进一步增加，NO_x的浓度将达到一个最大值。过了这一点，随着过剩氧含量的增加，氮氧化物的浓度反而下降，见图9.1.2－1。

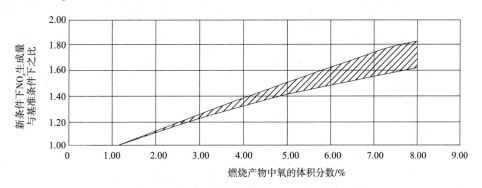

图9.1.2－1　过剩氧含量对NO_x生成量的影响

b）燃烧用空气温度的影响

高温对NO_x的生成有利。随着燃烧用空气温度的提高，火焰温度升高，因此氮氧化物的浓度升高。燃烧用空气温度对氮氧化物生成量的影响，见图9.1.1－2。

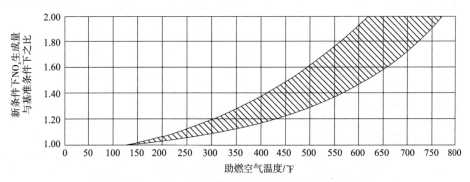

图9.1.2－2　助燃空气温度对NO_x生成量的影响

c) 炉膛温度的影响

随着炉膛温度的提高，烟气中 NO_x 的浓度升高，见图 9.1.2 – 3。燃烧器的选择对炉膛温度有影响，从而影响 NO_x 的生成。不同的燃烧器在炉内产生不同的热强度分布，而不同的热强度分布产生不同的炉膛温度分布。燃烧器的类型和旋流程度会影响炉膛温度和氮氧化物的转化率。

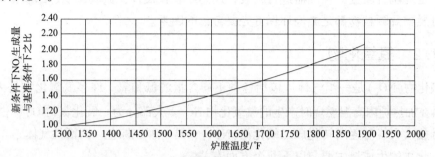

图 9.1.2 – 3　炉膛温度对 NO_x 生成量的影响

d) 燃料组分的影响

燃料气产生的氮氧化物含量通常低于燃油，并且在很大程度上取决于燃料中含氮化合物的浓度，燃料油中氮含量对氮氧化物生成量的影响见图 9.1.2 – 4。任何含有氨和非双原子氮(N_2)的燃气都会增加氮氧化物的排放。虽然燃料中固有的氮对 NO_x 有显著影响，但燃气中的双原子氮(N_2)对 NO_x 没有影响。

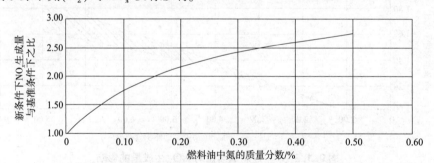

图 9.1.2 – 4　燃料油中氮含量对 NO_x 生成量的影响

具有较高绝热火焰温度的燃料通常会产生更多的热力 NO_x，因此高氢燃料通常会比其他燃料产生更多的 NO_x，燃料气中氢含量对氮氧化物生成量的影响趋势见图 9.1.2 – 5。同样，高不饱和烃(C_{4+})量的增加将提高火焰温度从而提高 NO_x 浓度。

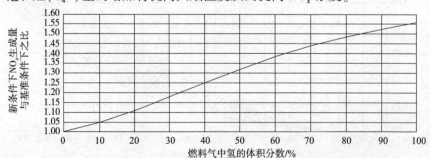

图 9.1.2 – 5　燃料气中氢含量对 NO_x 生成量的影响

9.1.3 二氧化硫

排放的硫化物 SO_x，绝大多数以二氧化硫（SO_2）的形式存在，通常用 SO_2 表示。SO_x 数量随燃料中硫浓度的变化而变化，不受燃烧器设计和燃烧状态的影响。二氧化硫（SO_2）可能占产生的硫氧化物总量的 94%～98%，其余的是三氧化硫（SO_3）。低过剩空气水平下的操作将减少 SO_2 转换为 SO_3。

燃料中的硫或 H_2S 数量将决定产生的 SO_x 数量。减少 SO_x 排放包括改用更清洁的燃料、净化燃料或在燃烧室烟气下游提供除硫设施。

9.1.4 一氧化碳和可燃物

CO 是一种无色、无味、有毒气体，燃料中的碳不完全燃烧时生成 CO。随着过剩空气的降低，燃烧器出口烟气中 CO 含量缓慢升高。当过剩空气继续降低时，CO 的生成速度将加快。在某个特定点，进一步降低过剩空气将导致 CO 的生成量显著增加。CO 及可燃物的浓度曲线随过剩空气的变化趋势相同。

CO 含量随着过剩空气减少而快速增加的这一点称为 CO 转折点。CO 转折点会随着燃料种类和燃烧器类型的改变而改变。

燃料未点燃和不完全燃烧是典型的火焰问题。通常，火焰不稳定可能由炉膛温度低和燃烧空气不足引起。重油比轻油和气体更有可能产生更多的可燃物（包括 CO）。较重的组分不易雾化，因此不会完全燃烧。

能充分混合燃料和空气的燃烧器可在较低的过剩空气量下得到好的燃烧，在相同的过剩空气量下可减少可燃物和 CO 排放。

9.1.5 颗粒物

所有燃料都有颗粒物或都会产生颗粒物。燃料油产生的颗粒物（特别是重质燃料油）比燃料气高得多。烟气中的灰分作为颗粒物通过烟囱排放掉。当烧重质燃料油时，热裂解和聚合反应会产生黏度极高的或未燃尽的固体微粒，燃料油越重，颗粒物越多。燃料油的沥青质含量和康氏残碳量（Conradson carbon number）可作为颗粒物生成趋势的指标。

并不是所有的颗粒物都来自燃料，有些来自炉管或燃料管线的铁锈及脱落的炉衬等，在某些区域燃烧用空气中也会带入颗粒物。这在多尘环境中可能特别值得关注。

具有较大旋流和/或较高燃烧空气压力的燃烧器（如强制通风燃烧器）可能会产生较低的颗粒，因为混合程度的提高可减少颗粒的形成。

9.1.6 烟囱高度

烟囱的高度应满足以下 3 个方面的要求：

a）抽力；

b）环保；

c）平面布置。

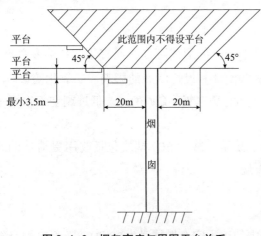

图9.1.6　烟囱高度与周围平台关系

烟囱抽力的大小需要根据烟气必须克服的阻力来确定，见本书2.8节。

根据烟囱排放烟气的组成、速度等，环保对烟囱的高度有最低要求，要满足国家及装置所在地的法律、法规要求。

SH 3011—2011《石油化工工艺装置布置设计规范》规定，装置内的烟囱应布置在装置的一端或边缘地区，且位于装置全年最小频率风向的上风侧。烟囱顶部应高出20m范围内的操作平台或建筑物3.5m以上，位于20m以外的操作平台或建筑物应符合图9.1.6的要求。

9.1.7　采样孔设置及采样平台

GB/T 31571 和 GB/T 31570 规定，排气筒中大气污染物的监测采样按 GB/T 16157 或 HJ 75 的规定执行。大气污染物浓度的测定采样方法标准见表9.1.7。

表9.1.7　大气污染物浓度测定采样方法标准

序号	污染物项目	标准编号	标准名称
1	颗粒物	GB/T 16157	固定污染源排气中颗粒物测定与气态污染物采样方法
2	二氧化硫	HJ/T 56	固定污染源排气中二氧化硫的测定　碘量法
		HJ/T 57	固定污染源排气中二氧化硫的测定　定电位电解法
		HJ/T 629	固定污染源废气中二氧化硫的测定　非分散红外吸收法
3	氮氧化物	HJ/T 42	固定污染源排气中氮氧化物的测定　紫外分光光度法
		HJ/T 43	固定污染源排气中氮氧化物的测定　盐酸萘乙二胺分光光度法
		HJ/T 675	固定污染源排气中氮氧化物的测定　酸碱滴定法
		HJ/T 692	固定污染源废气中氮氧化物的测定　非分散红外吸收法
		HJ/T 693	固定污染源废气中氮氧化物的测定　定电位电解法

GB/T 16157《固定污染源排气中颗粒物测定与气态污染物采样方法》和 HJ 75《固定污染源烟气(SO_2、NO_x、颗粒物)排放连续监测技术规范》中对采样孔位置都有具体规定。

GB/T 16157 规定了在烟道、烟囱及排气筒等固定污染源排气中颗粒物的测定方法和气态污染物的采样方法。适用于对各种锅炉、窑炉及其他固定污染源排气中的颗粒物的测定和气态污染物的采样。并没有指定是人工采样还是连续监测，可以认为人工采样或是连续监测都应满足该标准要求。

HJ 75 规定了固定污染源烟气排放连续监测系统中的气态污染物(SO_2、NO_x)排放、颗粒物排放和有关烟气参数(含氧量等)连续监测系统的组成和功能、技术性能、监测站房、安装、技术指标调试检测、技术验收、日常运行管理、日常运行质量保证以及数据审核和处理的有关要求。适用于以固体、液体为燃料或原料的锅炉以及工业窑炉等固定源烟气（SO_2、NO_x、颗粒物）排放连续监测系统。

GB/T 16157 和 HJ 75 规定的采样孔具体位置也不相同，具体如下：

a）GB/T 16157 第 4 章"采样的基本要求"，摘录如下：采样位置应优先选择在垂直管段。应避开烟道弯头和断面急剧变化的部位。采样位置应设置在距弯头、阀门、变径管下游方向≥6 倍直径和距上述部件上游方向≥3 倍直径处。对矩形烟道，其当量直径 $D = 2AB/(A+B)$，式中 A、B 为边长。

对于气态污染物，由于混合比较均匀，其采样位置可不受上述规定限制，但应避开涡流区。如果同时测定排气流量，采样位置仍要满足上述要求。

采样位置应避开采测人员操作有危险的场所。

在选定的测定位置上开设采样孔，采样孔内径应不小于 80mm，设采样管的，采样管伸出外壁长度应不大于 50mm。

采样平台应有足够的工作面积使工作人员安全、方便地操作。平台面积应不小于 1.5m^2，并设有 1.1m 高的护栏，采样孔高出平台面为 1.2~1.3m。

b）HJ 75 第 7 章"固定污染源烟气排放连续监测系统安装要求"中对采样平台与采样孔有以下要求：

采样或监测平台长度应≥2m 或不小于采样枪长度外延 1m，周围设置 1.2m 以上的安全防护栏，有牢固并符合要求的安全措施，便于日常维护和比对监测。

采样或监测平台应易于人员和检测仪器到达，当采样平台设置在离地面高度≥2m 的位置时，应有通往平台的斜梯（或 Z 字梯、旋梯），宽度应≥0.9m；当采样平台设置在离地面高度≥20m 的位置时，应有通往平台的升降梯。

在 CEMS（颗粒物的连续监测系统）监测断面下游应预留参比方法采样孔，采样孔位置和数目按照 GB/T 16157 的要求确定。

安装位置应优先选择在垂直管段和烟道负压区域，确保所采集样品具有代表性。

c）测定位置应避开烟道弯头和断面急剧变化的部位。对于圆形烟道，颗粒物 CEMS 和流速 CMS（连续监测系统）应设置在距弯头、阀门、变径管下游方向≥4 倍烟道直径，以及距上述部件上游方向≥2 倍直径处；气态污染物 CEMS，应设置在距弯头、阀门、变径管下游方向≥2 倍烟道直径，以及距上述部件上游方向≥0.5 倍直径处。对于矩形烟道，应以当量直径计。

9.2 加热炉本体安全

加热炉的设计、制造和验收应符合国家有关质量、安全和环保的法律法规、技术标准要求。

加热炉的设计应遵循的强制性标准主要有 GB 50160《石油化工企业防火规范》，推荐标准有 GB/T 51175《一般炼油装置火焰加热炉》、SH/T 3036《炼油装置火焰加热炉工程技术规范》，推荐性标准内的黑体字部分为强制性条文，涉及安全、健康和环保，也必须严格遵守，还有其他的相关标准、企业标准及业主标准。

加热炉本体的安全设施主要有：

(1)安全设施类(或具有安全功能的设施)

a)泄压门(通常称防爆门)；

b)灭火蒸汽设施；

c)长明灯；

d)火焰监测器；

e)强制供风系统的快开风门；

f)燃烧器和强制供风系统的进风口格栅。

(2)劳动保护类

a)平台、梯子、防滑钢格板，踢脚板、扶手、护栏、直梯的笼梯；

b)局部的防烫设施；

c)燃烧器消声设施(必要时)。

(3)防爆电气类

照明设施、鼓风机和引风机的电机、吹灰器(如果有电机)。

(4)设备防火类

炉底柱、柱脚防火保护等。

(5)主要的安全设计要求

a)辐射段炉膛下部应设置灭火(或吹扫)蒸汽管，要求蒸汽量在 15min 内至少可充满 3 倍炉膛体积。

b)当对流段炉管内介质为腐蚀性或可燃性介质时，其弯头箱内也应设置灭火蒸汽管。

c)加热炉炉底钢结构应采用轻质耐火浇注料或防火涂料进行防火处理，耐火极限不低于 2h。与炉底板连续接触的横梁不覆盖耐火层。

d)对于高径比等于或大于 8，且总质量等于或大于 25t 的空气预热器的承重钢构架、支架和裙座，应进行防火处理。

e)烧燃料气的加热炉应设长明灯，并宜设置火焰监测器，一些国外工艺包直接要求设置火焰监测。

f)电气设备的防爆等级应符合防爆区域的要求，常减压加热炉用电气防爆等级通常为 dⅡBT4，防护等级通常为 IP65。

g)加热炉是否设置泄压门没有标准强制性规定，但根据目前国内炼厂情况，设计时可根据结构及平面布置适当布置。无论如何，防爆门不能设置在平台上和梯子通道附近。

h)平台梯子的设置除满足加热炉的操作、维护要求外。对易泄漏、易燃部位的平台，应有安全疏散通道，安全疏散通道的设置应符合 GB 50160《石油化工企业设计防火规范》的规定：①构架平台应设置不少于 2 个通往地面的梯子，作为安全疏散通道；②相邻的构架、平台宜用走桥连通，与相邻平台连通的走桥可作为一个安全疏散通道；③相邻安全疏散通道之间的距离不应大于 50m。

i)平台、梯子的设计、制造和安装应符合 GB 4053《固定式钢梯及平台安全要求》的规定。

j)加热炉用承压部件和关键承载部件的强度计算应完善，如炉管、弯管厚度计算；管架和管板的强度计算；钢结构计算等。

k)加热炉本体的报警、联锁点设计应合理，并满足相关标准的规定。建议加热炉上设置具有报警和联锁功能的火焰监测系统。需要注意的是，一些火焰监测设备不具备报警联锁功能。

l)烟风道闸板结构及设置应合理，在加热炉运行中人员进入空气预热系统内进行维修时，必须将其与火焰加热炉彻底隔断。

m)快开风门应装在适当位置，以免突然开启时热风喷出伤人，对于风机故障，供风系统可能处于负压状态，还要避免快开风门附近的物品被吸入。设置自动快开风门处要与人隔离，以免其运动部件(如配重)动作时碰伤人。

n)为确保加热炉及空气预热系统的应急设施能够及时准确应对"紧急情况"，建议对自然通风风门(或紧急空气入口)、烟囱挡板、备用风机或其他风机及其他安全相关的部件进行定期测试。

9.3　噪声

加热炉区域的噪声通常出自燃烧器内气流的扰动、风机的机械噪声和烟风道系统的振动。

燃烧器的设计影响噪声的产生。对于强制通风系统，风道与燃烧器进风口直接相连产生的噪声会小很多，大都满足环保要求。当采用高强燃烧器或烧富氢燃料时，燃料喷速高，燃烧器的噪声会提高。

风机进风口如果和烟风道相连，一般噪声不大，能满足环保要求，如果是通往大气，其进风口应有消声器或吸声材料。

烟风道应密封或有吸声材料。

9.4　其他

a)随着热效率的提高和排烟温度的降低，空气预热系统中烟气温度可能低于露点温度，所以预热器下部或风机入口应有排污口，并应考虑到污水排放问题；

b)对于需要定期进行冲洗的预热器应考虑到冲洗水的排放；

c)应避免可能含有可燃成分或有害成分的气体进入风道或烟道；

d)对于成分不明的可燃或不可燃气体，在不清楚对炉膛的温度场影响、不清楚对炉管材料是否有腐蚀的情况下，不得直接通入炉膛。

参考文献

［1］GB 31570—2015，石油炼制工业污染物排放标准［S］.

［2］GB 31571—2015，石油化学工业污染物排放标准［S］.

［3］API RP 535—2014，Burners for Fired Heaters in General Refinery Services. THIRD EDITION［S］.

［4］SH 3011—2011，石油化工工艺装置布置设计规范［S］.

［5］GB/T 16157—1996，固定污染源排气中颗粒物测定与气态污染物采样方法［S］.

［6］HJ 75—2017，固定污染源烟气(SO$_2$、NO$_x$、颗粒物)排放连续监测技术规范［S］.

［7］GB 50160—2008(2018 年版)，石油化工企业防火设计标准［S］.

［8］GB/T 51175—2016，炼油装置火焰加热炉工程技术规范［S］.

［9］SH/T 3036—2012，炼油装置火焰加热炉工程技术规范［S］.